第2版 よくわかる
テレビ番組制作の法律相談

梅田康宏　中川達也【著】

日本加除出版株式会社

はしがき

初版の刊行から約8年、ようやく皆様に本書の改訂版をお届けすることができました。前回は角川学芸出版からの刊行でしたが、同社のご了解を得て、今回は日本加除出版からの刊行となりました。

おかげさまで、本書の初版は、テレビ番組の制作と放送の現場で生じる様々な法律問題について、現場の方の視点に立って解説した、おそらく初めての書籍として、多くの方からご好評をいただくことができました。

今回は、その改訂版として、初版の良さを活かしつつ、その後の法改正や新判例、BPOの存在感の高まり、読者の方からのご要望などを踏まえて、大幅に改訂を加えたものです。QAの数を初版の68個から76個に増やしたほか、既存のQAにも大幅に加筆変更を加えました。コラムも全て、今回新たに執筆したものです。また、今回は、法律専門出版社からの刊行となったことを機に、新たな読者層として、テレビ業界やエンタメ業界等と関わりのある法律実務家の方々のニーズにもお応えするべく、判例や法令への言及も、初版以上に充実させました。

初版のはしがきでも申し上げましたが、テレビ番組は、報道からバラエティ、ドラマまで幅広いジャンルに及んでいます。そして、放送に至るまでには、企画、取材、素材の入手、撮影、編集といった様々な過程を経ています。したがって、その過程で生じる法律問題も多岐にわたります。著作権、名誉権、プライバシー権、肖像権といった様々な権利への配慮が必要ですし、それ以外にも守るべき多くのルールがあります。現場で日常的に生じうる様々な法律問題を統一的に解説した書籍があればという思いから執筆したのが初版でした。その思いは、改訂版である本書においても少しも変わらず受け継がれています。

本書は、初版同様、現場での使い勝手の良さを重視し、実際によく現場で問題とされる話題を中心に取り上げています。そのため、法的には重要な論点であっても、現場ではほとんど問題にならないような論点については、簡単な紹介程度にとどめたり、思い切って割愛したりしています。また、裁判所が明確な判断を示しておらず、専門家の間で見解が分かれるような問題についても、単なる問題点の指摘にとどめるのではなく、具体的にどうすればよいのかを示すことができるように最大限の工夫をしました。

本書の執筆改訂作業にあたっては、改めて多くのテレビ関係者の方々や法律実務家の方々から参考となるご意見をいただきました。今後とも、多くの方々からご意見をいただきながら、第3版、第4版と版を重ねていくことができれば、これに勝る喜びはありません。

なお、本書における意見に関わる記述は、多くの方々のご意見を参考にしつつも、あくまで筆者二人の個人的な見解であり、筆者二人がそれぞれ所属する組織や法律事務所の見解ではないことをお断り申し上げます。

最後に、本書刊行の機会を与えていただいた日本加除出版の朝比奈耕平氏、我々の筆が遅々として進まない中でねばり強く本書刊行を支えてくださった鶴﨑清香氏に、この場をお借りして深く御礼申し上げます。

平成28年7月

弁護士　梅　田　康　宏
弁護士　中　川　達　也

凡　例

1　法令等の略記について

警職法　→　警察官職務執行法
刑訴法　→　刑事訴訟法
個人情報保護法　→　個人情報の保護に関する法律
銃刀法　→　銃砲刀剣類所持等取締法
出管法　→　出入国管理及び難民認定法
道交法　→　道路交通法

2　判例の略記について

最高裁平成23年12月8日判決・民集65巻9号3275頁
→　最高裁判所平成23年12月8日判決最高裁判所民事判例集65巻9号3275頁

3　文献略記について

民集　→　最高裁判所民事判例集
刑集　→　最高裁判所刑事判例集
裁判集民　→　最高裁判所裁判集民事
判時　→　判例時報
判タ　→　判例タイムズ

4　用語の略記

日弁連　→　日本弁護士連合会
民放連　→　一般社団法人日本民間放送連盟
BPO　→　放送倫理・番組向上機構
検証委　→　放送倫理検証委員会
人権委　→　放送人権委員会

目　次

1章　企　画

1-1　他局の企画を真似る……2

Q　他局のバラエティー番組と同じような企画を考えているのですが、法的に問題がありますか？

1-2　番組台本の参考資料と許諾の要否……8

Q　歴史ドキュメンタリーを制作するために、歴史資料や書籍を参考にしました。そこで得た情報を番組で使うには許諾が必要でしょうか？

1-3　著名な作品のパロディやオマージュ……14

Q　お笑い番組で、有名な映画をもとにしたコントを作ります。法的な問題はありますか？

1-4　実在の人物をモデルにしたドラマの製作……20

Q　実在の人物や事件をモデルにしたドラマを制作しようと考えています。関係者に無断で制作すると何らかの権利を侵害するのでしょうか？

2章　取　材

2-1　取材意図の説明と取材対象者の期待……28

Q　放送される番組がどのような内容になるかについて取材対象者が期待を抱いた場合に、その期待に反する番組を放送したことを理由に法的責任を負うことがあるでしょうか？

2-2　取材メモの取り方と保存方法……34

Q　取材メモを取る際にはどのような点に注意したらよいのでしょうか。また、取材メモは放送後も保存しておかなくてはならないのでしょうか？

2-3 **正式な取材における無断録音** 40

Q こちらの身元を名乗り、メディアによる取材であることを告げて行う取材の際に、取材相手との会話を記録のために無断で録音することは、どのような問題を生じますか？

2-4 **身分や目的を隠して行う取材** 46

Q こちらの身分や目的を隠して取材を行うことはどのような問題を生じますか？

2-5 **身分を隠して行う取材における無断録音・録画** 52

Q 身分や目的を隠して取材を行う際に、相手に無断で録音・録画することは、どのような問題を生じますか？

2-6 **取材の際の犯罪の教唆や幇助** 60

Q 犯罪者に直接接触して密着取材をします。どのような点に注意する必要がありますか？

3章 ロケと映像取材

3-1 **通行人や群衆の撮影** 68

Q 街の雑踏の様子や、帰省ラッシュの駅構内などを撮影して番組で使用しようと思いますが、一般の人が写り込んでしまうと肖像権侵害となるのでしょうか？

3-2 **公人や著名人の撮影** 74

Q 政治家などの公人や著名人を撮影して番組で使用する場合でも肖像権侵害になることがあるのでしょうか？

3-3 **被疑者や被告人の撮影** 80

Q 事件報道のために被疑者や被告人の映像を撮影しようと思います。本人に無断で撮影しても問題はないでしょうか？

3-4 著作物の写り込み 86

Q 屋外で撮影をしていると、ポスターや映像広告などが写り込んでしまいます。著作権者から許諾を得ないと違法になるのでしょうか？

3-5 建物や乗り物の撮影 92

Q 屋外で、建物や乗り物を撮影するには持ち主の許可を得る必要があるでしょうか？

3-6 リポーターが猟銃や日本刀を手に取る 96

Q 取材先でリポーターが猟銃や日本刀を実際に手に持つと、銃刀法違反などに問われることがあるのでしょうか？

3-7 建造物や敷地に立ち入っての取材や撮影 102

Q 取材に伴って他人の建物や敷地内に立ち入る場合は、どのような点に注意する必要があるでしょうか？

3-8 警察の張った規制線内部への立入り 110

Q 殺人事件の現場付近に警察が広く規制線を張っています。規制線から少し中へ入ると現場の様子を直接撮影できるのですが、入っても問題ないでしょうか？

3-9 自動車へのカメラの設置と撮影上の注意 116

Q 出演者が乗る自動車にあらかじめカメラを設置して、走行中の車内や車外の様子を撮影したいのですが、法令上注意すべきことはありますか？

3-10 防犯カメラの映像の使用 122

Q コンビニや銀行などに設置されている防犯カメラの映像を番組で使用しても問題ないでしょうか？

4章 ロケと撮影許可手続き

4-1 道路での撮影と許可手続き 130

Q 道路で撮影を行う際には警察の許可を得なくてはならないでしょうか？

4-2 公園での撮影と許可手続き 138
Q 付近の公園内で撮影をしようと思いますが、公園を管理している役所の許可を得る必要があるでしょうか？

5章 未成年への配慮と手続き

5-1 未成年被疑者と実名報道 146
Q 犯罪の被疑者が未成年の場合、どのような配慮をする必要がありますか？

5-2 未成年へのインタビューと保護者の同意 152
Q 路上で未成年者に簡単なインタビューを行い、映像を番組で使用したいと思います。保護者の同意を得る必要があるでしょうか？

5-3 未成年タレントと深夜に及ぶ番組収録 158
Q 深夜のドラマやバラエティー番組の収録に未成年のタレントを参加させても大丈夫ですか？

6章 外国人への配慮と手続き

6-1 外国人の氏名の読み方 166
Q 中国人や韓国人のように、漢字表記される氏名の読み方は、日本語読みと現地読みでは、どちらにすればよいでしょうか？

6-2 すでに日本にいる外国人の番組出演 170
Q 日本に滞在している外国人に番組に出演してもらおうと思いますが、何か特別な手続きが必要でしょうか？

6-3 海外にいる外国人の招へい 178
Q 海外にいる外国人を番組出演のために日本に招へいしようと思います。どのような手続きが必要でしょうか？

7章 スタジオ観覧

7-1 観覧者によるスタジオ内無断撮影の防止 ……… 188

Q 公開収録の際に観覧者が無断でスタジオ内をビデオやカメラで撮影することを防ぐにはどうしたらよいでしょうか？

7-2 番組観覧券の転売防止 ……… 192

Q 番組観覧券が、チケットショップやネットオークションで取引されていますが、防ぐ方法はないでしょうか？

8章 権利処理手続き

8-1 権利者が亡くなっている場合の処理 ……… 198

Q 映像や写真の著作権者の許諾をもらおうとしたところ、すでに亡くなっていました。誰から許諾をもらえばよいでしょうか？

8-2 美術品を所蔵する美術館の権利 ……… 202

Q 過去に撮影した美術品の写真や映像を番組で使用する場合、その美術品を所蔵している美術館の許諾を得る必要があるでしょうか？

8-3 書籍を出版する出版社の権利 ……… 208

Q 番組で書籍に含まれている文章をナレーションとして使用します。著者以外に、この書籍を出版している出版社の許諾も得る必要がありますか？

8-4 過去の放送番組の映像の入手と権利処理 ……… 214

Q 過去の放送番組の映像の一部を番組で使用しようと思いますが、どのような権利処理が必要でしょうか？

8-5 劇場用映画の映像の入手と権利処理 ……… 218

Q 劇場用映画の映像の一部を番組で使用しようと思いますが、どのような権利処理が必要でしょうか？

8-6 海外アーカイブ資料映像の入手と権利処理 …… 222

Q 番組で、第二次世界大戦やベトナム戦争などの歴史資料映像を使用したいのですが、どのように入手し、権利処理すればよいでしょうか？

9章 許諾なく利用できる場合

9-1 権利処理が不要な「引用」の範囲 …… 228

Q 映画、書籍、絵画などを、紹介、参照、論評したりするために画面に表示させるだけでも、必ず著作権者の許諾を得なくてはならないのでしょうか？

9-2 権利処理が不要な「報道利用」の範囲 …… 236

Q 事件報道の際に著作物を画面に表示する必要があるのですが、「引用」の要件を満たさない限り、権利者の許諾を得なくてはならないのでしょうか？

9-3 卒業アルバムやネット上の顔写真の利用 …… 244

Q 逮捕された被疑者本人のブログで顔写真を見つけたのですが、逮捕を報じるニュース番組の中でこの写真を被疑者の容ぼうとして利用することは可能でしょうか？

9-4 ネット上に投稿されている事件写真・災害写真の利用 …… 248

Q 一般の方がツイッターやユーチューブに事件や災害の現場の様子を撮影した写真や動画を投稿しています。これらをニュース番組で使用することはできますか？

9-5 ツイートの紹介 …… 252

Q ツイートを番組で紹介するには、つぶやいた人の承諾を得なくてはならないのでしょうか？

9-6 フェイスブックに投稿された文章や写真などの紹介 …… 258

Q フェイスブックに投稿された文章や写真などを番組で紹介するには、本人の承諾を得なくてはならないのでしょうか？

10章 名誉・プライバシーの保護

10-1 被疑者・被告人の実名報道 ……… 264

Q 犯罪報道で、被疑者や被告人を実名で報道しても問題ないでしょうか？

10-2 犯罪被害者の実名報道 ……… 270

Q 犯罪被害者を実名で報じるとプライバシー侵害になるのでしょうか？　警察の発表が匿名の場合と実名の場合で違いはありますか？

10-3 匿名で報じても法的責任が生じる場合 ……… 276

Q 対象者に配慮して匿名で報じても名誉毀損やプライバシー侵害などの法的責任を問われることがあるのでしょうか？

10-4 刑事事件報道と名誉毀損責任 ……… 280

Q 被疑者が逮捕された際に、捜査機関の公式発表を事実と信じて報道しましたが、その後に不起訴や無罪となった場合に、名誉毀損に問われることはないのでしょうか？

10-5 民事事件報道と名誉毀損責任 ……… 290

Q 民事事件の報道で、原告側の主張を、あくまで原告側の主張であるとして報道しましたが、その後に原告の主張を否定する判決が出た場合でも、名誉毀損に問われることはないのでしょうか？

10-6 名誉毀損を防ぐ原稿の書き方 ……… 294

Q ニュースの放送原稿やドキュメンタリー番組の台本を書く際に、名誉毀損のリスクを防ぐという観点から、表現上気をつけるべき点はありますか？

10-7 発言者の意図を損なうインタビュー映像の編集 ……… 300

Q インタビュー映像の編集によって、発言した人に対する権利侵害を生じることはありますか？

10-8 公人や著名人のプライバシー ……… 306

Q 政治家や高級官僚といった公人にもプライバシーが認められるのですか？芸能人やプロスポーツ選手などの著名人はどうですか？

10-9　**死者の名誉・プライバシー** 312

Q　すでに亡くなった人については、名誉毀損やプライバシー侵害への配慮は必要ないのでしょうか？

11章　映像の編集

11-1　**企業のロゴマークの表示** 320

Q　ニュース番組で、不祥事を起こした企業を取り上げます。その際に、その企業のロゴマークを画面に表示させたいのですが、問題はありますか？

11-2　**似顔絵の使用** 326

Q　本人の映像や写真が入手できない場合や、入手できても使用許諾が取れないような場合に、似顔絵を利用することは問題ありませんか？

11-3　**「資料映像」「イメージ映像」の使用** 330

Q　以前撮影した映像を、資料映像やイメージ映像として使用すると、写っている人、店舗や商品の関係者の権利を侵害することがありますか？

11-4　**モザイク処理・ボカシ処理** 336

Q　モザイク処理・ボカシ処理を施す場合は、どのような点に注意する必要があるでしょうか？

11-5　**ナンバープレートの映像と加工処理** 344

Q　番組で車の映像を使用します。ナンバープレートが写っていても問題ないでしょうか？

11-6　**手錠・腰縄の映像と加工処理** 348

Q　手錠や腰縄で身柄を拘束されている被疑者や被告人を撮影してそのまま映像を使用した場合、肖像権を侵害するのでしょうか？

12章　個人情報・秘密情報

12-1　報道目的での個人情報の取得 ……… 356

Q　ホテルで起こった大規模火災に関して、取材のために使用するのであれば宿泊者名簿を提供しても良いとホテル関係者が言っています。当方や先方が行政から個人情報保護法違反に問われることはありませんか？

12-2　報道目的での個人に関するビッグデータの取得 ……… 362

Q　自動車メーカーや携帯電話会社からカーナビやスマートフォンの膨大な位置情報データの提供を受けて独自の分析を行い、報道に役立てたいと考えています。個人情報保護法との関係で問題はありますか？

12-3　企業の内部情報の入手と不正競争防止法 ……… 366

Q　大手食品会社の在庫管理責任者が、食品偽装の実態を裏付ける裏在庫管理データを密かにコピーしたので報道機関に提供したいと言っています。これを受け取ると、当方や先方が不正競争防止法違反に問われることはありませんか？

12-4　取材協力者の保護と公益通報者保護法 ……… 372

Q　取材協力者が勤務先から報復人事を受けるのではないかと恐れています。公益通報者保護法があるからそのような心配は必要ないと考えて良いでしょうか？

12-5　取材活動と特定秘密保護法 ……… 380

Q　安全保障関連法制に関連して、ニュースや報道特集で報じるために関係者を取材しています。信頼関係を構築した相手との酒席で情報を得たりすることもありますが、特定秘密保護法に違反したとして処罰されることはないでしょうか。

12-6　刑事事件の証拠の入手と刑事訴訟法等 ……… 386

Q　刑事事件の弁護人から、裁判に提出された証拠のコピーを提供してもらい、放送に使用することを検討しています。どのような点に注意する必要があるでしょうか。

13章 放送後の対応

13-1 放送人権委員会による審理 …… 394

Q 我々の放送した番組について、BPO（放送倫理・番組向上機構）の放送人権委員会に人権救済の申立てがなされました。どのような対応が必要でしょうか？

13-2 放送倫理検証委員会による審理・審議 …… 400

Q 我々の放送した番組について、BPO（放送倫理・番組向上機構）の放送倫理検証委員会が審理に入りました。どのような対応が必要でしょうか？

13-3 番組内容の訂正放送 …… 408

Q 誤った内容の放送によって権利を侵害されたとする人から放送を訂正するよう要求されました。どのように対応すべきでしょうか？

13-4 番組の保存と確認視聴請求への対応 …… 414

Q 「私の名誉を毀損する報道があったと友人から聞いた。確認のために番組を見せてほしい」との要望がありました。応じなくてはならないでしょうか？

13-5 取材 VTR の提出命令・差押え …… 418

Q 取材の際に撮影した未編集の VTR について、裁判所から、裁判の証拠のために提出を命じられることがありますか？

13-6 取材源を秘匿するための証言拒否 …… 426

Q 番組の取材を担当した記者やディレクターが証人として法廷に呼ばれました。証言を拒否することができるのでしょうか？

14章 基礎編

14-1 はやわかり「名誉権」 …… 434

14-2 はやわかり「プライバシー権」 …… 440

14-3 はやわかり「肖像権」 444

14-4 はやわかり「パブリシティ権」 448

14-5 はやわかり「著作権」 452

14-6 はやわかり「著作隣接権」 458

14-7 はやわかり「著作者人格権・実演家人格権」 462

事項索引 467

判例索引 471

BPO 決定索引 474

Column

番組タイトルが権利侵害となることはある？ 26
許諾をもらいに行くべきか 66
動物やドローンにより撮影した映像の著作権 128
路上で追いすがって取材しても大丈夫？ 144
漁船に乗せてもらう際の注意 164
ドラマに登場するリアルな弁護士像 196
忘れられる権利 318
法律家が番組内容に助言する際に気をつけていること 354
日本の検察審査会と米国の大陪審 392
放送倫理違反は何を基準に判断される？ 432

1章

企　画

1-1

他局の企画を真似る

Q 他局のバラエティー番組と同じような企画を考えているのですが、法的に問題がありますか？

原則として違法ではありませんが、過度に類似した企画は避けるべきでしょう。

KEY POINT

- ■ 番組やコーナーの企画・コンセプトが似ているだけでは違法とはならない。
- ■ 番組内で使用される美術セット、音楽、効果音等は、それら自体が独立した著作物である可能性があるので、無断で使用すると違法となり得る。
- ■ フォーマットセールスの対象といえるほど類似性が高い企画は避けるべき。

番組が成功するかどうかは、企画にかかっている部分が大きいといえます。そのためか、ある局で当たった企画があると、別の局でも、後発で似たような企画の番組が出てくるということが、ときにはあるようです。それでは、このように他局の企画と類似する番組を制作することに、法的な問題はないのでしょうか。

■企画やコンセプトそれ自体は保護されない

芸能人が出演して番組オリジナルのゲームや競技、クイズなどで競うタイプの番組は数多く存在します。もし、それと全く同じルールのゲームや競技を別のテレビ局が真似して行ったとしたら、違法となるでしょうか？実はそれだけでは違法とはなりません。なぜなら、どれだけ斬新でおもしろいゲームや競技であったとしても、そのルールや実施方法のような「アイデア」そのものは、法律上は保護されていないからです。もちろん、出演者がゲームや競技を行っているシーンを収録した番組自体は著作権法によって保護されますが、ルールや実施方法それ自体は保護されるものではないのです（参考判例①、②）。

番組の企画やコンセプトなども、それ自体は、やはりアイデアでしかありません。したがって、番組の企画やコンセプトを真似したとしても、著作権侵害にはならず、通常は、違法とはならないのです。

それでは、他局の企画をいくら真似しても、全く問題がないのでしょうか。実は、そうとも言い切れません。

■番組内で使用されている著作物

まず、番組のセットや小道具等のデザインは、それ自体が著作物となり得ます。したがって、これらのデザインまで類似した番組を制作した場合には、その点が著作権侵害となる可能性があります。

番組内で使用する音楽や効果音等も同様です。一般社団法人日本音楽著作権協会（JASRAC）等が管理していないオリジナルの音楽等については、それらまで勝手に使うと著作権侵害となる可能性があります。

なお、番組がオリジナルで考えた出演者の「決まり文句」等は、ある程度長めで創作的なものであればともかく、一言二言程度のものであれば著作物とまでは言えないでしょう。

■フォーマットセールス

海外の放送局などとの間で、番組の構成形式を売買する「フォーマットセールス」という取引が広く行われています。「フォーマットセールス」では、番組の企画・コンセプトのみならず、具体的な進行方法、出演者のセリフ、番組セット等のデザイン、音楽・効果音、その他の制作ノウハウが全てひとまとまりにされて、「フォーマット権」として商取引の対象とされています。このような番組の構成形式が作り上げられるまでには、非常に多くの労力と試行錯誤の時間が費やされていますので、それが商取引の対象とされることには、十分な合理性があると言えるでしょう。

このような「フォーマット権」については、それを明確に規定する法律がありませんので、これが法律上の「権利」とまで言えるかについては、現時点では否定的に考える見解のほうが一般的でしょう。

ただし、著作権法などの法律で保護されない場合にも、民法上の一般不法行為の成立を認めて保護すべきという考え方もあります。実際、テレビ番組ではありませんが、ある会社が膨大な労力と資金を費やして制作した自動車データベース（著作物ではない）を、同業他社が無断で複製して販売した行為について、裁判所は「著しく不公正」であるとして、民法上の不法行為を認めています（参考判例③）。そのような考え方に従う場合は、「フォーマットセールス」された場合と同様か、それに準じるような、非常に類似性の高い番組を、市場で競合する関係にある他の放送局や番組制作会社が勝手に制作することは、「著しく不公正」であるとして、違法とされる可能性も考えられます。

もっとも、最近の裁判所は、こういった場合に一般不法行為の成立を認めることには、かなり否定的です（参考判例④）。最高裁判決である参考判例④によって、参考判例③のように緩やかに一般不法行為の成立を認める考え方は、大幅に修正されたと理解されています。したがって、一般不法行為という理屈で番組の「フォーマット」が保護される可能性は、実際にはあまり高くなさそうです。また、仮に不法行為となる余地を認めるとしても、あくまで、極めて類似性が高い場合に限られると思われますので、現実にはなかなか想定しにくいでしょう。多少似てはいても、新たな創意工夫が付け加えられているような場合には、やはり違法とまでは言えないと思われます。また、元となる作品のパロディとして制作されているような場合も、通常は、やはり違法とまでは言えないと思われます（パロディについては1-3参照）。

■実際の対応

いずれにしても現時点では、企画の類似性を根拠に違法と判断した判例は見当たらず、実際上もそのリスクは低いと言えるでしょう。

しかし、法的には違法とまではいえないような場合であっても、他局の番組の真似をすることが、商道徳やクリエイターとしての倫理面からは好ましくないというケースは当然考えられます。また、世界的に広く「フォーマット」の取引が行われているという放送業界の現状を踏まえれば、法律論はともかく、「フォーマットセールス」の対象といえるほど類似性が高い番組を無断で制作することには慎重になるべきでしょう。

節度のある番組作りが求められていると言えます。

参考判例 ❶

東京地裁平成13年12月18日判決・裁判所ウェブサイト（スーパードリームボール事件）

「スーパードリームボール」と称するスポーツゲームのアイデア（原告アイデア）を創出したと主張する原告が、映画「デス・ゲーム2025」を収録したビデオ商品を販売していたソニー・ピクチャーズエンタテインメントに対して、同映画では原告アイデアが使われているなどと主張して、著作権侵害を理由に1000円の支払いを求めた事件。

裁判所は、原告アイデアは「スーパードリームボール」というスポーツについてのアイデアであって表現ではないから、それがいかに独創的であったとしても著作物ということはできないなどとして、原告の請求を退けた。

控訴審（東京高裁平成14年4月16日判決・裁判所ウェブサイト）も一審判決を是認している。

参考判例❷

東京地裁八王子支部昭和59年2月10日判決・判時1111号134頁（ゲートボール事件）

ゲートボールの競技を自ら考案し、そのルールをまとめた規則書を作成した男性（原告）が、別の規則書を作成した全国ゲートボール協会連合会に対し、著作権侵害を理由に損害賠償等を請求した事件。

裁判所は、原告が作成した規則書が著作物に該当することは認めたが、連合会の規則書は、原告の規則書に直接依拠して作成されたものではなく、別の規則書を参考として作成されたものであるとして、原告の請求を棄却した。なお、裁判所は、ゲートボールの競技自体、原告が考案したものである以上、その別の規則書や、ひいては協議会の規則書も、原告の規則書の影響の下に作成されたであろうことは容易に推認できるとしたが、ゲートボールが全国で普及発展し、各種団体が乱立して別個の規則が制定されていたという状況の下では、原告の規則書とは別に実施されている競技の体験を踏まえて新たに規則書を作ることが可能な状況にあったから、原告の規則書の影響を受けたからといって、それを根拠に原告の規則書に依拠したということはできないとした。

参考判例❸

東京地裁平成13年5月25日中間判決・判時1774号132頁、判タ1081号267頁、裁判所ウェブサイト（翼システム事件）

自動車整備業務用システムの中核をなす国内に実在する四輪自動車等に関する膨大なデータベースについて、これを同業他社が無断で複製して自社のシステムに組み込んで販売した行為の適法性が争われた事案。①このデータベースが著作物に当たるかどうか、②仮にデータベースが著作物に当たらない場合、それでも不法行為となるのかどうかが問題となった。

裁判所はまず、このデータベースには創作性がないので著作物ではないと判断した上で、「人が費用や労力をかけて情報を収集、整理することで、データベースを作成し、そのデータベースを製造販売することで営業活動を行っている場合」、そのような行為は、その者の販売地域と競合する地域（このケースでは日本全国）において「著しく不公正な手段を用いて他人の法的保護に値する営業活動上の利益を侵害」するとして、民法上の不法行為（709条）に当たると判断した。

参考判例❹

最高裁平成23年12月8日判決・民集65巻9号3275頁、判時2142号79頁、裁判所ウェブサイト（北朝鮮映画事件・上告審）

北朝鮮で製作された映画が日本のニュース番組で無断使用されたとして、映画の著作権を有するとする北朝鮮の行政機関らが放送局を訴えた事件。裁判では、①著作権の保護に関するベルヌ条約に基づき、日本は北朝鮮国民の著作物を保護する義務を負うか、②仮に義務を負わないため著作権侵害とならないとしても不法行為が成立しないか、が争われた。

裁判所は、①について、我が国は北朝鮮を国家承認しておらず、北朝鮮との間でベルヌ条約上の権利義務関係は発生しないという立場を採っているなどとして、著作権侵害との原告の主張を否定した。

次に、②については、著作権法が保護の対象とすることを明示している著作物に該当しない著作物を利用する行為は、著作権法が規律の対象とする著作物の利用による利益とは異なる法的に保護された利益を侵害するなどの特段の事情がない限り、不法行為とはならないとして、不法行為の成立も否定した。

1-2

番組台本の参考資料と許諾の要否

Q 歴史ドキュメンタリーを制作するために、歴史資料や書籍を参考にしました。そこで得た情報を番組で使うには許諾が必要でしょうか？

A 単に「歴史的事実」だけを利用するのであれば、許諾は必要ありません。しかし、それを超えて、創作的な表現の部分まで利用すると、著作権侵害となるおそれがあります。

KEY POINT

- 参考文献や参考作品に含まれている「歴史的事実」だけを利用する場合には、「著作物の利用」には当たらず、基本的に許諾は不要。
- 単なる「歴史的事実」を超えて、具体的な表現まで利用する場合には許諾が必要。
- 先行する他の文献にも見られる事実については、広く一般に知られている事実ではなくとも、その分野についての研究者や著述者にとっては「基礎的事実」であり、基本的に許諾は不要。

歴史ドキュメンタリーなどはもちろんのこと、ドラマであっても、時代背景に沿ったリアリティのあるシナリオや設定にするためには、十分な資料に当たってそれらを参考にしながら台本を作成する必要があります。このような資料から得た情報を番組で使うためには、資料の著作権者などから許諾を得る必要があるのでしょうか。

■事実そのものは著作物ではない

まず、単に歴史的事実だけを利用するのであれば、許諾を得る必要はありません。著作権法で保護される「著作物」とは、思想または感情を表現したものでなければならず、「事実」それ自体は保護されないからです。「徳川家康が江戸幕府を開いた」というような歴史的事実のほか、「水は零度で氷る」というような自然科学的な事実も、著作権法では保護されません。このような「事実」は、万人の共通財産として自由な利用が許されるべきであると考えられているからです。

しかし、歴史小説や伝記などを参考にするような場合には、単なる歴史的事実だけを利用しようとしているのか、それとも、それを超えて、著作権法で保護される「表現」の部分まで利用しようとしているのかについて、慎重に区別する必要があります。特に、歴史小説や伝記などは、歴史的事実だけで成り立っているのではなく、作者の創作にわたる部分が一体となって含まれていますので、両者の区別は慎重に判断する必要があります。

■表現上の本質的特徴

他人の著作物を利用する場合に、許諾を得る必要があるのか、つまり、無許諾で利用すれば著作権侵害となってしまうかどうかは、対象となる作品の、どの部分を、どのように利用するかによって変わってきます。裁判所はこれを、他人の作品の「表現上の本質的特徴」という言葉を使って説明しています。

まず、利用しようとする他人の作品の中と、自分が新たに作り出す作品とを比較して、両者に共通する要素を取り出します。そして、その中に

「表現上の本質的特徴」が見いだせるかを判断します。見いだせる場合には許諾を得る必要があり、見いだせないなら許諾は不要（無断で利用しても著作権侵害にはなりません。）となります。

ただ、何が「表現上の本質的特徴」に当たるかを判断するのは、とても難しい作業です。

■表現上の本質的特徴には含まれないもの

ここでは、「表現上の本質的特徴に含まれないものは何か」という観点から検討してみます。

まず、「表現」とはいえないものは「表現上の本質的特徴」には含まれません。具体的には「思想、感情、アイデア」や「事実、事件」などです。著作権法は具体的な表現を保護する法律であり、「思想、感情、アイデア」自体を保護するものではありません。また、上述のとおり「事実、事件」そのものも著作物ではありません。したがって、それらの要素が両作品に共通して見いだせたとしても、それだけでは「表現上の本質的特徴」が見いだせるとは言えません。

また、表現とは言えても、「創作性」が認められない部分は「表現上の本質的特徴」には含まれません。創作的な表現であってはじめて著作権法により保護される以上、創作性が認められない部分だけしか共通していない場合も、「表現上の本質的特徴」は見いだせないことになります。

この点について参考となる裁判例として、ユダヤ人孤児院の院長であった実在のポーランド人「コルチャック」の生涯を描いたノンフィクション書籍を参考にして、コルチャックを主人公とする舞台劇を制作・上演したことが、著作権を侵害するかどうかが争われた事件があります。裁判所は、舞台劇がこの作品を参考文献の１つにしていることや、実際に多くの部分で共通点があることについては認めつつも、それらはほとんど「歴史的事実」または「コルチャックに関する著述・制作に関わる者にとり、基礎的な事実」であるから「表現上の本質的特徴」ではないと判断しました。

ただし、著者が自らポーランドを訪れた際に、草原一面に立っている石が孤児たちの墓標のように見えたという自らの感想に基づいて記載した部分など3か所については、著者の創作であり「表現上の本質的特徴」であるとして、これらに対応する舞台劇のシーン（舞台上に置かれた石が白い衣装を着た子どもたちに変わり、歌い出すシーンなど）は、この「本質的特徴」を利用して再現したものであるから、無許諾での上演は著作権侵害に当たると判断しています（参考判例①）。

■ありふれた表現

時代劇や戦争映画などでは、戦略や戦術、戦闘や立ち回りなどについて、歴史資料に加えて、様々な「逸話」や「伝説」、先行する多くの時代劇や戦争映画に見られる演出などが参考にされることがあります。こうしたものは、どこからがその作品独自の「創作」なのかが不明なものも少なくありませんが、こうしたものについて「表現上の本質的特徴」があるかどうかは、他の先行する作品や文献などに同じような表現が見られるかどうかもポイントの1つとなります。

過去にはNHK大河ドラマ『武蔵　MUSASHI』の第1話に含まれる場面設定や立ち回りの演出などが、映画『七人の侍』とその脚本の場面設定や演出についての著作権と著作者人格権を侵害するのではないかが争われた事件があります（参考判例②）。

裁判所は、「目をつけた侍を戸口におびき寄せ、戸陰に隠れた者が不意に打ちかかってその者の技量を確かめたところ、武芸に秀でた侍は隠れている者の気配をあらかじめ察し、言葉で攻撃を制した」という場面に関し、映画とドラマには共通性が見られるとしながらも、①木戸口に入る際の武士の心得として「刀かつぎの法」や「刀かざしの法」などが存在したという歴史的事実、②武芸者の伝説伝承を集めた『本朝武芸承伝』や『立川文庫』に類似のエピソードが掲載されていること、③小説『宮本武蔵』（大河ドラマの原作でもあります。）の中にも、別の場面ではあるが、物陰に潜んで腕前を確かめようとしている者を心機で察知してかわすというシーンが存在すること、などを理由に、このような場面設定自体は、『七人の侍』の「表現上の本質的特徴」とはいえないと判断しています。

■企画の段階からできるだけ多くの資料を集める努力を

先行する文献や資料、映像作品などを参考とする際には、それらがその先行作品のオリジナリティに基づく部分ではないのかをよく検討しましょう。

伝説や逸話のようなものについても、そうした伝説や逸話自体がその作品にしか見られないものの場合には、それが創作的な表現とみなされ、「表現上の本質的特徴」とされる可能性もありますので、他の作品にも同じような逸話や設定が見られないかどうかを検討しましょう。

特に、複数の文献や作品に共通して見られるかどうかについては、それが「歴史的事実」なのかどうかを判断する際にも、「ありふれた表現」にすぎないかを判断する際にも有効ですので、企画の段階から、できるだけ多くの参考資料を集めて目を通しておくことが、良い作品を生み出すという点のみならず、リスク管理の観点からも有効と言えそうです。

■参考文献としての表記

参考にした資料の中で論じられている仮説などの「思想、感情、アイデア」や、資料で紹介されている史実などの「事実、事件」を利用するだけであれば、著作権法上は、許諾を得る必要はないと言えます。しかし、参考資料の作者によるオリジナルの仮説や、時間と労力をかけて発見された「史実」を利用する場合など、著作権とは別に、先行作品の作者への敬意や、視聴者への情報提供などの観点から、番組の参考文献として使用したことを番組のクレジット等で明記しておくことが望ましい場合もあるでしょう。

参考判例❶

大阪高裁平成14年6月19日判決・判タ1118号238頁、裁判所ウェブサイト（「コルチャック先生」事件・控訴審）

ユダヤ人孤児院の院長であった実在のポーランド人「コルチャック」を主人公とした舞台劇「コルチャック先生」が、コルチャックの生涯を描いたノンフィクション書籍である「コルチャック先生」の著作権を侵害するか否かが争われた事件。

裁判所は、舞台劇が同書籍を参考文献の１つにしていることや、実際に多くの部分で共通点があることについては認めつつも、それらはほとんど「歴史的事実」か「すでに他の著作にも見られる」ものにすぎず、「本質的特徴」ではないと判断した。しかし書籍の冒頭で、著者が自らポーランドを訪れた際に、草原一面に立っている石が孤児たちの墓標のように見えたという自らの感想に基づいて記載した部分については、著者の創作であり「本質的特徴」であるとし、舞台劇の冒頭（舞台上に置かれた石が白い衣装を着た子どもたちに変わり、歌い出すシーン）は、この「本質的特徴」を利用して再現したものであるから、許諾なく行えば著作権侵害に当たると判断した。なお、結論としては、書籍の作者は書籍に基づいて舞台を制作することについて了承していたことが認められると事実認定して、損害賠償などの請求は棄却した。

参考判例❷

知財高裁平成17年6月14日判決・判時1911号138頁、裁判所ウェブサイト（大河ドラマ『武蔵　MUSASHI』事件・控訴審）

NHK大河ドラマ『武蔵　MUSASHI』の第１回放送分が、映画『七人の侍』とその脚本に類似しているなどとして、『七人の侍』の監督であり、かつ脚本家の１人でもあった黒澤明氏の相続人が、著作権や著作者人格権の侵害を理由に提訴した事件。

裁判所は、村人が侍を雇って野武士と戦うというストーリー、本文中で触れた侍の腕試しの場面など複数の場面、登場人物の人物設定、などの共通点は、いずれもアイデアにとどまるか、他の作品や文献にも見られるものであり、また両作品には相違する点も多く認められるから、『武蔵　MUSASHI』から『七人の侍』の「本質的な特徴」を感得することはできず、著作権や著作者人格権の侵害とはいえないとした原審（東京地裁平成16年12月24日判決・裁判所ウェブサイト）の判断を引用して、相続人の主張を退けた。

1-3

著名な作品のパロディやオマージュ

Q お笑い番組で、有名な映画をもとにしたコントを作ります。法的な問題はありますか？

A いわゆる「パロディ」や「オマージュ」はテレビでも広く行われていますが、内容によっては著作権侵害となる余地もありますので、十分な注意が必要です。

KEY POINT

- ■ 著作権法には、パロディやオマージュを許容する明文の規定がない。
- ■ 登場人物の名前、性格、役割などを利用するだけなら著作権侵害にはならない。
- ■ 台詞やストーリー、画面の構図などを利用する場合は著作権侵害となる可能性がある。漫画やアニメの登場人物の絵柄を利用する場合も同様。
- ■ 基となる作品のイメージを著しく損なうようなコント作品等は特に注意を要する。
- ■ パロディ化した作品を、さらに商品化するような場合も特に注意を要する。

お笑い番組で、有名な映画やドラマを元にして、面白おかしくコントにしたり、あるいはドラマの中で、あえて過去の有名なドラマのワンシーンを彷彿させるシーンを挿入する演出をしたりすることが、よくあります。このようないわゆる「パロディ」や「オマージュ」といった手法は、著作権の観点からは、どのような問題を生じるのでしょうか。

■「表現上の本質的な特徴」を利用しない場合は許される

まず、元ネタとなった作品の「表現上の本質的な特徴」を利用していない場合は、そもそも著作権侵害の問題とはなりません。パロディやオマージュの中には、そもそも著作権の問題とならない場合があるのです（1-2参照）。

例えば、登場人物の名前、性格、役割などの「設定」自体は、アイデアにすぎず、著作権法によって保護される「表現」とは考えられていません。したがって、それらの設定だけを利用して、オリジナルストーリーの続編を作ることは著作権侵害にはならないと考えられています。よって、そういった「設定」だけを利用してオリジナルのコントを作ることも、同様に著作権侵害とはなりません。

ただし、漫画やアニメ作品の登場人物の絵柄は著作権法で保護される「表現」です。したがって、続編やコントを作る際に、そういった絵柄まで利用する場合は、著作権侵害となる可能性が出てきます。例えば、ストーリーはオリジナルでも、登場人物のヴィジュアルを利用した着ぐるみをタレントが着ているような場合です。

■パロディやオマージュを許容する明文の規定はない

それでは、他の作品の「表現上の本質的な特徴」を利用して作品を作った場合は、常に著作権侵害となってしまうのでしょうか。お笑い芸人がコントの中で用いるような場合でも一切違法として禁止されるべきなのでしょうか。

パロディやオマージュが社会的に有用な表現方法であることは一般にも広く認められています。このようなコントも、広い意味では一種のパロディと言うこともできるでしょう。そのような有用な表現方法を、著作権法が過度に制約することは、表現の自由の観点からも好ましいことではありません。

例えば、フランスでは、「もじり、模作及び風刺画」の作成が適法であることが著作権法に明記されていますし[1]、アメリカでは、替え唄の適法性が問題となったケースで連邦最高裁がフェアユース規定によりパロディが適法とされ得ることを認めています[2]。

しかし、日本の著作権法には、フランスのようにパロディやオマージュを正面から適法とする条文や、アメリカのように一般的に公正な利用を適法とするフェアユース規定がありません。そこで、日本において、パロディやオマージュを適法と説明するためには、既存の条文を前提に、理論構成を工夫する必要があるのです。

■「引用」という考え方

著作権法では、一定の要件を満たす場合には、「引用」として他人の作品の「本質的特徴」を利用することが認められています（9-1参照）。そこで、他人の作品のパロディやオマージュも「引用」に当たると言えないかが問題となります。

番組の演出として、著名な作品のワンシーンを彷彿させるシーンを登場させるといったタイプのパロディやオマージュが「引用」に該当するかが正面から判断された判例は、これまでのところ見当たりません。「引用」という解釈の余地は残されていると言えます。

ただ、別の作品を取り込むという点で類似性が見られる事件の判例として、複数の写真を合成して新たな作品を作り出す行為が、写真の「引用」（この事件では旧著作権法30条1項の「節録引用」）に該当するかが争われた事件があります。この事件では、芸術性の高い雪山スキーの写真作品（原作品）に、スキーヤーの背後に迫る巨大なタイヤの写真を合成するなどしていわゆる合成写真（一種のパロディ作品）を作って発表する行為が「引用」として許されるかなどが争われました。この事件で裁判所は、このよ

【1】 フランス著作権法122条の5第4項
【2】 Campbell v. Acuff-Rose Music, 510 U.S. 569 (1994)

うな形での原作品の利用は同一性保持権を侵害する改変である、被告作品では原作品が「従」たるものとして利用されているともいえない、などとして、適法な「引用」とは言えないと判断しました（9-1 参考判例①）。

もっとも、この判例は、旧著作権法の「節録引用」に関する判例にすぎないとの指摘もあり、現在の著作権法でどの程度考慮すべきかは議論もあるところです。実際、後述の美術品鑑定書事件のように、この最高裁判決が示した基準よりも柔軟な基準で「引用」に該当することを認める裁判例も生じています。

■パロディは表現の自由として許されるべきという考え方

パロディは、表現の自由の１つの行使形態であるから許されるべきだという主張が正面から争われた事件もあります。書籍『チーズはどこへ消えた？』のパロディ本である『バターはどこへ溶けた？』の適法性が争われた事件です（参考判例①）。

この裁判で裁判所は、「先行する著作物の表現形式を真似て、その内容を風刺したり、おもしろおかしく批評することが、文学作品の形式の一つであるパロディとして確立している」としてパロディについて一定の理解を示しました。しかし、結論としては、「表現として許される限界を超える」として違法だと判断しました。表現の自由として認められるべきとの主張については、表現の自由といえども公共の福祉との関係、本件で言えば他者の著作権との関係での制約を免れることはできないとした上で、著作権を侵害することなく対象を風刺、批判することもできたのであるから不当にパロディの表現をする自由を制限するものではない、などと述べています。

■現行法の弾力的な解釈や運用による解決が望まれている

このような状況の下、パロディについては、近時、著作権法に関する政府の審議会でも検討され、立法による解決の要否も検討されましたが、結局、立法は見送られました。その報告書[3]では、許されるパロディの範囲

【3】 平成25年3月　文化審議会著作権分科会法制問題小委員会　パロディワーキングチーム報告書

を法律で明確にすることによって、それが線引きとなってしまい、そこから外れた表現についてはかえって消極的な効果をもたらすのではないかという懸念が示されたことなどが理由とされています。その上で報告書は、少なくとも現時点では、立法による解決よりも、既存の権利制限規定の解釈や、黙示の許諾を広く認めるなど、現行法の解釈や運用により弾力的で柔軟な対応を図る方策を促進することが求められていると結論付けています。

なお、上記のとおり、過去の裁判では「引用」との主張が認められませんでしたが、このような「引用」の理解が変更される兆しも見えています。この報告書でも、「チーム員からは、『従前、引用規定（第32条第1項）の適用を受けるためには明瞭区別性及び主従関係の要件を満たすことが必要とされ、パロディにはそれらの要件を満たさないものが多いと指摘されていたが、近時、引用規定の柔軟な解釈を示す裁判例（知財高裁平成22年10月13日判決判時2092号135頁［美術鑑定書事件］（編注・9-1参考判例③参照））が現れてきていることや、パロディと引用規定との関係について学説上活発な議論が行われていることに照らすと、引用規定の解釈によってパロディを許容する余地が広がる可能性もあり、今後の裁判例や学説の動向に十分留意していく必要がある』との指摘もあった。」とされています。

■実際の対応

さて、実際問題として、パロディやオマージュは広く行われています。しかし、現時点では、実際に適法とされた判例は見当たりませんので、もし権利者があえて法的措置を選択した場合は、法律上は著作権侵害と判断される可能性が残されています。その場合は、損害賠償を命じられたり、差止命令を受けたりすることにもなりかねません。

そうすると、実際上の対応としては、法的措置まではとられないような微妙な「さじ加減」が求められると言えそうです。

あくまで一般論ですが、元となる作品の本来的な市場と競合せず、実質的にみても損害の発生が観念しにくいような場合や、お互い様といえるような場合（例えば放送局間では、互いに相手局の作品をパロディ化することも考えられますので、そういった場合に強硬な主張をすると、将来、自分の首を絞めることにもなりかねません。）には、あえて法的措置まで起こされないことも多いように思われます。他方で、普段から権利意識が強く、自身の権利を常に強く主張してくると認識されているような権利者の作品については要注意と言えるでしょう。

また、特に、オリジナルの作品のイメージを損なうような、卑猥や下品なコント、いじめにつながるなど社会的に非難されるようなコント等については、権利者としても放置できないと考える可能性が高くなりますので、権利行使を受ける可能性が高くなると言えるでしょう。

また、放送にとどまらず、その後にパロディ作品を商品化したりするような場合は、もはや「表現の自由」の範疇を超えるとも言えますし、別途商標権や不正競争防止法の問題も生じるおそれがありますので[4]、さらなる注意が必要と言えそうです。

参考判例 ❶

東京地裁平成13年12月19日決定・コピライト492号16頁・裁判所ウェブサイト（「バターはどこへ溶けた？」事件）

書籍『チーズはどこへ消えた？』の翻訳者と出版社が、そのパロディであり表現の一部や表紙などが酷似する『バターはどこへ溶けた？』の出版社らに対して、著作権侵害を理由に販売差止等を求めた仮処分事件。

裁判所は、「先行する著作物の表現形式を真似て、その内容を風刺したり、おもしろおかしく批評することが、文学作品の形式の一つであるパロディーとして確立している」ことと、この作品がまさにパロディであることは認めつつも、「テーマを共通にし、あるいはそのアンチテーゼとしてのテーマを有するという点を超えて」、「具体的な記述をそのままあるいはささいな変更を加えて引き写した記述を少なからず含むものであって、表現として許される限界を超えるものである」と判断して、結論としては著作権侵害であるとして販売の差止を認めた。

【4】「白い恋人」のパロディ商品「面白い恋人」の例などを想起されたい。

1-4

実在の人物をモデルにしたドラマの製作

Q 実在の人物や事件をモデルにしたドラマを制作しようと考えています。関係者に無断で制作すると何らかの権利を侵害するのでしょうか？

A 視聴者が、誰がモデルかを特定でき、かつ、その内容が実際の出来事だと受け取る場合は、内容によっては、名誉毀損やプライバシー侵害となるおそれがあります。

KEY POINT

- ■ 視聴者が明らかにフィクションと受け取る場合はよいが、事実に基づいていると受け取られる場合には、内容によってはモデルとした人物に対するプライバシー侵害や名誉毀損となるおそれがある。
- ■ 主人公以外の人物についても同様の配慮が必要。

実在の人物や事件をモデルにしたドラマはよく制作されます。タイトルも含めて実在の人物がモデルであることを明言しているものから、視聴者が「ひょっとして、あの人がモデルじゃないのかなあ？」と何となく思う程度のものまで様々です。では、実在の人物をモデルにしたドラマ作品を作ると、本人の権利を侵害することになるのでしょうか。

■実在の人物をモデルにしたフィクション作品の特徴

特定のモデルがいない、完全なフィクションの作品の場合は、実在の人物の名誉やプライバシーが侵害されることは、通常はありません。これに対して、ノンフィクションであることを明示して関係者が実名で登場するような作品の場合は、それによって関係者に関する事実が公表されていることが明らかですので、あとは、それが名誉毀損やプライバシー侵害に該当するかを検討することになります。

こうした、フィクションとノンフィクションの性質を併せ持ったものが、実在の人物や出来事をモデルにしたり、そこから着想を得たりしつつも、新たな創作も加えた結果、事実の部分と創作の部分が混在しているような作品です。

小説にモデルとなる人物が存在する、いわゆる「モデル小説」による名誉毀損やプライバシー侵害が問題になった裁判例は過去に多く存在しますので、以下では、それらの裁判例で示された考え方も参考にしながら検討していきます。

■作品から本人を特定できるか

このような、実在の人物や出来事をモデルにした作品が、モデル本人の権利を侵害するかについては、まず、その作品によって、モデルとなった本人を特定できるかを検討する必要があります。仮に本人を特定できないのであれば、そもそも本人に対する権利侵害の問題は生じないためです。

もっとも、多くの読者・視聴者にとっては特定できなくても、本人の身近な人物など、本人の情報を知る人物であれば特定できる場合は、権利侵害となる可能性は残ることになります（10-3参照）。

個別の事例ごとの判断とはなりますが、作品中の登場人物の経歴や属性の多くが本人と一致するような場合は、少なくとも本人の情報を知る人物であれば、本人を特定することが可能であるとされる可能性があると言えます。

■作品の記述が現実の事実であると受け取られるか

本人を特定することが可能である場合は、次に、作品に接する者が、作品で描かれた内容を当該本人に関する事実であると受け取るかどうか、作品のどの部分が事実で、どの部分がフィクションであるかを区別できるか、が問題となります。

モデル小説が権利侵害となるかが争われた過去の裁判例でも、その点が検討されています。結論としては、一般読者がどの部分がフィクションでどの部分がノンフィクションか区別できないと判断された事件と（参考判例①）、小説が全体としてフィクションだと分かると判断された事件（参考判例②）の双方がありますが、これまでのところ、区別できないとして違法と判断されるケースが多いようです。最近では、モデル小説について名誉毀損やプライバシー侵害等を理由に出版の差止まで認められた事件（参考判例③）もあります。

■事実と受け止められても権利侵害になるとは限らない

仮に、一般視聴者が事実と受け取ったとしても、それで常に権利侵害となるとは限りません。それによって社会的評価が低下しなければ名誉毀損にはなりませんし、一般に知られたくない私的生活に関する事実の公表を伴っていなければプライバシー侵害にもなりません。

さらに、仮にそうした事項を含んでいたとしても、実在の政治家や著名な事件を題材にするような場合には、正当な表現行為として許される場合もあります（10-8参照）。

■主人公以外の登場人物にも配慮を

実在の人物をモデルにした作品を作ろうとする場合は主人公だけではな

く、その周辺の人物についても併せて実在の人物をモデルにすることが少なくありません。主要な登場人物に限らず、その周辺の登場人物についても基本的に同様に考える必要があります。「主人公ではないから権利侵害とはならない」ということはありませんので、注意が必要です。

■実在の人物をモデルとしたドラマについての実務上の対応

ここまで見てきたモデル小説に関する判例の考え方なども踏まえて、実在の人物をモデルとしたドラマの制作についての対応を考えてみると、①視聴者が本人を特定することが可能か、②仮に特定できても視聴者が全体としてフィクションであると受け取るような内容・構成か、それとも事実を含むと受け取る内容・構成か、③一般の感覚からして他人に知られたくない事情や、本人の社会的評価を低下させるような事情を描いているか、本人の名誉感情を害するような表現を含んでいるか、④作品の社会性や、モデルとする必要性（著名な人物である、著名な事件の当事者である、など）はどの程度あるか、などの観点から検討がなされる必要があると言えそうです。

そして、検討の結果、本人の権利を侵害する可能性がある場合は、本人から了解が得られればよいのですが、諸事情で難しい場合もあるでしょう。そのような場合は、主人公以外でも、例えば犯罪行為や非道徳的な行為を行うような設定の人物の場合は、本人を想起できなくなるような要素を加えたり、描き方等を変更して全体としてフィクションであると受け取られやすくするなどの対応も検討すべきでしょう。

また、完全に事実に基づいていることを売りにするような作品でない限り、番組があくまでもフィクションであるというテロップを表示することが望ましいでしょう。それだけで常に法的責任を免れられるわけではありませんが、そのような表示の有無も大切な考慮要素の１つではあると考えられるためです。

参考判例❶

東京地裁昭和39年9月28日判決・判時385頁12頁、判タ165号184頁（「宴のあと」事件）

三島由紀夫の書いた小説「宴のあと」の中で、主人公のモデルとされる元政治家が、小説内で妻であり料亭の女将である女性との間の私的な事柄などを描写されてプライバシーが侵害されたとして、三島由紀夫と出版社に対して損害賠償と謝罪広告を求めた事件。

裁判所は、モデル小説の一般読者にとって、当該モデル小説のどの叙述がフィクションであり、どの叙述が現実に依拠しているものであるかは必ずしも明らかでないことなどを理由に、小説というフィクションの手法を取っていてもプライバシー侵害になり得るとした上で、プライバシーの要件を定立し、結論としてプライバシー侵害を認め、損害賠償を命じた。

なお、この判決は、日本で初めてプライバシー権の権利性を肯定するとともに、プライバシーとして保護されるための要件を示した裁判例でもある（14-2参照）。

参考判例❷

東京地裁平成7年5月19日判決・判時1550号49頁、判タ883号103頁（「名もなき道を」事件）

高橋治の書いた小説「名もなき道を」の中で、主人公の妹夫婦のモデルとされたとする夫婦が、小説の中で、自分たちの学歴、結婚の経緯、医院開業の経緯、財産状況、両親の出自・経歴・結婚の経緯などに加えて、主人公にされている兄の色覚異常及び変死の事実等が公表され、それらにより自分たちのプライバシーが侵害されたとして、高橋治と出版社に対して損害賠償、出版・発行の中止と謝罪広告の掲載を求めた事件。

裁判所は、この作品の主人公にされている兄の色覚異常及び変死の事実は、公表すればプライバシー侵害の可能性がある事実であるとしつつも、小説が「全体として虚構（フィクション）であると認められる」ため、読者が真実と考えるとは限らないからプライバシー侵害にはならないとして夫婦の請求を認めなかった。

参考判例❸

最高裁平成14年9月24日判決・裁判集民207号243頁、判時1802号60頁、判タ1106号72頁、裁判所ウェブサイト（「石に泳ぐ魚」事件・上告審）

作家柳美里の自伝的小説「石に泳ぐ魚」の中で、作者の友人であり幼少時の病気により顔に重度の腫瘍がある若い女性をモデルにした登場人物について、その女性のプライバシーに関わる事実や、顔面の状態を異様、悲劇的、気味の悪いものと受け取れる表現で描く表現が含まれるなどしていたことから、この女性が名誉権、プライバシー権などを侵害されたとして出版の差止と損害賠償を求めた事件。

裁判所は、原告が日常的に接する人や幼い頃からの知人らは、その登場人物を原告であると容易に同定できるとした原審の判断を前提に、「侵害行為が明らかに予想され、その侵害行為によって被害者が重大な損失を受けるおそれがあり、かつ、その回復を事後に図るのが不可能ないし著しく困難になると認められるとき」には出版の差止も認められるとして、出版差止と損害賠償を認めた。

Column

番組タイトルが権利侵害となることはある？

当初「人間失格」というタイトルで制作されていた連続ドラマが、太宰治の遺族からの抗議の結果、「人間・失格」という「・」を入れたタイトルに変更されたことがありました。このドラマの内容は太宰治の「人間失格」とは無関係で、遺族の了解なく当初のタイトルが決められていたようです。裁判にはならず、話合いにより「・」を入れることで合意されたため、「人間失格」のままだと違法なのか、逆に「・」を入れれば適法なのかについて裁判所の判断が示されたわけではありません。このような問題について、法的にはどのように考えれば良いでしょうか。

まず、作品のタイトルは著作物ではないと考えられています。したがって、タイトルだけを無断で利用しても著作権侵害にはなりません。

もっとも、他人の作品のタイトルを無断で使用することは、場合によっては作者の人格的利益の侵害となるという考え方が有力です。具体的には、①タイトルに高度の独創性がある、②世の中に広く知られているタイトルである、③既存作品の名声に便乗したり、作品や作者の名誉・感情を傷つけたりするものである、の全てに当てはまるような場合は、人格的利益の侵害となり得るとされています。これは、日本文藝家協会が昭和59年4月に発表した見解「文芸作品の題名について」や、この見解に基づいて裁判所が和解勧告して和解したケース（「父よ母よ！」事件）を参考にしたものです（これらの内容は、判例時報1595号134頁以下に掲載されています。）。

なお、他人の登録商標と同じタイトルにしてよいかという問題もあります。一般には、番組のタイトルとして使用している限りは問題ないと理解されています。ただし、通販番組のようにタイトルが販売主体の表示とも見える場合や、タイトルを表示した関連グッズを販売する場合など、商標権との関係に注意すべき場合もあります。個別のケースについては専門部署にご確認されることをお勧めします。

2章

取材

2-1

取材意図の説明と取材対象者の期待

Q 放送される番組がどのような内容になるかについて取材対象者が期待を抱いた場合に、その期待に反する番組を放送したことを理由に法的責任を負うことがあるでしょうか？

A 取材対象者の期待に反する番組を放送したからといって法的責任を負うことは無いのが原則です。ただし、一定の条件を満たす場合には、例外的に損害賠償責任を負う可能性があります。

KEY POINT

■ 取材担当者の言動から、取材対象者が放送内容について一定の期待を抱いたとしても、法的保護の対象とはならないのが原則である。

■ ただし、例外的に、次の要件を全て満たす場合には、取材対象者の期待や信頼を不当に損なったとして、放送事業者が損害賠償責任を負わされる可能性がある。

①取材に応じることにより、取材対象者に格段の負担が発生していること。

②取材担当者がそのことを認識した上で、必ず一定の内容、方法により取り上げると説明していること。

③その説明が、客観的に見ても取材を受けるという意思決定の原因となるようなものであること。

④放送された番組の内容が取材担当者の説明と齟齬していること。

⑤説明どおりにならずともやむを得ない事情が存在しないこと。

番組のために取材をする際には、番組の趣旨や概要、取材結果の扱いなどについて取材対象者に説明することになります。しかし、撮影した映像や取材結果を全て番組で使用することは不可能ですし、取材後の内部検討の結果、当初の想定とは異なる内容となることもあります。そのため、取材対象者の期待に沿わない番組になることもあります。ここでは、取材対象者の期待に反する結果となった場合に、テレビ局や制作会社が法的な責任を負うことになるのかについて解説します。

■期待に反する番組の放送と法的責任

人が何らかの期待を抱いた場合に、その期待が法的な保護を受けるかについて、従来から「契約締結上の過失」という理論が判例で認められてきました。これは、契約締結交渉の過程で相手方の言動等によって契約締結に対する一定の期待を抱き、この期待に基づいて経済的な支出をするなどした者は、相手方がこの期待を裏切った場合には、信義則（民法1条2項の信義誠実の原則）に反するとして、生じた損害の賠償を求めることができるという考え方です。また、判例は、契約締結交渉中の当事者間だけでなく、一定の関係にある者の間で一方当事者が他方の信頼を裏切った場合に信義則違反を理由に損害賠償義務を負うことも認めています[1]。

これらと同様の考え方が報道機関と取材対象者との間にも該当するのかについて、平成20年に最高裁が初めて判断を示しました（参考判例①）。

■報道機関に配慮した最高裁の判断基準

この判決で最高裁は、「放送事業者の制作した番組として放送されるものである以上、番組の編集に当たっては、放送事業者の内部で、様々な立場、様々な観点から検討され、意見が述べられるのは、当然のことであり、その結果、最終的な放送の内容が編集の段階で当初企画されたものとは異なるものになったり、企画された番組自体が放送に至らない可能性があることも当然のことと国民一般に認識されているものと考えられる」と

【1】 加藤正男『最高裁判所判例解説民事篇　平成20年度』348頁、367頁（法曹会、2008）。

の前提に立った上で、放送事業者の表現の自由を保障する観点から、原則として、そのような取材対象者の期待は、法的には保護されず、放送事業者は期待に反した番組を制作して放送したとしても、法的責任を負うことはないと判断しました。

その上で、そのような放送事業者の表現の自由を制限してもなお、取材対象者の期待を保護すべき例外的な場合に限って、損害賠償請求が認められる場合があるという考えを示しています。具体的には、①取材に応じることにより、取材対象者に格段の負担が発生しており、②取材担当者がそのことを認識した上で、必ず一定の内容、方法により取り上げると説明し、③その説明が、客観的に見ても取材を受けるという意思決定の原因となるようなものであり、④放送された番組の内容が取材担当者の説明と齟齬しており、⑤説明どおりにならなかったこともやむを得ないといえるような事情が存在しない、という要件が全てそろったような場合には、例外的に、そのような期待が侵害されたことを理由として、損害賠償請求を認める余地があるとしたのです（参考判例①）。

この最高裁の基準によれば、取材対象者の期待を不当に損なったとされる場合は非常に狭くなりますので、余程のことがなければそう簡単に法的責任は肯定されないものと考えられます。

■説明どおりにならなくともやむを得ない事情

判決が「説明のとおりに取り上げられなかったこともやむを得ないといえるようなときは別として」と判示しているのは、期待権侵害も不法行為である以上、報道機関側に帰責事由がない場合には責任を肯定できないということを確認的に明らかにしたものと考えられています[2]。

これまでのところ、どのような場合に「やむを得ない」といえるのかについて判断した裁判例は見当たりませんが、例えば、取材対象者側の状況の変化や新事実の発覚、社会情勢の変化などにより、報道機関側が当初想定していた前提が大きく変わってしまったような場合には、「やむを得な

【2】 前掲 382 頁の注 34（法曹会、2008）

い」といえる場合も多いでしょう。

■ BPOの示す基準と放送倫理の観点

もっとも、法的責任さえ負わなければ取材対象者の期待を損なっても良いかと言えば、そのようなことはありません。報道機関であるテレビ局は、法的責任とともに報道倫理上の責任を負っています。

そして、あるべき取材趣旨の説明と変更の際の対応について、BPOの放送人権委員会は、「放送局は取材に際し、場合によっては書面によるなど取材趣旨をできるかぎり明確かつ懇切に説明すべきである。また、編集過程で全面的なカットや重要な変更がなされた場合には、それを速やかに取材対象者に伝えることが望ましい。」との考えを示しています（参考BPO決定①）。

したがって、取材結果を全面カットしたり、重要な変更をしたりする場合には、可能な限り取材対象者に説明することが望ましいと考えます。なお、上記の最高裁判決は、法律上の義務としては、このような説明義務を原則として否定しています。また、このBPO決定も「望ましい」という表現にとどめています。したがって、そのような説明がなされなかった場合に、常に放送倫理に違反するとされるかは疑問もあります。しかし、例えば、取材対象者にとって特に重要な変更であり、かつ容易に説明できるにもかかわらず、全く説明をしなかったような場合には、BPOからは放送倫理違反と指摘される可能性もありそうです。

■ 実務上の対応

実務上の対応としては、取材時に取材趣旨をできる限り明確かつ懇切に説明しつつ、他方で、番組の趣旨や取材結果の扱いは流動的であることを丁寧に説明しておくということが大切です。特に、重大な社会問題を取り上げる場合には、番組中で否定的に扱う取材対象者も必然的に出てきます。こうした取材対象者を取材する際に、不用意に取材結果の扱いについて確定的な説明をしたり、取扱い方を約束しているように読める書面やメールを渡したり送ったりすると、期待権や放送倫理を根拠として、番組に対する介入を招いてしまうという危険もでてきかねません。

取材対象者に番組の意図やねらいを丁寧に説明することと、番組の内容や取扱いを確定的に約束することとは全く異なります。取材の際は、この両立を心がけていただくことが肝要でしょう。例えば、取材対象者に説明文書を交付する際には、内部で作成した企画書等をただそのまま交付するというのではなく、その取材対象者に宛てた文書を作成して、今後変更の可能性があることなども明記しておくと、無用な誤解が生じないので望ましいと言えるでしょう。

また、取材時の説明方法や、取材先に書面を示す方法などについてテレビ局ごとにルールがある場合は、それに従うようにしてください。

参考判例❶

最高裁平成20年6月12日判決・民集62巻6号1656頁、判時2021号3頁、判タ1280号98頁、裁判所ウェブサイト（「ETV2001」事件・上告審）

いわゆる慰安婦問題を裁く民衆法廷を主催したNPO及びその代表者が、この民衆法廷を取材して番組を制作・放送したNHK、NHKエンタープライズ（NEP）、番組制作プロダクションの三者を相手取って、取材時の説明と異なる番組を制作・放送されたことにより期待的利益が侵害されたなどとして損害賠償を求めて提訴した事件。

最高裁は、「当該取材に応ずることにより必然的に取材対象者に格段の負担が生ずる場合において、取材担当者が、そのことを認識した上で、取材対象者に対し、取材で得た素材について、必ず一定の内容、方法により番組中で取り上げる旨説明し、その説明が客観的に見ても取材対象者に取材に応ずるという意思決定をさせる原因となるようなものであったときは、取材対象者が同人に対する取材で得られた素材が上記一定の内容、方法で当該番組において取り上げられるものと期待し、信頼したことが法律上保護される利益となり得るものというべきである。そして、そのような場合に、結果として放送された番組の内容が取材担当者の説明と異なるものとなった場合には、当該番組の種類、性質やその後の事情の変化等の諸般の事情により、当該番組において上記素材が上記説明のとおりに取り上げられなかったこともやむを得ないといえるようなときは別として、取材対象者の上記期待、信頼を不当に損なうものとして、放送事業者や制作業者に不法行為責任が認められる余地があるものというべきである」と述べた上で、本件はそのような場合に当たらないとして、不法行為の成立を否定し、NPO およびその代表者の請求を退けた。

参考 BPO 決定 ❶

人権委平成 10 年 10 月 26 日決定「其枝幼稚園事件」（決定 5 号）

厳しい経営状況に追い込まれた幼稚園の現状と対策や行政の対応等を取り上げた NHK の番組『クローズアップ現代』の中である幼稚園の取組を取り上げたが、取材時には、その幼稚園の独自の教育方針である「ないないづくしの教育」も番組で取り上げたいと伝えたにもかかわらず、最終的には NHK の判断で全面カットしたことが、幼稚園やその関係者の権利を侵害し、あるいは放送倫理に違反するのではないかが争われた事案。

BPO は、「放送局は取材に際し、場合によっては書面によるなど取材趣旨をできるかぎり明確かつ懇切に説明すべきである。また、編集過程で全面的なカットや重要な変更がなされた場合には、それを速やかに取材対象者に伝えることが望ましい」とした上で、「ないないづくしの教育」部分の全面カットについては、「幼稚園側にその旨伝えるとともに、真摯に了解や説得を試み、幼稚園側の意見や言い分をできるだけ放送に反映する努力を払うべきであった」として、放送倫理上問題があったと結論付けた。

2-2

取材メモの取り方と保存方法

Q 取材メモを取る際にはどのような点に注意したらよいのでしょうか。また、取材メモは放送後も保存しておかなくてはならないのでしょうか？

A 日時や取材相手などの情報も含めて正確に記載し、放送後も参照できるように適切な方法で保存しておく必要があります。

KEY POINT

- ■ 報じた内容が真実であることを立証して名誉毀損を回避するためには、取材メモの有無や内容が重要な意味を持つことがある。
- ■ 取材メモは、いつ、誰から、どこで、どのような状況で聞いたものなのかが分かる形でできる限り詳しく記録し、後からでも参照できるように保存しておく。
- ■ 自分の感想や疑問点等も記載しておくとよいが、その際は、取材対象者の発言と区別がつくようにする。
- ■ 広報資料、報道資料、プレスリリース、録音録画したテープやデータ、取材相手とのメールのやりとりなどがあれば、取材メモと共に適切に保存しておく。

取材で入手した資料や取材メモなどを整理して保存することは、正確な放送を行うという観点だけでなく、放送後の名誉毀損等を巡る紛争に対応するためにも重要な意味を持ちます。ここでは、なぜ取材メモが重要なのか、そして、取材の時点での取材メモの取り方や保存すべき資料等について解説します。

■取材メモの重要性

日本では、報道機関が名誉毀損で訴えられた場合、報道機関の側が、報道内容が真実であること（真実性）、または、少なくとも十分な取材を尽くした結果に基づいて真実であると信じて報道したこと（真実相当性）を立証する責任を負っています（14-1参照）。つまり、報道機関の側がそれらの点を立証することができなければ、敗訴してしまうことになります。

このため、重要になってくるのが取材メモです。過去に起こった多くの名誉毀損訴訟においても、取材メモの存在が裁判の勝敗に大きく影響を与えてきました。名誉毀損訴訟となれば、取材を行った記者やディレクターが法廷で取材経過について証言を求められることが少なくありません。この際、取材メモがないと、証言の信用性を補強できないのみならず、そもそも自らの記憶を喚起することもできず、満足に証言すること自体が困難となりかねないのです。したがって、①取材の際には正確なメモを取ること、②取材に基づいた番組作りをすること、③メモは放送後も保存すること、これらは、正確な放送をするだけでなく、その後の紛争においても重要な意味を持つのです。

■取材メモを作成すべき場合

取材先から詳細な資料が提供されている場合や、取材の録音録画物が残っているような場合、それほど頑張って詳細な取材メモを取る必要はないと考える人もいるかもしれませんが、必ずしもそうとはいえません。その時点での自分自身の感想や疑問点や、同席していた人物の様子など、取材先作成の資料や録音録画物には残らない情報もあります。また、実際に裁判になった際に、取材源の秘匿などの様々な事情でこうした資料や録音録画物を公開の法廷に証拠として提出することが困難な場合もあります。

刑事事件報道など、他人の名誉やプライバシーを侵害する可能性のあるような取材については、基本的に取材メモを作成し、しっかり保存しておくべきです。

■取材メモに記載しておくべき事項

取材メモを記載するに当たっては、相手が話した内容を正確に記載することはもちろんですが、それだけでなく、いつ、誰から、どこで、どのような状況で聞いたのかということが分かるように記載しておくことが重要です。民事の名誉毀損（不法行為）の消滅時効は被害者が被害を知ったときから3年ですので、紛争になるのが放送直後とは限りません。放送から長期間経ってから突如訴訟を起こされることもあります。紛争になった時点で、どの場面で聞いた情報なのかを正確に示すことができなければ、真実性や真実であると信じた相当の理由があると立証することが難しくなることも考えられます。

特に、同じ人物に何度も取材した場合や、同じ時期に同じような属性の人たちに取材を行ったような場合、それも、取材から数年経過すると、いつ、誰から、どこで、どのような状況で聞いたのかを忘れたり混同したりしてしまう可能性が出てきます。ささいなことと思われるかもしれませんが、名誉毀損訴訟という観点からはとても重要なことです。

■安心して証人尋問に臨む

名誉毀損の裁判では、争点になっている事柄について実際に取材を行った者が証人として法廷で証言することが通常ですが、その際、反対尋問では相手側の弁護士から、いかに記憶が曖昧かを引き出すために、弱そうなところを狙って細かな質問をされることがあります。

いつ、誰から、どこで、どのような状況で聞いたのかといった点について、記憶が曖昧だということになると、裁判官から、肝心の内容についても記憶は曖昧だという疑念を持たれかねません。また、法廷で答えられない質問が続くと、証人自身の不安感や緊張感が増して、ますます証言がおかしくなるという悪循環に陥ることもあります。証人尋問では、証人はメモや手控えを持ち込むことが認められていません。

しかし、取材時に作成したメモは、「証拠」として裁判所に提出しておけば、代理人がその現物を証人に示しながら、記載の意味内容を確認することが可能です。このように、名誉毀損訴訟においては、取材メモの存在がとても大切なのです。

■まとめメモの作成

記憶が新鮮なうちに、その日の取材結果をまとめておくことも有用です。テレビ局によっては、取材メモのデータ化と共有化についてシステムを構築していたり、一定のルールを定めていたりします。こうしたものがある場合には、それに従い、保存してください。そうしたルールやシステムがなくとも、こまめに取材結果をまとめて、例えばフォルダごとに分類して保存するなどしておけば、後で必要になったときにも困ることがありません。

こうしておくことで、現場での手書きメモで欠けている部分をあらかじめ補強しておくことができ、現場メモ自体の信用性も増すことになります。

■配布資料、録音録画物、メールなどの保存

捜査機関による正式な記者会見においては、多くの場合資料が配布されます。ほかにも、取材先から広報資料、報道資料、プレスリリースなどの名目で資料が配布されることがあります。こうした資料は、放送後も、取材メモと共にしっかり保存しておくことが大切です。取材先自身が配布した資料は証拠としての価値が高く、取材メモや証言の大きな補強になるだけでなく、資料の内容によっては、その資料を証拠として提出することで取材内容の立証が済み、記者の証人尋問すら不要となる場合もあります。

ほかにも、取材の様子を録音録画したテープやデータ、取材相手とのメールのやりとりなども、あれば保存しておくべきです。こうした記録は、保存容量や流出リスクの防止などの制約もあるところですが、適切な措置を講じつつ、可能な限り保存することが望ましいと言えます。これら

も、内容によっては極めて重要な証拠となります。

■ BPO も指摘する取材メモや関係資料の保存の重要性

取材メモに関しては、BPO の放送倫理検証委員会も、その保存の重要性を指摘しています。不二家の不祥事に関する TBS の放送について審理した事案の中で、担当ディレクターが内部告発者や不二家広報とのやりとりのメモを紛失したために、取材の詳細が事後的に検証できなかった点について、同委員会は、「B 通報者の存在や不二家広報の取材を本当にしたのかどうかさえ疑われかねないこの不注意は責められるべきである」とし、取材メモ等の記録は放送後も適切に保管しておくべきことを指摘しています。

さらに、「放送に使用した資料等は放送後ただちに処分するなど、ほとんど日替わりで変化する仕事環境で制作されている」という制作環境自体に問題があると指摘し、「このような制作環境を作り、許容してきた TBS 経営陣にも問題がある」とまで断じています（参考 BPO 決定①）。

■ まとめ

取材で入手した資料や取材メモなどを整理して保存することは、正確な報道を行うという当然の目的のためだけでなく、報道機関の法的リスクを低減するためにも重要であることがご理解いただけたと思います。ただ、ルールを決めずにただ何でも保存するようにということになると、情報管理上の問題を生じかねませんし、一方で、あまりに細かくルールを決めすぎると、記者の手間暇がかかりすぎることになりかねません。

取材者の自由闊達な取材や情報セキュリティを確保しつつ、取材メモや資料を適切に保存管理する方法を検討しておくことが大切です。

参考 BPO 決定 ❶

検証委平成 19 年 8 月 6 日決定「TBS『みのもんたの朝ズバッ！』不二家関連の 2 番組に関する見解」（決定 1 号）

情報番組『みのもんたの朝ズバッ！』において、不二家の元従業員の内部告発に基づき、同社平塚工場における賞味期限切れチョコレートの再利用疑惑を報じたことが、「視聴者に著しい誤解を与え」るような「虚偽」に当たるか否か、また、約 3 か月後の同番組で行った訂正と謝罪の放送の妥当性などが審理された事案。

放送倫理検証委員会は、この番組における取材メモや資料の保存の状況に関して、「Y ディレクターは本件番組放送後、B 通報者との電話のやりとりをメモした紙片を紛失した。また、B 通報者と話したあと、再度電話した不二家広報とやりとりした際の担当者名等を記したメモも紛失している。B 通報者の存在や不二家広報の取材を本当にしたのかどうかさえ疑われかねないこの不注意は責められるべきである」「『朝ズバッ！』は、曜日ごとに編成されたスタッフ班で制作されており、各スタッフに定まったデスクがなく、また放送に使用した資料等は放送後ただちに処分するなど、ほとんど日替わりで変化する仕事環境で制作されている。こうした番組制作環境が、告発された相手の名誉や人権に関わることの少なくない内部告発という微妙な情報を扱う場合にふさわしいかどうかは、大いに疑問である。このような制作環境を作り、許容してきた TBS 経営陣にも問題がある」との見解を明らかにした。

2-3

正式な取材における無断録音

Q

こちらの身元を名乗り、メディアによる取材であることを告げて行う取材の際に、取材相手との会話を記録のために無断で録音することは、どのような問題を生じますか？

A

会話を録音すること自体は、録音されないことが期待されるような状況でない限り違法ではありません。ただし、それをそのまま放送することは、プライバシー等の問題を生じるので別途検討が必要です。

KEY POINT

- ■ 取材であることを告げた正式な取材時に、会話を無断で録音すること自体は、原則として違法ではない。
- ■ ただし、会話の状況や内容から見て、取材対象者が「この会話は録音されないだろう」と期待するのが合理的な場合には、録音自体が違法とされる可能性がある。
- ■ 無断で録音した音声をそのまま加工せずに放送すると、別途、プライバシー等の問題を生じることもある。
- ■ テレビ局のガイドライン等がある場合は、それに従う。

取材の際に、取材内容を正確に記録しておくために、会話の内容を録音しておくことはよくあります。名誉毀損訴訟で、取材結果を裏付ける客観的な資料が存在しない場合は、取材メモと取材の録音が決定的に重要な証拠となる場合もあります。ここでは、こちらの身元を名乗り、メディアによる取材であることを告げた正式な取材であることを前提に、会話の無断録音の法的な位置づけや考え方について解説します。

■無断録音の適法性

会話の一方当事者が、相手方の了解を得ずに会話を録音することについては、法律上は、相手方のプライバシー権や人格権を侵害するのではないかという観点から検討されています。

過去の裁判例では、新聞記者が、取材対象者に無断で取材時の会話を録音した行為の適法性が争点の1つとなった事案で、最高裁は、録音は適法であると判断しています（参考判例①）。また、取材目的での録音ではありませんが、詐欺の被害に遭ったとの疑念を抱いた者が、それ以降の相手との会話を無断で録音しておいたことの適法性が争点となった事案でも、最高裁は、無断録音は適法であると判断しています（参考判例②）。

このとおり、裁判所は、会話の当事者の一方が他方に無断で会話内容を録音することが許される場合もあると考えています。

もっとも、裁判所は、無断録音はいかなる場合にも許されると考えているわけではなく、その時の状況によっては許されない場合もあると考えているようです。具体的には、「会話がなされる当事者間の関係、会話の内容からみて、他の当事者により会話が録音されないとの期待が合理的、客観的なもの（一般人がその者の立場に立ってそう期待することがもっともだと考えるという意味）であれば、会話者の同意を欠く録音は許されず、客観的、合理的期待を欠く場合は、会話者の同意を欠く録音は許される」[1]と理解されています。

したがって、取材時の無断録音が許されるかどうかも、取材対象者が、

【1】 渥美東洋「判例評論519」判時1776号213頁

「この会話は録音されないだろう」と期待するのが合理的だと言えるような状況にあるかどうかによって、個別に判断されることになります。

そして、マスメディアによる取材であることを明らかにした上で、取材対象者との間で交わされる会話については、少なくともその会話の内容が公表されることも当然に予想される状況にあるわけですから、通常は、会話が録音されないという期待が合理的、客観的に存在するとまでは言えないケースのほうが多いのではないかと思われます。

もっとも、例えば「録音はしていませんので安心して話してください」と明言する場合など、客観的に見ても「この会話は録音されないだろう」と期待するのが合理的な場合もあるでしょう。そのような場合には、取材対象者に無断で会話を録音すると、取材対象者の人格的利益を侵害したとして、民事上の不法行為責任を問われる可能性もあると考えます。

■録音した音声の放送

無断録音することが適法かどうかと、録音した音声を番組でそのまま使用することが適法かどうかは別問題です。

上記のとおり、取材であることを理解した上で話したのですから、具体的に「この話は報道しないでほしい」といった要望が示されているような場合を除いて、その内容が報道されること自体は問題ないと言えますが、一方で、自分の声がそのまま放送されるとは予想していない場合もあるでしょう。特に、録音されたこと自体に気付いていない場合は、会話を録音したものがそのまま放送で使用されれば、取材対象者に強い心理的不快感を与えたり、取材対象者との信頼関係を損なったりすることもあると思われます。

したがって、録音した音声を番組で使用することについては、慎重にその是非を判断する必要があると考えます。

また、録音した音声を加工せずにそのまま放送するなど、会話の主が特定されてしまう場合には、プライバシー侵害等の問題を生じる可能性もありますので、番組で使用する際は、音声を加工するかどうか、声以外に話し方などでも本人の特定につながる要素がないか、本人が特定されても構わないケースか、などについても慎重な検討が必要と考えます。

後述の放送倫理の点も加味して考えれば、報道しようとする事実に公共性と公益性があり、録音した音声を用いた放送を行う必要性が高い場合には、録音した音声をそのまま放送することも許されると考えますが、そのような事情がない場合は、録音した音声の使用は、本人の同意を得た上で行うべき場合も多いと言えそうです。

■放送倫理上の問題

無断録音については、法律上の問題とは別に、放送倫理上の問題も考慮する必要があります。しかし、BPOの放送人権委員会は、これまでに隠しカメラや隠しマイクによる取材の放送倫理上の問題について繰り返し判断を示していますが、いずれもマスコミとしての身分を隠し、相手が取材を受けていることに気付いてないケースについてのものばかりで（2-5参照）、マスコミとしての取材であることを明かして正式な取材をしている際の無断録音についても同様に厳格な要件の下でしか許されないと考えているのかは、必ずしも明確ではないようにも思われます。

この点、実際の現場では、正式な取材であれば、録音を依頼すれば同意が得られる場合も多いとは思いますが、一方で、取材対象者との間で一定の緊張関係がある中で、それでも取材内容を正確に記録したり、証拠として残しておく必要性が高い場合など、同意を得られるかどうかにかかわらず録音が必要となるケースもあるかと思われます。このような場合に、取材内容の正確な記録等のために録音することは、倫理上の問題も限定的ではないかと思われます。

以上から、私見としては、テレビ局が自ら厳しいルールを定めている場合は別として、裁判所も適法と判断する範囲の無断録音についてまで、さらに倫理違反を理由として制限すべき積極的な理由は乏しいのではないかと考えます。

したがって、実際の対応としては、正式な取材における無断録音について、テレビ局が独自のガイドライン等を設けていないかをまず確認し、ある場合はそれに従うようにしてください。そうしたものがない場合には、相手の同意を得ることを原則としつつ、無断で録音する場合には、取材対象者が「この会話は録音されないだろう」と期待するのが合理的だと言えるような状況にあるかどうかによって、個別に判断することになるものと考えます。

参考判例 ❶

最高裁昭和56年11月20日決定・刑集35巻8号797頁、判時1024号128頁、判タ459号53頁（ニセ電話事件・特別抗告審）

いわゆるロッキード事件の捜査に関連して、ある判事補（当時）が、当時の三木武夫首相に対して、当時の検事総長の名をかたって電話をかけた行為が官職詐称にあたるとして、軽犯罪法違反で起訴された事件。この事件では、読売新聞の記者が判事補を取材した際の録音テープが検察側の証拠として提出されたが、仮に録音行為が判事補のプライバシーなどの人格権を侵害して違法である場合、刑事事件の証拠とすることができない可能性があったことから、記者による取材の無断録音の適法性が争点の1つとされた。

問題とされた録音テープは2つあり、1つは、①ホテルにおける判事補と記者との間の会話を記者が無断で録音したテープ（判事補が持参して記者に聞かせた「ニセ電話」の録音テープの再生音を含む。）、もう1つは、②記者が判事補の自宅に電話取材を行った際の、判事補と記者との会話を録音したテープである（判事補の妻との会話を含む。）。

最高裁は、①ホテルでの録音テープについては、「被告人が新聞紙による報道を目的として新聞記者に聞かせた前示偽電話テープの再生音と再生前に同テープに関して被告人と同記者との間で交わされた会話を、同記者において取材の結果を正確に記録しておくために録音したもの」であると認定し、また、②電話取材の録音テープについては、「未必的にではあるが録音されることを認容していた被告人と新聞記者との間で右の偽電話に関連して交わされた電話による会話を、同記者において同様の目的のもとに録音したものであると認められる」と認定した上で、「対話者の一方が右のような事情のもとに会話やその場の状況を録音することは、たとえそれが相手方の同意を得ないで行われたものであつても、違法ではないと解すべきである」と結論付けた。

参考判例❷

最高裁平成12年7月12日決定・刑集54巻6号513頁、判時1726号170頁、判タ1044号81頁、裁判所ウェブサイト（詐欺被害者無断録音事件・特別抗告審）

広告の企画等を営む会社の経営者である被告人が、取引先の広告代理店の経営者である被害者に対し、架空の広告主から広告依頼があったかのように装い、下請代金5000万円余りを騙し取ったという詐欺の刑事事件。被告人の説明を不審に思って被害者が密かに録音しておいた電話の録音テープを犯罪の証拠とすることができるかどうかなどが争われた。仮に無断録音が違法だとすると、証拠とすることができない可能性があることから、電話の無断録音が適法かどうかが争点となった。

最高裁は、「被告人から詐欺の被害を受けたと考えた者が、被告人の説明内容に不審を抱き、後日の証拠とするため、被告人との会話を録音したものであるところ、このような場合に、一方の当事者が相手方との会話を録音することは、たとえそれが相手方の同意を得ないで行われたものであっても、違法ではなく、右録音テープの証拠能力を争う所論は、理由がない」として、無断録音は適法である旨を判示した。

2-4

身分や目的を隠して行う取材

Q こちらの身分や目的を隠して取材を行うことはどのような問題を生じますか？

A 原則として、こちらの身分と取材目的を明らかにし、相手の承諾を得た上で取材すべきです。合理的な理由もなく身分を隠して取材を行うと、倫理上の問題だけでなく、法的な損害賠償責任を生じる可能性もあります。

KEY POINT

- 取材対象者のプライバシーに属する問題について取材であることを告げずに取材すると、違法なプライバシー侵害となるおそれがある。
- 身分を隠した取材が違法なプライバシー侵害となるか否かは、身分、目的を秘匿した理由、取材内容の私的性格の程度、公表されることによる不利益と公表する必要性、記事の内容の正確性など諸般の事情を考慮し、総合的に判断される。
- テレビ局のガイドライン等がある場合は、それに従う。

通常の取材では、こちらの身分や目的を明らかにして取材を依頼することが多いと思われます。しかし、身分を明かしてしまうと、取材の目的を達成できない場合もあります。例えば、歓楽街のぼったくり店の手口や脅し方などの実態を取材しようとする場合に、店に「実際に客を脅かして金を巻き上げる様子を見せてください」と言っても応じてもらえるはずはありません。ここでは、身分や目的を隠して取材することの位置づけと注意点について解説します。

■法律上の問題

身分や目的を隠して取材することが、直ちに何らかの法律に違反したり、他人の権利を侵害したりするわけではありません。しかし、いかなる場合も適法かとなると、そうとも言えません。例えば、取材対象者のプライバシーに属する問題について、取材であることを告げずに取材した場合には、プライバシー権の侵害とされてしまうおそれがあります。

実際、テレビ番組の取材ではありませんが、週刊誌の記者が記者であることを隠して、拘置所に勾留されている刑事被告人に面会を申し込んで取材し、その結果を週刊誌に掲載した事案について、プライバシーの侵害であると判断した裁判例があります（参考判例①）。

この事件で裁判所は、まず一般論として、取材内容が取材対象者のプライバシーに属するときは、原則として記者である身分を明らかにして取材をすべきであり、その身分、目的を隠して取材をし、かつ、これを記事として公表した場合は、プライバシーの侵害となり得るとしました。その上で、実際にプライバシーの侵害となるか否かは、身分や目的を隠した理由、プライバシーの程度、公表されることによる不利益と公表する必要性、記事の内容の正確性などを考慮して、総合的に判断すべきであるとしています。

なお、以上のとおり、裁判所は、あくまで諸事情を考慮して総合的に判断すべきとしているのであって、身分を隠した取材が常にプライバシー権の侵害になるとしているわけではありません。参考判例①では、取材結果が実際に報道されたことを前提に、記事の見出しが必ずしも真面目なものと受け取れないものであったことや、内容の正確性に問題があったことも考慮した上で、プライバシー侵害と認定されています。

例えば、国会議員による汚職を追及する場合のように、公益性の高い事柄を真面目に取り上げるようなケースであれば、諸事情を総合的に判断した結果、適法とされることも十分に考えられます。そのような場合にまで過度に萎縮することがないよう心掛けていただきたいと考えます。

■ BPOの考え方

BPOの放送倫理検証委員会は、取材活動を行う際に身分や目的を明かすべきかどうかについて、委員長談話という形で、「取材活動は、必然的に取材相手のテリトリーに入り込む行為であり、その成果は放送により広く公表されるのであるから、身分と目的を明らかにし、相手の承諾を得て行われることが原則である」と述べています（参考BPO資料①）。

この談話は、「原則」について述べているものの、どのような場合であれば身分を隠した取材が許されるかについては、必ずしも明確には述べてはいません。しかし、談話自身「原則」と述べているように、当然例外は認められると考えます。

そのことは、談話自身が、身分を隠しつつ、さらに隠しカメラや隠しマイクを使用しての取材ですら許される場合があるとしていることからも明らかです。

実際には「総合的に判断」されるため、一概には言えませんが、身分や目的を明かしたのでは取材の目的が達成できない場合や、看過できない不都合が生じるような場合で、取材内容に公共性も認められる場合には、裁判所もBPOも、身分を隠した取材を許容するものと考えられます。

■ ネタ探しやリサーチの段階

なお取材といっても、すでに報道することが確定している段階ではなく、報道すべき事象がないかどうかを広く探す、いわゆるネタ探しやリサーチの段階もあります。

こうした段階では、広く色々な人に会ったり、店舗を訪れたり、企業等に一般的な問い合わせを行ったりすることもありますが、この際に、常にテレビ局の取材であることを告げると、まだ報道や番組として成立するかどうかも分からない時点で、テレビ局がそのネタについて取材していることが広まることにもなりかねず、その後の取材に支障が出ることもあります。

上記談話は「取材活動は必然的に取材相手のテリトリーに入り込む行為」と述べていますが、こうしたネタ探しやリサーチの段階では、相手のテリトリーに入り込むとまでは言えない場合が通常でしょうから、この段階でまで、身分や目的を隠した取材を原則禁止とするものではないと思われます。

■身分を明かしたのでは取材の目的が達成できない場合等

参考判例①のケースの様に、ネタ探しやリサーチ段階ではなく、あらかじめ特定した取材対象者に対して、聞き出した内容を報道するつもりで話を聞くようなケースであっても、身分を隠しての取材が全く許されない訳ではありません。

このことは、裁判例（参考判例①）が「諸般の事情を考慮して、総合的に判断すべき」と述べていることや、BPOの検証委員会委員長談話（参考BPO資料①）が、身分を隠しつつ、かつ、隠し撮りや隠しマイクを使用しての取材ですら、「この原則には例外が認められなければならない」と述べていることからも明らかです。

実際には「総合的に判断」されるため、一概には言えませんが、身分や目的を明かしたのでは取材の目的が達成できない場合や、看過できない不都合が生じるような場合で、取材内容に公共性も認められる場合には、裁判所もBPOも、身分を隠した取材を許容するものと考えられます。

■実務上の対応

いずれにしても、取材手法は、報道機関にとって通常の業務活動の根幹に関わる部分ですので、それぞれのテレビ局ごとに、倫理上の観点も踏まえて独自のガイドラインや基準を策定しているのが通常と思われます。必ずそれらを確認するようにしてください。

また、身分を隠して取材を行う場合には、その過程で、隠しカメラや隠しマイクを用いて無断で撮影・録音することも少なくないと思います。

そのような取材手法の是非については、単に身分を隠しての取材の是非とは別の検討も必要です。次の2-5を併せて参照してください。

参考判例❶

東京地裁平成3年7月29日判決・判時1400号70頁（接見取材事件）

週刊誌の記者が、記者であることを告げずに、勾留中の刑事被告人と面会して取材し、これを記事として週刊誌に掲載した行為が、プライバシーや人格権を侵害するかが争われた事件。

裁判所は、一般論として、「新聞記者がこれを記事として報道することを目的として取材をする場合において、その取材内容が私的領域に関するもので、公表されないことに利益を有すると考えられるときは、原則として記者である身分を明らかにして取材をすべきであり、その身分、目的を隠して取材をし、かつ、これを記事として公表した場合は、公表されない利益すなわちプライバシーの権利の侵害として不法行為となり得る」と述べた上で、「具体的場合において、プライバシーの権利の侵害となるか否かは、身分、目的を秘匿した理由、取材内容の私的性格の程度、公表されることによる不利益と公表する必要性、記事の内容の正確性など諸般の事情を考慮し、総合的に判断すべきである」とした。

その上で、このケースについては、「記者の身分を明らかにすれば、面会できないことを知りながら、取材の目的を達するため、その身分を積極的に明らかにしないで、取材に及んだものであり、原告は自らの発言が週刊誌に掲載されることを予測できないまま、取材とは知らずに話をしたものと認められ」ることや、記事に「本件の問題とは何等の関係のない原告の身体的な特徴を記載」したことなどを理由に、「これらの一連の行為は、報道機関として許される限度を越えて、原告のプライバシーの権利を侵害する違法なものであった」と判断した。

参考 BPO 資料 ❶

2012 年 10 月 3 日付け放送倫理検証委員会委員長談話　フジテレビ「『めざましテレビ』ココ調・無料サービスの落とし穴」について

主として隠し撮りや隠しマイクに対する見解を述べた談話であるが、取材時に身分や目的を明かすべきかどうかについて言及した箇所がある。

具体的には、「取材活動は、必然的に取材相手のテリトリーに入り込む行為であり、その成果は放送により広く公表されるのであるから、身分と目的を明らかにし、相手の承諾を得て行われることが原則である」と述べている。

なお、隠し撮り（録音）については「原則として許されない取材方法である」としつつ、「この原則には例外が認められなければならない。そうでなければ、隠された権力悪を暴くというような報道は不可能になり、放送倫理基本綱領に高らかにうたわれた『報道は、事実を客観的かつ正確、公平に伝え、真実に迫るために最善の努力を傾けなければならない』という使命も達成できなくなるであろう」、「取材者が原則禁止という規定により萎縮して、どうしても必要なときに『隠し撮り（録音）』をためらってしまうようなことがあってはならない」とも述べて、隠し撮りや隠し録音の積極的意義も評価している。

2-5

身分を隠して行う取材における無断録音・録画

Q 身分や目的を隠して取材を行う際に、相手に無断で録音・録画することは、どのような問題を生じますか？

A 放送倫理上の問題を生ずるほか、肖像権侵害やプライバシー侵害とされる可能性があるため慎重な対応が必要ですが、一定の場合にはこのような手法も許されます。

KEY POINT

- 身分や目的を隠して取材を行う際に、相手に無断で録音・録画することは、放送倫理違反とされるおそれがあるほか、プライバシー侵害や肖像権侵害等の人格権侵害となるおそれがある。
- ただし、報道しようとする事実に公共性と公益性があり、かつ、隠しカメラや隠しマイクによる取材が不可欠な場合には許される。
- 「不可欠」か否かの判断では、正式に取材を申し込んだのでは取材できない場合であるか、別の取材で得られた情報の正確性の検証に役立っているか、などの事情が考慮される。
- 隠しカメラ・隠しマイクによる無断録音・録画を行った場合でも、別途正式な取材を試みることは、リスク回避の有効な手段となり得る。
- 各テレビ局でガイドラインを定めている場合にはそれに従う。

こちらの身分や目的を隠して取材を行う際に（2-4 参照）、それに加えて、隠しカメラや隠しマイクを使用して無断で録音・録画を行う場合があります。ここでは、身分や目的を隠して行う取材における無断録音・録画の法律上、放送倫理上の位置づけと、注意点について解説します。

■隠しカメラ隠しマイクによる取材の必要性

BPOの放送倫理検証委員会の2012年10月3日付け委員長談話は、隠しカメラや隠しマイクによる取材は原則として認められないとしつつ、「この原則には例外が認められなければならない。そうでなければ、隠された権力悪を暴くというような報道は不可能になり、放送倫理基本綱領に高らかにうたわれた『報道は、事実を客観的かつ正確、公平に伝え、真実に迫るために最善の努力を傾けなければならない』という使命も達成できなくなるであろう」（中略）「取材者が原則禁止という規定により萎縮して、どうしても必要なときに『隠し撮り（録音）』をためらってしまうようなことがあってはならない」としています（2-4 参考 BPO 資料①）。

このように、報道機関にとって、少なくとも報道の使命に照らして真に必要な場合には、隠しカメラや隠しマイクによる取材は必要不可欠な取材方法と言うことができます。

■放送倫理上の問題

BPOの放送人権委員会は従来から、隠しカメラや隠しマイクは原則として使用すべきではないものの、報道しようとする事実に公共性と公益性があり、かつ、隠しマイクや隠しカメラによる取材が不可欠と言える場合には、利用が許されるとの立場を取っています（参考 BPO 決定①）[1]。

どのような場合に隠しマイクや隠しカメラによる取材が「不可欠」と言えるかは必ずしも明確ではありませんが、例えば、「一方当事者からの情報を客観的に確認、検証する」必要がある場合には、「不可欠」の要件を

【1】 もっとも、BPOがこのような見解を示した事案は、いずれも、取材対象者が取材を受けていることに気づいていない事案と思われる。筆者らとしては、こちらの身分を名乗った正式な取材時における、記録のための無断録音については、異なる基準で判断すべきと考える。2−3 参照。

満たしていると判断したケースがあります（参考BPO決定①）。そうすると、例えば、違法な営業活動をしている業者がいるとの情報を得た場合に、その情報が真実であるかを確認するために、取材であることは告げずに問い合わせの電話をしたり、顧客を装って実際にその店舗を訪れたりして、その様子を隠しカメラや隠しマイクで収録するようなケースであれば、「一方当事者からの情報を客観的に確認、検証する」場合と同様の状況といえますので、「隠しマイクや隠しカメラによる取材が不可欠」という条件をクリアしていると一応言えそうです。

もっとも、別のBPO決定には、医事法違反の疑いのあるエステ店に対して顧客を装って入るという密行取材を行い、隠しカメラ・隠しマイクで収録した映像を番組で本人の顔のアップや実名と共に繰り返し放送したケースについて判断したものがあります。このケースでBPOは「このような施術がある程度の広がりをもって社会的に行われていることは、本件放送中において美容形成外科の専門医師も指摘しているところであり、報道はむしろそうした状況に対する問題提起に重点を置くべきだったと」などと述べて、隠しカメラ、隠しマイクによる取材を基に放送することが報道に不可欠であったとは言えないとしています（参考BPO決定②）。

また、喫茶店廃業報道事件（参考BPO決定③）では、①取材対象者の行動が重大な反社会的行為とまではいえないこと、②取材対象者の意見や反論を取り上げていないこと、などを根拠に、隠しカメラ・隠しマイクの使用が不可欠とは言えず、放送倫理違反があると結論付けています。

取材対象者の意見や反論を取り上げる必要性については、隣人トラブル報道事件（参考BPO決定①）も明確に指摘しています。

これらの決定からすれば、放送人権委員会は、隠しカメラ・隠しマイクの使用が「不可欠」かどうか、放送倫理に反しないかどうかについては、①報道対象事実の公共性・公益性の程度、②取材対象者の意見や反論を取り上げているか、③取材対象者を実名で報じる必要があるか、など考慮して判断しているものと考えられます。このうち、②については、後述するとおり、隠しカメラ・隠しマイクによる取材とは別に、正面から取材申し込みをした上での取材も行うことでクリアできる可能性がありそうです。

法律上の問題

参考BPO決定③のケースでは、放送人権委員会が決定を出した後、申立人であるたこ焼き屋の店主が、続いてテレビ局に対する損害賠償請求訴訟を起こしました。その判決が、参考判例①です。

神戸地裁は、証拠提出されていたBPOの放送人権委員会決定の考え方をほぼ踏襲して、「本件で隠しカメラや隠しマイクの方法により撮影、録音する行為が違法性を有さないというためには、その映像及び音声の必要性の程度や、それらの入手が隠しカメラ及び隠しマイクの使用によらねば実現できないような特別な事情があるか等を考慮して、隠しカメラや隠しマイクの使用もやむを得ないと認められる必要がある」とした上で、そのような必要性は認められないとして、テレビ局に対して損害の賠償を認めています（参考判例①）。

テレビ局の取材である旨を告げて取材を申し込んだ場合には取材に応じない可能性があるようにも思われる事案でしたが、裁判所は、証拠上そのような事情は認められないとして厳格に判断しました。また、この判決で裁判所は、「みだりに自己の容姿を撮影・公表されない自由」に加え、「みだりに自己の発言を録音・公表されない自由」というものを認めています。

これ以外に、身分を隠した取材における無断録音・録画に関して裁判所が判断した裁判例は見当たりません。

実務上の対応

以上、見てきたところからすれば、BPOにおいても、裁判所においても、正面から取材を申し込んだのでは到底本音や実態を取材できない場合で、報道価値が十分に認められる場合については、取材目的であることを隠し、隠しカメラや隠しマイクを用いることも「不可欠」と認められそうです。

他方、正面から取材しても本音や実態が取材できる場合や、報道価値が高いと言えるか疑問があるような場合には、裁判所やBPOによって、隠しカメラや隠しマイクを使用する必要性が否定される可能性も出てきます。

とはいえ、「正式に取材を申し込めば本音を話してもらえるかどうか」

は、実際には判断がつかない場合も少なくありません。また、報道機関としては他に方法がないと確信して行った場合でも、上で紹介したケースのように、後から裁判所やBPOによって他にも方法があったと判断されてしまうケースもあります（参考判例①、参考BPO決定③）。

■別途正式な取材も試みるという手法

そこで、隠しカメラや隠しマイクを用いた取材を行った場合であっても、そのような取材が終わった後で、さらに通常の方法による取材も申し込むという手法が考えられます。

なぜなら、相手がこれを拒否した場合には、隠しカメラや隠しマイクを使った取材が不可欠であったことの証拠の1つとなりますし、相手が隠しカメラや隠しマイクによる取材の際と全く違う証言をした場合には、やはり「そうした取材でなければ本音を撮影できなかった」という証拠となります。

また、通常の方法による取材でも同様の証言が得られた場合には、特に必要がない限り、正式取材時のVTRを使用すれば足りるとも言えそうです。

もっとも、この方法は、実際の放送までの間に、この問題を取材していること自体を知られたくない場合には、用いることができません。また、実際にこの手法の有効性について正面から判断されたケースは、BPOでも裁判でも見当たりません。

各テレビ局としては、身分や目的を隠して、隠しカメラや隠しマイクを用いて取材を行う場合は、隠しカメラや隠しマイクの使用が「不可欠」といえるかを意識するとともに、「不可欠」であったことの証拠をどうやって残しておくのかについて、考えながら取材にあたることが求められていると言えます。

いずれにしても、こうした取材手法については、それぞれのテレビ局ごとに独自のガイドラインや基準を策定している場合もあります。まずはそれらをよく読んで、それに従うことが第一です。

■建物への立入り

違法営業を行っている店舗への取材では、一般客を装って店内に入るところから取材が始まります。この立入行為の妥当性については、別途の検討が必要です（3-7 参照）。

参考判例❶

神戸地裁平成 19 年 10 月 31 日判決・判例集未登載（喫茶店廃業報道事件）

路上で違法に営業しているたこ焼き屋の店主が、その背後にある喫茶店に嫌がらせを繰り返した結果、その喫茶店にお客が来なくなり廃業したという事件を取り上げたニュース報道番組の中で、記者が客を装ってたこ焼き屋の店主の様子や会話を無断撮影・録音したビデオテープを番組で用いたことが、同店主の肖像権その他の人格権を侵害するか否かなどが争われた事件。

裁判所は、「原告の姿態を撮影し、発言を録音してこれを放送に利用する目的を有していたこと、しかも、記者という立場を明らかにせず、取材行為であることを告げないままに行われていたこと」などに照らすと、「本件で隠しカメラや隠しマイクの方法により撮影、録音する行為が違法性を有さないというためには、その映像及び音声の必要性の程度や、それらの入手が隠しカメラ及び隠しマイクの使用によらねば実現できないような特別な事情があるか等を考慮して、隠しカメラや隠しマイクの使用もやむを得ないと認められる必要がある」とした上で、この事案ではそのような必要性は認められないとしてテレビ局に慰謝料の支払いを命じた。

なお、テレビ局側の「目的を秘した取材が原告の本心を聞き出すための唯一の手法であった」旨の反論については、「そのような事情を認める証拠はなく、むしろ本件の一連の紛争に関する原告の言い分を聞くためには、取材目的を明らかにした上で取材を行うべき必要があったと認められる」などとして主張を認めなかった。

参考 BPO 決定 ❶

人権委平成 11 年 12 月 22 日決定「隣人トラブル報道事件」（決定 11 号）

隣人の敷地にゴミを放り込むなどの嫌がらせを繰り返す人物を取り上げたニュース報道番組の中で、嫌がらせ行為を行う様子を無断撮影したビデオテープや当該人物の話を無断録音したテープを用いたことなどが放送倫理に反するかどうかなどが争われた事案。

放送人権委員会は「本来、隠しカメラ、隠しマイクは原則として使用すべきではなく、例外として使用が許されるのは、報道の事実に公共性、公益性が存在し、かつ隠しカメラ、隠しマイクによる取材が不可欠の場合に限定されるべきである」とした上で、「隣人トラブル問題の報道には公共性、公益性があり、また一方当事者からの情報を客観的に確認、検証するためには、隠しカメラの使用はやむを得なかったと思われる」と判断した。

ただし、取材が一方取材になっていた点については、「本件は私人間の私的なトラブルであり、個人のプライバシーが最大限配慮されるべきケースであった。したがって、隠しカメラで撮影した映像について、申立人の意見を聞き、反論があればそれを取り上げるなど、慎重な配慮が必要であった。」とした上で、「隠しカメラで撮影した映像について、申立人の意見を聞き、反論があればそれを取り上げるなど、慎重な配慮が必要であった」として、放送倫理違反があったと結論付けた。

参考 BPO 決定 ❷

人権委平成 19 年 6 月 26 日決定「エステ店医師法違反事件報道」（決定 31 号）

医師法違反容疑で強制捜査を受けたエステ店について、テレビ局の記者が客を装って店内に入り、隠しカメラと隠しマイクを用いて施術の様子を無断で取材し、その後、同エステ店経営者が書類送検された際に、その映像や音声を、本人の容ぼうや氏名をアップで繰り返し表示するなどの方法で番組で用いて大きく取り上げた行為が放送倫理に反するかなどが争われた事案。

放送人権委員会は、まず、参考 BPO 決定①の判断基準を引用するとともに、「実名、顔写真の使用は、事件の公共性、公益性を考慮し、慎重な配慮が求められる」とした。そして、「このような施術がある程度の広がりをもって社会的に行われていることは、本件放送中において美容形成外科の専門医師も指摘しているところであり、報道はむしろそうした状況に対する問題提起に重点を置くべきだった」と述べた上で、「記者がその身分を隠して行った隠しカメラ、隠しマイクによる取材を基にこれを放送することが本件容疑事実の報道に不可欠であったとは言い難いものがある」などとして、放送倫理違反があったと結論付けた。

参考 BPO 決定❸

人権委平成 17 年 10 月 18 日決定「喫茶店廃業報道事件」(決定 26 号)

路上で違法に営業しているたこ焼き屋の店主が、その背後にある喫茶店に嫌がらせを繰り返した結果、その喫茶店にお客が来なくなり廃業したという事件を取り上げたニュース報道番組の中で、記者が客を装ってたこ焼き屋の店主の様子や会話を無断撮影・録音したビデオテープを番組で用いたことが、同店主の肖像権その他の人格権を侵害するか否かなどが争われた事件(前掲参考判例①と同一の事案)。

放送人権委員会は、参考 BPO 決定①の判断基準を引用した上で、「本件において隠しカメラ・隠しマイクによる取材が不可欠であったと認められる事情は存しない。また、隠しカメラ・隠しマイクによる映像について、申立人の意見や反論を取り上げる必要がないとする事情も存しない」として、放送倫理違反があったと結論付けた。

2-6

取材の際の犯罪の教唆や幇助

Q 犯罪者に直接接触して密着取材をします。どのような点に注意する必要がありますか？

A 取材活動が行き過ぎると、場合によっては、「犯罪をそそのかした」「犯罪を手助けした」などとして、刑事罰の対象とされる可能性があります。そのほか、報道倫理にも配慮して、慎重に実施する必要があります。

KEY POINT

- たとえ犯罪常習者であっても、取材依頼をして犯罪を行わせると教唆になる。
- 取材の際に、対象者の犯罪行為を容易にする行動や助言等をすると幇助になる。
- 形式上は教唆や幇助であっても、正当な取材目的があり、かつ、手段や方法が相当である場合は、正当な業務行為として適法である。
- 取材対象者に多額の謝礼金を支払うことは避けるべき。

犯罪の実態を明らかにするために、犯罪者に接触して取材を依頼し、密着取材を行うことがあります。時には犯行の瞬間にまで立ち会うこともあります。こうした取材を行うことの是非は慎重に判断される必要がありますが、取材や報道が国民の知る権利に奉仕し、公益に資すると判断されるケースでは、こうした取材も肯定されることがあると考えます。

しかし、こうした取材の際に、取材対象者に対して、犯罪行為に及ぶようそそのかしたり、犯罪の手助けをしたりすると、共犯者として処罰されるおそれがありますので、くれぐれも注意する必要があります。

■犯罪の教唆と幇助

犯罪を唆すことは、法律用語で「教唆」といい、犯罪を手助けすることは「幇助」といいます。犯罪を自ら実行することはもちろん、このような教唆や幇助も刑事処罰の対象です。したがって、取材の際は、犯罪の教唆や幇助に当たる行為を行わないよう注意しなければなりません。

こう書くと、当たり前のように思われるかもしれませんが、ギリギリの取材活動を行う中では、取材の仕方によっては、本人がそう認識していなくても、捜査機関から犯罪行為の教唆や幇助とされかねないケースもあります。

■取材活動と犯罪の教唆

まず、教唆については、特定の犯罪を行う意思をすでに固めている人であれば、その人に取材を依頼して犯行の瞬間を撮影しても、教唆に当たることはないでしょう。

例えば、日常的に覚せい剤を売買している密売人に密着取材して、覚せい剤を販売する瞬間を撮影するケースを考えてみましょう。覚せい剤の販売では、買いたい人（客）から電話で注文を受け付けて販売するということがあります。そのような、注文から販売までの一部始終に密着して撮影したとしても、取材によって犯罪を唆したことにはなりません。なぜなら、密売人は、取材を受けるか否かにかかわらず、注文を受けた以上は覚せい剤の販売を行ったはずだからです。また、その一部始終を単にカメラに収めるだけであれば、覚せい剤の販売を容易にしたということにもなりません。したがって、このような取材活動が教唆や幇助に当たることはないと考えられます。

これに対して、まだ特定の犯罪を行う意思を持っていない人に取材依頼をする場合は注意が必要です。例えば、覚せい剤使用の常習者に取材を依頼するとします。取材対象者が自らの意思で覚せい剤の使用を開始し、その様子を撮影するだけであれば、取材によって使用を唆したことにはなりません。しかし、たとえ日常的に覚せい剤を使用している常習犯であったとしても、「私たちの前で覚せい剤を使ってみてくれませんか？」などと依頼してしまうと、その依頼によって覚せい剤を使用させたということになるため、犯罪行為を唆したとして教唆の罪に問われる可能性があると考えます。

なお、以上は「教唆」について理解していただくための設例です。実際に覚せい剤使用の場面を撮影して放送することについては、それとは別に、報道倫理などの面からも慎重な検討が必要でしょう。

■取材活動と犯罪の幇助

次に幇助についてですが、単に犯人に取材し、犯行の現場を撮影するだけであれば幇助の罪にはなりません。しかし、このような取材だけにとどまらず、万が一にも、必要な道具や場所の提供、激励、助言などを行ってしまうと、いずれも幇助の罪に問われる可能性があります。犯行の瞬間を撮影したいという思いが行き過ぎて、犯行を手助けしてしまうようなことがないよう、十分に注意する必要があります。

■実際に検挙された事例

過去には、番組収録のために暴走族に集団暴走を依頼したとして、道路交通法違反（共同危険行為）の教唆の容疑で、番組ディレクターが書類送検されたことがありました。このケースでは、送致を受けた検察庁は、ディレクターが暴走行為を唆した（教唆）という証拠はないとしながらも、ディレクターの行為が暴走行為を助長したと判断し、道路交通法違反の罪（共同危険行為）の幇助を認定しました。この事件で、ディレクターは、「暴走族の少年らと共に信号無視等の行為を繰り返して、本件集団暴走の撮影を続けた」とされています。

暴走族が少年であることなども併せて考えれば、このような取材の結果、少年が発憤して悪質な暴走行為を行ってしまうことも十分に予想できるところです。最終的に起訴猶予処分となりましたが、ディレクターが少年と一緒になって信号無視等の行為を繰り返したという点を見ても、取材活動として社会的に相当な範囲を逸脱しており、検挙されてもやむを得ない事案だったと考えます。

■報道倫理上の問題

以上は法律上の問題ですが、それとは別に、報道倫理上の問題にも十分に配慮する必要があるでしょう。

まず、取材対象者に対して、謝礼として多額の金銭を支払うようなことは、報道倫理上も問題であることが多いと考えられます。仮に記念品等を渡す場合でも、常識の範囲内にとどめるべきでしょう。また、犯罪が行われることを事前に察知している場合は、倫理上、捜査機関や被害に遭うことが予想される対象者へその旨を知らせて犯罪の発生を予防すべきではないかという問題も生じます。

これらの点が問題とされたケースに、テレビ東京の「窃盗団報道問題」があります。これは、窃盗団の一員であった情報提供者から、「犯行計画がある。自分も逮捕されれば、窃盗団から手が切れる。警察に連絡して欲しい。」などとして寄せられた情報に基づき、窃盗に入る瞬間や逮捕の様子を撮影して放送したところ、その過程で情報提供者に多額の金銭を渡していたことなどが問題となったケースです。

テレビ東京が公表した「『窃盗団報道問題』検証報告」[1]では、まず金銭の交付について、「多額の金銭を取材に介在させたことは、その後の記者と提供者との取材上の関係や、取材の在り方、さらには取材活動によって

【1】 http://www.tv-tokyo.co.jp/kouhou/st020808.html

取得する情報そのものまでも歪めるおそれのある極めて危険な行為であることを再確認し、深刻に受け止めています」としています。

次に、警察に事前に犯罪情報を伝えていたことについては、「当然の市民的義務であり、これが主な理由」としています。しかし、取材の過程で撮影して入手した窃盗団の顔写真を犯行前に警察に渡していたことについては、「本来の取材、放送目的以外に使用したのは事実であり、報道機関の使命、役割、また警察との関係の上からもあってはならないことでした」としています。

また、被害者に事前連絡をしなかったことについては、「記者らは事前情報を警察に通報した上、義務は果たしていることから、この情報の下でいかに被害対象を保護するかは、警察が最もよく対応しうる機関であって、捜査上の問題との兼ね合いも考慮しなければならない問題でした。警察に一任し、報道機関が立ち入るべきではないと判断し、被害者への連絡は差し控えました。結果として被害者の方に対する思いに欠けていたことは遺憾に思っております。」としています。

このとおり、報告書では、多額の金銭を交付したこと、顔写真を警察に渡していたことについては問題であったと結論付けられています。

■取材の自由と法令や倫理の調整

犯罪の実態や手口を広く国民に知らせることは、国民の知る権利に応えることであり、報道機関に期待された役割の1つです。そして、犯罪の実態を報じるためには、実際に犯罪を行っている者に対して取材を行う必要があるケースもあります。取材をするよりも捜査機関に情報提供して検挙させるべきとの意見もあり得るところですが、報道機関は、市民としての義務に基づいて通報するのか、報道機関の義務に基づいて取材するのかを、ケースに応じて熟慮して判断すべきです。そして、熟慮した結果の判断については、それが社会の正当な批判の対象となることは当然ですが、「報道倫理・放送倫理に反する」との理由で報道を一律に抑制することには慎重であるべきではないかと考えます。

また、同じ観点から、報道機関による犯罪者への取材依頼や密着取材が、安易に教唆や幇助として検挙されるようなことがあってはなりません。判例も、たとえ形式的には教唆や幇助に当たる可能性のある行為があったとしても、目的が正当な取材活動であって、その態様が取材活動として相当な範囲内と言える場合には、正当な業務による行為（刑法35条）として犯罪とはならないとしています（参考判例①）。

もちろん、社会的に正当と認められる範囲を超えて、あるいは明らかに社会の意思に反する形で、行き過ぎた取材依頼や密着取材がなされた場合には、報道倫理・放送倫理に反し、犯罪に問われることがない訳ではありません。常に、報道機関として社会に期待されている役割は何かを自主的に判断し、行動することが求められていると言えます。

参考判例❶

最高裁昭和53年5月31日決定・刑集32巻3号457頁、判時887号17頁、判タ363号96頁（外務省秘密漏えい事件・上告審）

国家機関に対する取材行為が秘密漏示のそそのかしに当たるとして起訴された事件。

裁判所は、「報道機関が公務員に対し秘密を漏示するようにそそのかしたからといって、直ちに当該行為の違法性が推定されるものではなく、（中略）それが真に報道の目的からでたものであり、その手段・方法が法秩序全体の精神に照らし相当なものとして社会観念上是認されるものである限りは、実質的に違法性を欠き正当な業務行為である」として、報道機関の取材行為が正当業務行為に該当し得ることを認めた。しかし、この事件における結論としては、記者が秘密文書を入手する目的で女性事務官と肉体関係を持ち、情報を入手するや女性を顧みなくなったことを指摘し、人格の尊厳の蹂躙を理由として正当業務行為とは認めず、有罪とした。

Column

許諾をもらいに行くべきか

番組制作には、著作権、肖像権、プライバシー権など、様々な権利が関係します。無断で使用した場合にそれらの権利の侵害になるかの判断基準も、裁判所によって、一応示されてはいます。

もっとも、実際の現場では、法的に必要な場合だけ許諾をもらっているわけではありません。例えば、法律家でも判断が分かれるような微妙なケースでは、念のため広めに許諾をもらっておくこともあります。円満な関係を維持するために、法的には必要がなくても許諾を得ておく、というか「ごあいさつ」しておく場合もあります。

逆に、パロディなど、理論上は著作権侵害とされる可能性が否定できないものの、「実際には問題にならないだろう」と判断して許諾を得ない場合もあります。プライバシー侵害となるか微妙なケースで、報道価値が非常に高いと判断して報道に踏み切る場合もあるでしょう。

このように、法的に許諾が必要な範囲と、実際に許諾を得ている範囲は、必ずしもぴったり一致しているわけではありません。

許諾をもらいに行くべきかで悩むこともあります。安全策で行くのであれば、多少広めに許諾をもらいに行ったり、「ごあいさつ」しておく方が良いと思われるかもしれません。しかし、常にOKがもらえるとは限りません。「だめ」と言われてしまうこともあります。

たとえ「だめ」と言われても、法的には許諾がいらないケースであれば、強行するという選択肢も考えられます。しかし、明確に「だめ」と言われたのに強行するのは、こちらの心理的なハードルも高くなります。許諾をもらいに行ったせいで、先方が「自分には『だめ』といえる権利がある」と思い込んでしまうおそれもあります。「だめ」と言われて強行するくらいなら、最初から許諾をもらいにいかずに進める方がまし、という考えもありそうです。

というわけで、許諾をもらいに行くべきかで悩むケースは珍しくありません。そのような場合は、無断使用が法的に違法とされる可能性の程度や、実際に権利主張される可能性、違法とされた場合のダメージ、申請した場合に許諾が得られる見通しなどを考えながら、慎重に判断することになるでしょう。

3章

ロケと映像取材

3-1

通行人や群衆の撮影

Q

街の雑踏の様子や、帰省ラッシュの駅構内などを撮影して番組で使用しようと思いますが、一般の人が写り込んでしまうと肖像権侵害となるのでしょうか？

A

公共の場所で、不特定の人を撮影しているにすぎない場合であれば、通常は肖像権侵害とはなりません。

KEY POINT

- ■ 視聴者が容易に特定できない程度に写り込んでいる場合は、そもそも肖像権侵害の問題にはならない。
- ■ 次のような場合には、誰であるかが特定できる程度にはっきり写っていても、「受忍限度」の範囲内として肖像権侵害に当たらないとされる可能性が高い。
  ①撮影した映像の一部にたまたま特定の個人が写り込んだ場合
  ②風景や雑踏など不特定多数の者の姿を全体的に撮影した場合
- ■ 対象者の行動が、一般的にみて、本人にとってあまり好ましくない様子の場合には、「受忍限度」を超えて肖像権侵害とされるおそれもある。
- ■ 必要がなければ、過度に個人に焦点を当てず、または、誰だかはっきり分からないようなアングルにするなど一定の配慮をすることが望ましい。

ニュース番組や気象情報の背景映像に用いるために街の様子を撮影したり、リポーターが屋外でリポートする際に背景に人々が写り込んだりすることは、番組を制作する過程でよく起こることです。こうした場合に、そうした通行人や群衆の一部を構成する人たちに対する肖像権侵害となるのでしょうか。

■特定性に欠ける場合は肖像権侵害の問題を生じない

まず、映像を見た際に、それが誰であるかを容易に特定できないような場合には、そもそも対象者の人格的利益を侵害したとは言えませんので、肖像権侵害にはなりません。

そして、個々の人物を容易に特定できるかどうかについては、テレビという映像メディアの特性を考慮する必要があります。つまり、テレビは、雑誌などの静止画メディアと異なり、動画や音声が連続して次々と提供されるという特性を有しているため、肖像権の侵害があるかどうかの判断に際しても、こうした特性を考慮する必要があります。例えば、雑踏の映像の中で１人の人が瞬間的に大きく写ることがあっても、画面を素早く横切っているだけのような場合には、録画してコマ送りでもしない限り容易には誰であるか判別できませんので、そもそも肖像権侵害とはならないと言えそうです。

■特定できても「受忍限度」の範囲内の放送であれば肖像権侵害とならない

最高裁の判断によれば、一応本人が特定できる場合であっても、容ぼうの撮影行為や公表行為が「社会生活上受忍の限度」（受忍限度）の範囲内にとどまっている場合には、撮影や撮影した映像の番組使用は肖像権侵害とはなりません（参考判例①）。つまり、報じる側の表現の自由とのバランスにおいて、現代社会で社会生活を営む以上その程度のことは甘受すべきだ、という社会通念の範囲内と言えるのであれば、仮に本人は承諾していないし不快に思ったとしても、それだけでは肖像権侵害には当たらないということです。

これまで、いわゆる雑踏や群衆を全体的に撮影した場合に、それが個々の人物の肖像権を侵害するか否かが正面から争われた裁判例は見当たりません。しかし、群衆の撮影を引き合いに出しながら説明しているものはいくつかあります。

例えば、当該事件が「撮影した写真の一部にたまたま特定の個人が写り込んだ場合」や「不特定多数の者の姿を全体的に撮影した場合」とは異なるので肖像権侵害だと述べている事例（参考判例②)、同じく当該事件が「風物詩的な風景の中に人物が写るというような場合」とは異なるので肖像権侵害だと述べている事例（参考判例③)、また、当該事件が「年末の空港等の混雑した様子を撮影中にたまたま写ったというものではない」ので肖像権侵害だと述べている事例（参考判例④)、などがあります。

こうした判例などを参考に検討すると、冒頭のケースのように、公共の場所にいる人を、群衆や雑踏の一部として撮影して、その日のニュースで放送する程度であれば、多くの場合は「受忍限度」の範囲内と考えてよいと思われます。ほかにも、大雪や台風などの天気に関する報道、祭りや海開きなどの季節の風物の報道、GWのラッシュの報道で、実際に歩いている人たちをその目的の範囲で撮影する場合なども、社会的に受け入れられている態様と言え、基本的に「受忍限度」の範囲内と考えてよいと思われます。

■できるだけ外形上取材クルーであることを明らかに

テレビ局の取材クルーが撮影していることが外形上明らかで、相手もそれが分かっていながら特に拒否する様子を見せないような場合は、「受忍限度」かどうかを判断する際に、映像使用の正当性や穏当性を示す事情にもなり得ます。また、撮影や放送について、黙示的に承諾していると認められる場合もあるでしょう。

したがって、群衆や通行人など、一般の人たちを撮影しようとする場合は、カメラや機材にテレビ局のステッカーを貼ったり、首からIDカードをぶら下げたり、腕章をしたりするなど、報道機関の取材クルーであることが外形上分かるようにしておくとよいでしょう。

もっとも、報道機関が取材していることが分かるとかえって周囲の平穏を害するような場合もあります。状況に応じて、撮影や取材の手法を使い分けることが大切です。

■特に注意が必要なケース

特に注意が必要なケースとしては、撮影の際に、本人から取材クルーに「映像を使わないでほしい」と申入れがあったような場合があります。本人の拒絶の意思が明確ですので、それでも使う必要性が高いかどうか、よく検討しましょう。本人の明確な拒絶の意思は、「受忍限度」の範囲を超える肖像利用であることを伺わせる要素ですので、それとバランスが取れる程度の高い必要性が求められると考えるべきでしょう。

また、風でスカートが舞い上がってしまっていたり、雪道で転倒してしまったりといった、本人にとってあまり好ましくない様子の場合には、過度にそこに焦点を当てて、顔もはっきり分かるような形で撮影して番組で使用すると、単に群衆の中の１人にすぎない場合と比較すると、社会通念上の「受忍限度」を超える方向に働く考慮要素となります。

このほか、利用の頻度や媒体によっても注意の程度が変わります。その日のニュースだけで放送するような場合とは異なり、例えば番組のオープニング映像に用いて毎日のように放送したり、あるいはドラマのワンシーンに用いた上でDVD化して販売するような場合には、本人が受ける心理的不快感も大きくなってきますし、使用中止を求められた場合の影響が大きくなることもありますので、注意が必要でしょう。

ここに挙げたケースがいずれも常に肖像権侵害となる訳ではありません。最終的には社会通念上の「受忍限度」の範囲内かどうかという総合的な考慮によって判断されますので、撮影する側の必要性や、やむを得ない事情との相関関係で決まります。肖像権への配慮が不足してしまうと、権利侵害とされたり、そうでなくとも苦情が増えたりといったことが考えられますが、かといって過剰に自己規制すると、かえって自ら社会通念のハードルを下げる結果にもなりかねません。バランスの取れたルール作りをすることが大切です。

参考判例❶

最高裁平成17年11月10日判決・民集59巻9号2428頁、判時1925号84頁、判タ1203号74頁、裁判所ウェブサイト（和歌山毒カレー肖像権事件・上告審）（11-2 参考判例②、11-6 参考判例②参照）

いわゆる和歌山毒物カレー事件の被告人について、刑事裁判の法廷内で隠し撮りした写真を週刊誌に掲載したことが肖像権侵害に該当するかなどが争われた事案。

最高裁は、「人は、みだりに自己の容ぼう等を撮影されないということについて法律上保護されるべき人格的利益を有する」とした上で、「人の容ぼう等の撮影が正当な取材行為等として許されるべき場合もあるのであって、ある者の容ぼう等をその承諾なく撮影することが不法行為法上違法となるかどうかは、被撮影者の社会的地位、撮影された被撮影者の活動内容、撮影の場所、撮影の目的、撮影の態様、撮影の必要性等を総合考慮して、被撮影者の上記人格的利益の侵害が社会生活上受忍の限度を超えるものといえるかどうかを判断して決すべきである」との判断基準を示した。その上で最高裁は、法廷内での隠し撮りであることや、対象者は手錠腰縄を付けられた状態であることなどを重視し、「社会生活上受忍すべき限度を超えて」おり、肖像権を侵害すると結論付けた。

参考判例❷

東京地裁平成17年9月27日判決・判時1917号101頁（「Tokyo Street Style」事件）

女性が銀座界隈を歩いている様子を無断で撮影し、財団法人日本ファッション協会らの運営するサイト『Tokyo Street Style』に掲載した行為が、女性の肖像権を侵害するか否かが争われた事件。公道上を歩いている人物を撮影した場合でも肖像権侵害が成立するかが主な争点となった。

裁判所は、「撮影した写真の一部にたまたま特定の個人が写り込んだ場合」や「不特定多数の者の姿を全体的に撮影した場合」については肖像権侵害とならないことを示唆しつつ、結論としては、本件では「全身像に焦点を絞り込み、容ぼうを含めて大写しに撮影」されていること、「原告（編注・女性）の着用していた服の胸部には上記のような『SEX』の文字がデザインされていた」ことなどを理由に肖像権の侵害を認め、違法性を阻却する事由も認められないことから、違法な肖像権侵害と結論付けた。

参考判例❸

青森地裁平成7年3月28日判決・判時1546号88頁、判タ891号213頁（「ふかだっこ」事件）

地元の原発反対運動をしている男性が浅瀬でゴリ漁をしている様子をカメラマンが無断で撮影し、原発賛成派の発行する地域情報誌「ふかだっこ」の表紙に掲載した行為が、撮影された男性の肖像権や名誉感情等を侵害するか否かが争われた事件。「本件写真は屋外において風物詩的風景を撮影したものであること」などを根拠に「損害は社会通念上、受忍の限度内に止まる」とする被告の主張が認められるかが争点となった。

裁判所は、問題となった写真について「風景写真と言えなくもない」としたものの、結論としては「原告がかなり大きく写っており、横顔とはいえ原告をよく知っている者が見れば被写体が原告であることが容易に判断できる」などとして肖像権及び名誉感情の侵害を認めた。

参考判例❹

東京高裁平成18年4月26日判決・判時1954号47頁、判タ1214号91頁（ブブカスペシャル7事件・控訴審）

路上を通行中の女性アイドルらを撮影した写真を個人情報と共に出版物に掲載した行為が肖像権等（判決では「プライバシー権（肖像および個人情報）」と表現）を侵害するかが争われた事件。

裁判所は、「なお、これらの写真が公共の場所で撮影されたとしても、ことさら、一審原告らに焦点を合わせて撮影されたものであって、年末の空港等の混雑した様子を撮影した中にたまたま写ったというものではない」とし、公共の場所で撮影されたことは考慮しつつも、芸能人である原告らを狙って撮影した点を重視し、結論として肖像権侵害（プライバシー侵害）に当たると結論付けた。

3-2

公人や著名人の撮影

Q

政治家などの公人や著名人を撮影して番組で使用する場合でも肖像権侵害になることがあるのでしょうか？

A

公人や著名人であっても「受忍限度」を超えていると判断されれば肖像権侵害となることはあります。特に、自宅や入通院先の病院などプライベートな空間にいる場合には侵害の可能性が高くなります。

KEY POINT

- 政治家などの公人や著名人にも肖像権は認められる。
- 公人や著名人であることは、撮影が「受忍限度」の範囲内である有力な事情となる。
- 公人や著名人であっても、自宅のようにプライベート性が極めて高い場所にいるところを撮影すると、肖像権を侵害する可能性が高い。
- 対象者が入通院中の病院も自宅と同様に扱われることがある。

一般人に比べて、公人や著名人の動静はニュースになりやすく、その容ぼうを撮影する機会も少なくありません。こうした公人や著名人の撮影や撮影した映像の使用については、一般人と異なった考え方が適用されるのでしょうか。ここで公人や著名人の撮影について解説します。

■公人や著名人であることは考慮要素の１つとなる

他人の容ぼうをはっきりその人と分かる状態で撮影・放送し、その際明示の承諾も黙示の承諾も得ていない場合は、他人の肖像権を侵害する可能性があります。

しかし、そのような場合であっても社会的に受忍限度の範囲内と言える場合には、違法な肖像権侵害にはならないとされています（14-3 参照）。

そして、受忍限度の範囲内かどうかは、①被撮影者の社会的地位、②被撮影者の活動内容、③撮影の場所、④撮影の目的、⑤撮影の態様、⑥撮影の必要性、などを総合的に考慮して判断されます[1]。

撮影対象者が公人や芸能人などの著名人であることは、これらの考慮要素のうち、①被撮影者の社会的地位として考慮されることになります。

■社会的地位が考慮される職業

こういった考慮がなされる職業としては、政治家や公務員などの「公人」、芸能人やプロスポーツ選手といった「著名人」、その他公的な性格を持つ職業（企業経営者、教員、報道関係者、医師、弁護士など）があり、それぞれその社会的地位に応じた一定の考慮を受けることになります。

「受忍限度」の範囲は相対的な評価で決まりますので、その職業の公的色彩が強いほど、また、著名性が強いほど、受忍すべき限度は広くなるという関係にあります。

公務中の政治家や、イベント出演中の芸能人、グラウンドで練習したり試合をしたりしているスポーツ選手などは、本人の社会的地位そのもののほか、被撮影者の活動内容、撮影の場所、目的、必要性などの観点から、

【1】 最高裁平成 17 年 11 月 10 日判決・民集 59 巻 9 号 2428 頁（和歌山毒カレー肖像権事件・上告審）（3-1 参考判例①、11-2 参考判例②、11-6 参考判例②参照）

多くは「受忍限度」の範囲内と考えられますので、無断で撮影しても基本的に肖像権侵害とはならないことが多いでしょう。もっとも、例えばスポーツ選手などについては、実際上は、興行主催者側や所属チームとの取決めなどにも注意が必要でしょう。

これに対して、プライベートな活動を行っている場合については、他の要素も踏まえて考える必要があり、被撮影者の活動内容、撮影の場所、目的、必要性などを個別に判断することになります。

■裁判所の判断

過去の裁判例は、完全に自宅内にいる者を外から撮影した場合には、対象者が公人や著名人であっても、ほぼ例外なく肖像権侵害を認めています。例えば、自宅内にいる読売新聞の渡辺恒雄会長を撮影して雑誌に掲載した行為については、カメラに気付いても特段避けなかったという事情を考慮してもなお、肖像権を侵害すると判断されています（参考判例①)。

また、入院療養中のために病院内にいる者については、自宅にいる場合と同様の保護が与えられると判断されています（参考判例②)。

これに対して、著名人が私的なパーティーの席上で他の著名人とキスをしている写真を週刊誌に掲載したケースについて、著名人であることなどを考慮して、受忍限度の範囲内と判断した事例もあります（参考判例③)。

これらの裁判例は、いずれも最高裁が肖像権侵害について受忍限度論により実質的に総合較量で決するとの判断基準を示した以前の判断ではあるものの、公人や著名人であることをどの程度考慮するかという視点に変わりはなく、現在においても裁判例として参考になるものと考えます。

■まとめ

公的存在（著名人）については、公的活動領域（パブリックスペース）において業務遂行中の場合は基本的に受忍限度の範囲内とされ、肖像権侵害とはならないと考えて良さそうです。一方で、自宅や、入通院先の病院など自宅と同視できるような高度な私的活動領域（プライベートスペース）の場合は、公的存在（著名人）といえど、無断で撮影して公表すれば受忍限度を超えるとされる可能性が高いと言えそうです。

もっとも、実際の現場では、純然たる公的活動領域とも純然たる私的活動領域とも判断がつかない場所も少なくないと思われます。そのような場合については、対象者の属性や著名性、撮影の必要性など、その他の要素を踏まえて最終的な判断をすることになります。

参考判例❶

東京地裁平成17年10月27日判決・判時1927号68頁、裁判所ウェブサイト（読売新聞社会長自宅内撮影事件）

読売新聞グループ本社会長（当時）の渡辺恒雄氏が、自宅居室内でガウン姿でいるところを、屋外から無断で撮影され、雑誌に掲載されたことにつき、文藝春秋社らに対してプライバシー侵害（内容としては肖像権）などを理由に損害賠償などを求めて提訴した事件。

裁判所は、「自己の業績、名声、生活方法等によって公的存在となった者、又は公衆がその行為や性格に興味を持つであろう職業を選択することによって公的存在となった者は、公衆の正当な関心事に係り、かつ、公開を受忍できる相当な範囲において、自己の容貌・姿態の撮影及び公表を黙示に承諾していると評価されることがあるというべきである」として、受忍限度との関連で著名人の法理を認めた。ただし、結論としては、渡辺氏が公的存在であることは認めつつも、自宅にいるところの撮影であることを重視して肖像権侵害を認めている。

参考判例❷

東京地裁平成2年5月22日判決・判時1357号93頁（武富士会長事件）

消費者金融大手の武富士の会長が、結核で入院・療養していたところ、写真週刊誌「フォーカス」が、病院内でこの様子を無断撮影し、経営手腕が強引であることなどを批判した。さらに健康状態を詳細に報告する記事とともに掲載したことから、同会長が名誉毀損、プライバシー侵害、肖像権侵害を理由に、損害賠償等を求めた事案。

裁判所は、「自ら社会的活動を行い、それにより広く人々の生活に影響を及ぼす者」については、自らの意思で「公の存在」となったのだから、「その者の資質や個人的生活」についても「正当な関心事」となる場合があるとした。その上で、同会長はそのような者に該当し、健康状態についても国民の正当な関心事であるとして、名誉毀損、プライバシー侵害は否定したが、病院内での撮影については、「病院の中は、患者が医師に身体を預け、秘密ないしプライバシーの細部まで晒さらして、その診療を受ける場所である」から「私宅と同様に考えるべき」ことなどを重視して、撮影されない利益が勝り肖像権を侵害すると結論付けた。

参考判例❸

東京高裁平成17年5月18日判決・判時1907号50頁（サッカー選手キス写真掲載事件・控訴審）

著名なプロサッカー選手が、自ら友人を招待して会員制のクラブ内で行った貸し切りパーティーの席上、著名な女性タレントとキスをしている様子をクラブ経営者が撮影した。その後、「週刊現代」が、その時の状況に関する記事と共に、この写真を掲載したことから、プライバシーと肖像権を侵害するのではないかが争われた事件。

もっとも裁判所は、まず、①私生活上の事実又は私生活上の事実らしく受け取られるおそれのある事柄であって、②一般人の感受性を基準として他人への公開を欲しない事柄であり、③一般にいまだ知られていないものを公開し、それにより、④当該私人に不快、不安の念を覚えさせること、をプライバシー侵害とした上で、本件はこれに該当するので、プライバシー侵害の問題となりうるとした。

その上で、①同選手が世界的に有名であること、②記事は裁判、紛争の成り行きなど公共の利害に関するものであること（記事掲載当時、すでにほぼ同内容の写真を先に掲載した別の雑誌社と紛争になっていた）、③記事は専ら公益を図る目的であること、④写真を撮影されることについては容認していたこと、などを理由に、結論としては、プライバシー侵害、肖像権侵害のいずれも認めなかった。

3-3

被疑者や被告人の撮影

Q 事件報道のために被疑者や被告人の映像を撮影しようと思います。本人に無断で撮影しても問題はないでしょうか？

A 正当な事件報道のためであれば、自宅内にいるところの撮影や、法廷内のように撮影が明確に制限されている場所での撮影でない限り、問題はありません。

KEY POINT

- 刑事事件の被疑者や被告人については、撮影の必要性が広く認められる。
- 自宅に出入りする様子であれば比較的問題ないが、完全に自宅の中にいるところを撮影すると、肖像権侵害とされる可能性が高い。
- 法廷の中での隠し撮りは、それだけで肖像権侵害とされる可能性が高い。
- 逮捕前の被疑者でも、必要性があれば撮影しても良い。

テレビによる事件報道において、被疑者や被告人の映像や写真は必要不可欠な要素です。しかし、だからといって、どのような手段を用いてどのような映像を撮影しても良いというわけではありません。肖像権との関係で一定の制約を受けます。

■事件報道における対象者の撮影の必要性

事件報道における被疑者や被告人の映像や写真は、国民に正確な情報を伝えると共に、それがねつ造や憶測でないことを明確に示し、責任ある報道を送り届けるために必要不可欠な要素です。

特にテレビにおいては、対象者の動きや表情、発言をありのままに伝えるという性質を持っており、その必要性は特に高いと言えます。

したがって、正当な事件報道という目的がある場合には、肖像権の「受忍限度」との関係でも、撮影の必要性が広く認められます。

もっとも、撮影が無制限に認められるわけではありません。制限を受ける場合としては、対象者が私的活動領域（プライベートスペース）にいる場合、対象者が特殊な状況にある場合、撮影が法的に制限されている場所の場合、などが挙げられます。

■自宅内にいるところの撮影

自宅は典型的な私的活動領域（プライベートスペース）で、誰にとってもプライバシーが最も守られるべき場所です。したがって、たとえ被疑者や被告人であっても、自宅内にいる場合にその様子を無断で撮影すると、肖像権の侵害となる可能性が極めて高いと言えます。

事件関係者の例ではありませんが、自宅内にいる人物を無断撮影した件につき、違法性阻却の余地がないと厳しく判断された事例もあります（参考判例①）。

ただし、自宅が事業所を兼ねているような場合、人の出入りが予定されているのであれば、公的活動領域（パブリックスペース）と判断される場合もあります（3-7 参考判例④）。

■自宅前や自宅付近での撮影

自宅の玄関先や自宅前付近は、一般にマスコミによる撮影がなされることが多い場所ですが、最近の裁判例では、自宅の内部にいる場合と、自宅の外に出てきているところを明確に区別する傾向にあります。

マンションの入り口から出てきたところ（マンション敷地内）や、病院の医師宿舎前（病院敷地内）については、いずれも私的活動領域ではないと判断されています（参考判例②、③）。

■隠し撮り

被疑者や被告人を撮影する際に、テレビ局が撮影していることが対象者に分かると、対象者が逃走するなどして警察の捜査に悪影響を及ぼしかねない場合や、周辺住民に知られるとかえって周囲の平穏を害するような場合、そうしたことを避けるために自動車内や物陰などから隠し撮りをすることがあります。しかし、隠し撮りの手法は、撮影される側が十分に注意していても知らないうちに撮影されてしまう可能性が高く、合理的な理由も無いのに無限定に用いれば、撮影手段が社会的な相当性を欠くとして違法と評価される可能性も出てきます。

この点については、「合理的な理由もないまま隠し撮りの方法によって撮影をすることは撮影手段としての相当性を欠き、肖像権侵害として違法と評価されることもありうることは否定できない」との地裁判決を引用して、微妙な言い回しながらも、被疑者の容ぼうの「隠し撮り」には、一定の合理的な理由が必要との判断を示した裁判例もあります（参考判例③）。

どのような場合に合理的な理由があるかについては個別のケースごとに考えるしかありませんが、被疑者が警察に任意同行する様子を自動車の中から隠し撮りした参考判例③のケースでは、「任意同行という状況下での警察の捜査活動を妨害することになるのを避けるとともに、早朝の撮影であったこともあり、周辺住民の生活の平穏を乱さないようにする目的もあったと認められるから、このような手段によったことについては合理的な理由がある」として肖像権侵害を否定しているのが参考となります（参考判例③）。

■身柄を拘束されている様子の撮影

逮捕され、身柄を拘束された状態の者を撮影する場合には、手錠や腰縄の撮影が問題となります。

ただし、手錠・腰縄については、実際に放送の際にその部分を修正するなどして使用しないのであれば、撮影すること自体は通常は肖像権侵害とはされません。ボカシ処理やモザイク処理を行いたくない場合には、撮影時に工夫しておくとよいでしょう。なお、映像の編集時にどの部分をどの程度修正するかについては、工夫が必要です（11-6参照）。

■法廷内にいる被疑者・被告人の撮影

法廷内は、裁判所の裁量によって撮影が制限されています。法廷内にいる被疑者・被告人を撮影すると、それだけでほぼ無条件に肖像権侵害と判断される可能性が高いです[1]。

■逮捕が予想される被疑者の事前撮影と、その後の映像利用

取材によって、逮捕間近との情報を入手した場合、逮捕に備えてあらかじめ対象者の映像を撮影しておくという手法は報道機関ではよく用いられます。

うわさ程度の不確実な情報に基づく場合は別としても、一応信頼できる情報に基づく場合であれば、逮捕や起訴される前であっても事前に撮影しておくことは基本的に許されると考えます。ただし、撮影すべき緊急性や必要性の点では、まさにその日、その時に逮捕や任意同行しようとしている場合に比べると若干劣後するとも言えますので、万全を期するのであれば、①逮捕や起訴されるなど、その事件を実名で報じる必要が生じるまでは適切に保管し、②仮に逮捕や起訴の可能性が消滅した場合は速やかに消去するなどの配慮ができれば、より望ましいと言えるでしょう。

また、逮捕時に撮影した映像を、起訴報道の際にも使用したり、保釈さ

【1】 最高裁平成17年11月10日判決・民集59巻9号2428頁、判時1925号84頁、判タ1203号74頁（和歌山毒カレー肖像権・上告審）（3-1参考判例①、11-2参考判例②、11-6参考判例②参照）

れた際に撮影した映像を判決報道の際に使用したりと、一度撮影した被疑者や被告人の映像を何度も使い回すことがありますが、基本的には、使い回す時点でも報道の必要性があれば問題ないものと考えます。

参考判例❶

東京高裁平成2年7月24日判決・判時1356号90頁（女性宅無断撮影事件・控訴審）

著名人の再婚相手として取り沙汰されていた女性が、夜間、自宅のダイニングキッチンにいるところを、写真週刊誌「週刊フライデー」のカメラマンに公道上から塀越しに無断で撮影され、「週刊フライデー」に掲載された行為が、同女性の肖像権等を侵害するかが争われた事件。

裁判所は写真の撮影・掲載に関して、「夕刻、戸外から塀越しに原告の居宅内をひそかにのぞき見るような形態で行われているのであって、常軌を逸したものというほかなく、違法性阻却の余地はないものといわなければならない」として、肖像権を侵害すると結論付けた。

参考判例❷

東京地裁平成13年12月6日判決・判時1801号83頁（NHK社会部長事件）

NHK報道局社会部長（当時）が自宅マンションの建物玄関から出るところ（マンションの敷地内）を、写真週刊誌「FOCUS」のカメラマンが無断で撮影し、同部長が上の階の住人に騒音などについて異常なクレームを付けていることなどを内容とする記事と共に掲載した行為が、名誉毀損および肖像権侵害に該当するかが争われた事件。

裁判所は、記事の内容は事実無根で名誉毀損に当たるとしつつも、写真の撮影・掲載に関しては、「撮影場所や撮影方法も、原告（同部長）が居住する本件マンションの建物玄関から出るところを屋外から撮影したものであり、公道に準ずる公共性の高い場所での撮影であって、社会通念上不相当であるとまではいえない」などとして、肖像権侵害を否定した。控訴審（東京高裁平成15年3月19日判決・判例集未登載）もこの判断を支持している。

参考判例❸

東京高裁平成19年8月22日判決・判タ1253号183頁、判時1995号88頁（元東京女子医大医師NHK事件・控訴審）（10-4参考判例①参照）

NHKが、医療事故による患者の死亡事件に関して、2人の医師がそれぞれ業務上過失致死容疑と証拠隠滅容疑で逮捕されたことをニュースで報じるとともに、任意同行される医師を無断で撮影して映像を使用した点について、名誉毀損および肖像権侵害に該当するかが争われた事件。肖像権との関係では、撮影場所が病院敷地内の医師宿舎前であることや、自動車の中からの撮影であることがどのように評価されるかなどが争点となった。

裁判所は、①社会的関心が極めて高かったこと、②任意同行の様子の撮影であって撮影の必要性が認められること、③撮影場所は、部外者の立入が禁止されておらず純然たる私的領域でもないこと、④自動車の中から撮影するなど原告の名誉や病院関係者の平穏が害されないように配慮をしていること、⑤Tシャツ姿という社会通念上外出着として不自然ではない服装であること、などを理由に、社会通念上の受忍限度を超えるものではなく肖像権を侵害しないとした（第一審判決（東京地裁平成19年4月11日・判例集未登載）を引用）。

また、隠し撮りの手法について、「合理的な理由もないまま隠し撮りの方法によって撮影をすることは撮影手段としての相当性を欠き、肖像権侵害として違法と評価されることもありうることは否定できない」との原則を述べた上で、結論としては、「任意同行という状況下での警察の捜査活動を妨害することになるのを避けるとともに、早朝の撮影であったこともあり、周辺住民の生活の平穏を乱さないようにする目的もあったと認められるから、このような手段によったことについてはそれなりに合理的な理由があった」として肖像権侵害を否定した。

3-4

著作物の写り込み

Q 屋外で撮影をしていると、ポスターや映像広告などが写り込んでしまいます。著作権者から許諾を得ないと違法になるのでしょうか？

A 背景にたまたま写り込んでしまうような場合であれば、通常は著作権侵害にはなりません。意図して被写体として撮影する場合は注意が必要ですが、その場合でも「引用」や「報道利用」等に該当する場合は著作権侵害にはなりません。

KEY POINT

- 著作物が写り込んでしまう場合でも、以下の条件を全て満たす場合は著作権侵害とはならない。
  ①本来の被写体から分離して撮影することが社会通念上困難である。
  ②写り込んだ部分は、番組の軽微な構成部分にすぎない。
  ③著作権者の利益を不当に害するとはいえない。
- 意図的に被写体として撮影する場合など、上記の範囲には収まらない場合でも、番組の内容に必要な範囲であれば、「引用」または「報道利用」として許される場合もある。
- 対象が「原作品」の場合は、「一般公衆に開放されている屋外の場所に恒常的に設置されている美術の著作物の原作品」として許される場合もある。

屋外で撮影をしていると、撮影するつもりがなくても、ポスターや映像広告などの著作物が写り込んでしまうことは避けられません。ところが、こうした「写り込み」が著作権の侵害になるのかについては、従来は明確ではありませんでした。

しかし、平成24年の著作権法の改正により、一定の「写り込み」については「付随対象著作物」という新たな概念を定めて著作権侵害とならないことが明確にされました[1]。

そこで、ここでは、主にこの「写り込み」に関する改正の内容について見ていきます。なお、以下では主に著作物が映像に写り込んで撮影されてしまう場合について述べますが、音楽などの音声が入り込んで録音されてしまう場合も同様です。

■分離することが困難であること

改正法で新たに設けられた「付随対象著作物」の規定により適法とされるためには、まず、撮影の際に本来の被写体から分離することが困難であるために写り込んでしまう場合であることが必要です。「分離することが困難」というのは、撮影時の状況からみて、その著作物が写り込まないように撮影することが困難と言えることを言います。

「困難」という言葉からは、かなり高いハードルをイメージされるかもしれません。しかし、困難かどうかは社会通念に照らして判断するとされており、実際は、それほど厳格に考える必要はないと理解されています。例えば、壁に絵画が飾ってある部屋で撮影する場合、その絵画が写り込まないようにするために、絵画を外して撮影することは、必ずしも物理的には困難とはいえないかもしれません。しかし、そのような場合であっても、社会通念に照らせば、絵画を外して撮影することは「困難」と判断できる（したがって、その絵画が写り込んだ場合は改正法の対象となり得る）と理解されています[2]。

【1】 著作権法30条の2
【2】 池村聡＝壹貫田剛史『著作権法コンメンタール別冊―平成24年改正解説』100頁（勁草書房、2013）

もっとも、例えばドラマのセットに使うために意図的に他人の絵画を準備して撮影するような場合は、これには該当しないと考えられていますので、注意が必要です（参考資料①参照）。

■軽微な構成部分であること

次に、写り込んだ部分が、自分の番組の中の「軽微な構成部分」にとどまることが必要です。

「軽微」かどうかを判断する明確な基準はありませんが、写り込んだ部分の番組における重要性の程度、写り込んでしまった秒数や画面に占める面積の割合などを総合的に考慮して判断されることになります。仮に、瞬間的には画面の大部分を占めている場合でも、番組全体の尺に占める時間がわずかであれば、なお「軽微」と言えるでしょう[3]。

■著作権者の利益を不当に害しないこと

最後に、著作権者の利益を不当に害しないことが必要です。写り込んでしまった著作物の本来の利用方法と衝突しないか、将来における販売を害してしまわないか、などを考慮して判断されることになります。

■撮影だけでなく、その後の放送や二次利用も適法に行える

以上の条件を全て満たす写り込みであれば、撮影だけでなく、その後の放送、DVD化、配信なども全て適法になります。

ところで、先ほど、撮影の際に「分離することが困難」と言えるかを検討しましたが、撮影する時には分離が難しくても、その後の編集では技術的に簡単にカットできるということも十分に考えられます。しかし、法律上は、あくまで撮影の際に分離が困難と言えればそれで十分であり、その後に編集でカットする必要はありません。

ただし、この場合でも著作権者の利益を不当に害しないかの検討は、あらためて必要になります。単なる撮影（複製）だけであれば、著作権者の

【3】 池村聡＝壹貫田剛史・前掲103頁

利益を不当に害することは想定しづらいですが、その後の放送や二次利用まで想定すると、著作権者の利益を不当に害することも考えられます。例えば、音楽が高音質で長時間にわたって偶然録音されたようなケースでは、そのまま聞き取れる状態で放送や二次利用に用いると、著作権者の利益を不当に害するとされることがあるかもしれません[4]。

■その他の理由により許容される可能性

意図的に被写体として撮影する場合など、上記の条件に合致しない場合は、改正法で新たに創設された「付随対象著作物の利用」としては適法とされないことになります。

例えば、大阪の道頓堀でドラマやバラエティの撮影を行う際に、そこが道頓堀であることを端的に示すために、あえてワンカット程度、グリコの看板などの著名な看板等を撮影して挿入することが良くあります。また、報道番組において、事件現場付近にあるものをあえて撮影して現場がどこであるかを端的に伝えようとすることもあり、それが著作物である場合もあります。

このような手法は、上記のような「付随対象著作物の利用」の要件を満たしていないと判断される可能性もあります。しかし、このような手法が違法かというとそうとは限りません。

まず、被写体を撮影して使用することが番組の内容に必要であり、そのために意図的に撮影する場合には、従来から著作権法に定められている「引用」や「報道利用」として許される場合があります。なお、「引用」「報道利用」について詳しくは、9-1、9-2を参照してください。

また、一般に開放されている屋外の場所や、一般公衆の見やすい屋外の場所に恒常的に設置されている美術の著作物については、それが「原作品」と言える場合には、「公開の美術の著作物等の利用」（著作権法46条）として、撮影や放送が可能です。レプリカのように「原作品」とは言えない複製物の場合や、写真看板のように「美術」ではなく「写真」の著作物

【4】 池村聡＝壹貫田剛史・前掲105頁

の場合は明文の規定がないのですが、その作品の著作権者の意思に基づいて屋外の場所に恒常的に設置されているような場合には、46 条の類推適用を認めて、自由な撮影や放送を認めるべきとの考え方が有力です[5]。また、黙示の許諾や権利濫用によって説明できる場合もあります[6]。結局、上記のような屋外の場所に恒常的に設置されている著作物を短時間撮影する程度であれば、原作品か複製物かを問わず、また、美術と写真のいずれであるかを問わず、実際に問題とされる可能性は小さいものと思われます。

参考資料 ❶

文化庁の解説[7]では、「写り込み」に関する改正法（著作権法 30 条の 2）の対象となる著作物の利用行為として、以下のような例を挙げている。ただし、本条の対象となるかどうかについては、最終的には、個別具体の事例に応じ、司法の場で判断されることになるとしている。

○写真を撮影したところ、本来意図した撮影対象だけでなく、背景に小さくポスターや絵画が写り込む場合
○街角の風景をビデオ収録したところ、本来意図した収録対象だけでなく、ポスター、絵画や街中で流れていた音楽がたまたま録り込まれる場合
○絵画が背景に小さく写り込んだ写真を、ブログに掲載する場合
○ポスター、絵画や街中で流れていた音楽がたまたま録り込まれた映像を、放送やインターネット送信する場合

他方、文化庁の上記解説では、以下のような著作物の利用行為は本条の

【5】 三村量一「マスメディアによる著作物の利用と著作権法」コピライト 594 号 20 頁、半田正夫＝松田政行『著作権法コンメンタール 2［第 2 版］』473 頁（前田哲男）（勁草書房、2015）
【6】 経済産業省「電子商取引及び情報財取引等に関する準則」ⅱ．79 頁（平成 27 年 4 月 27 日）
【7】 文化庁「いわゆる「写り込み」等に係る規定の整備について（解説資料）（第 30 条の 2、第 30 条の 3、第 30 条の 4 及び第 47 条の 9 関係）」
http://www.bunka.go.jp/seisaku/chosakuken/hokaisei/utsurikomi.html

対象とならず、原則として著作権者の許諾が必要となるとされている。

○本来の撮影対象として、ポスターや絵画を撮影した写真を、ブログに掲載する場合
○テレビドラマのセットとして、重要なシーンで視聴者に積極的に見せる意図をもって絵画を設置し、これをビデオ収録した映像を、放送やインターネット送信する場合
○漫画のキャラクターの顧客吸引力を利用する態様で、写真の本来の撮影対象に付随して漫画のキャラクターが写り込んでいる写真をステッカー等として販売する場合

3-5

建物や乗り物の撮影

Q 屋外で、建物や乗り物を撮影するには持ち主の許可を得る必要があるでしょうか？

A 公道上や空など、敷地の外から撮影するのであれば許可は不要です。ドーム球場やテーマパークのような特殊な建物でも同様です。ただし、個人の自宅を映すような場合など、プライバシーに配慮すべき場合もあります。

KEY POINT

- 屋外にある建築物、自動車、船舶、飛行機などは、基本的には、いずれも自由に撮影して番組で使用できる。
- 東京タワー、東京都庁、東京ミッドタウン、六本木ヒルズ、各種テーマパーク、新幹線などについても同様に考えてよい。
- ただし、他人の敷地内や建物に立ち入って撮影する場合は配慮が必要。
- ある人の住居であることが分かるような場合は、プライバシーにも配慮が必要。

事件報道であっても、ドラマであっても、建物や乗り物は一般的な撮影対象といえます。特定の建物や乗り物に着目して撮影することもあれば、全体に写り込むこともあります。こうした場合、逐一持ち主に許可を得る必要があるのでしょうか。

■著作権法上は許可を得る必要はない

通常のありふれた建物や乗り物は、著作権法的な意味での創作性はないため、著作物ではありません。したがって、撮影はもちろんのこと、撮影した映像を番組で使用しても、著作権法上は特に問題はありません。

これに対して、テーマパークやドーム球場のようにユニークなデザインの建築物については、「著作物」とみなされることがあります。もっとも、こうした「建築の著作物」は、一応著作物ではあるものの、完成した建物の外観を撮影したり、番組で使用することは、著作権法上自由に許されています[1]。そのため、ドーム球場やテーマパークのように特殊な外観をしていて著作物性が認められるような建物についても、通常の建物と同様に自由に撮影しても問題はありません。

結局、屋外にある建物は、それが著作物であろうとなかろうと、基本的に自由に撮影しても、著作権法上は問題ないということになります。ただし、建物の壁面にキャラクターが描かれているような場合、そのキャラクター自体の著作権を侵害する可能性もありますので、別途の配慮が必要です（3-4参照）。

■建物にパブリシティ権は認められない

建物や乗り物、動物などの「物」の持ち主に、無断でその「物」を撮影することを禁止する権利（物のパブリシティ権）があるのかどうかについては、著作権法とは別の論点として、長い間議論がなされていました。しかし、最終的に最高裁がそのような権利の存在を明確に否定したことか

【1】 著作権法46条

ら[2]、この問題には一応の決着がついたといえそうです。

したがって、建物や乗り物を撮影する際には、基本的に持ち主の許可を得る必要はありません。例えば路上に駐車している乗用車や建物の外観などは、無断で撮影して番組で使用しても、持ち主の権利を侵害することにはなりません。

■敷地内に入っての撮影は注意が必要

こうして見ると、公道上から撮影する限り、建物の外観を撮影することは基本的に自由であることが分かります。

ただ、実際に建物をよい位置で撮影するには、敷地内で撮影する必要があることも多いでしょう。そして、その敷地が建物の一部とみなされるようなケースでは、敷地への無断立入りが、違法な住居侵入や建造物侵入となる可能性もあります。

また、テーマパークのような有料の施設の場合、入場の際の注意事項に、業務目的での撮影を行わないことが明記されている場合もあります。こうした場合、一般の利用客として入場して業務目的の撮影を行えば、建造物侵入罪にはならないまでも、入園契約違反として即時退場はもちろん、損害賠償の対象となるおそれもないとは言えません。

何よりも、一般の方が多数往来するような場所の場合、ドラマや芸能人を使ったバラエティーなどのロケを行うためには、施設管理者の協力が不可欠ですので、無断で撮影を行うことは現実的ではありません。

このように、著作権法上は自由に撮影できる対象物であっても、敷地内に立ち入って撮影する場合は、建物の管理者の権利にも注意する必要があります。この点は3-7を参照してください。

■プライバシー権・名誉権への配慮の必要性

以上の観点とは別に、プライバシー権や名誉権への配慮が必要なこともあります。まず、大前提としては、建物や自動車など自体にはプライバ

【2】 最高裁平成16年2月13日判決・民集58巻2号311頁、判時1863号25頁（ギャロップレーサー事件・上告審）

シーや名誉が働いている訳ではありませんので、建物の外観や自動車を撮影して放送してもプライバシーや名誉を侵害することはないのが基本です。ただ、それが、特定の人の情報と結び付く形で放送される場合には、プライバシー権や名誉権についても一定の配慮が求められる場合もあります。

例えば、特定の人の自宅であることが分かる形で建物の外観を撮影して放送に使用する場合は、プライバシーへの配慮も必要です。自宅の住所などの情報は、通常はプライバシー権で保護されるためです。本人が同意していない場合には、所在地が分からないようにしたり、建物の詳細が映らないようにしたりするなどの配慮が必要な場合もあるでしょう。同様に、特定の人の所有であることが分かる形で自動車を映す場合も、ナンバープレートにモザイク処理・ボカシ処理を行うことが望ましい場合もあります(11-5参照)。

また、警察の強制捜査があったり、行政による立入調査があったりした場合に、対象となった建物の外観を撮影してニュース番組で用いることもよく行われます。建物自体には名誉やプライバシーという概念はありませんので、撮影してもこうした権利を侵害することはありません。また、周囲に事件と無関係な建物が一緒に写り込んでいても、一般視聴者が見て、事件に関係のある建物と誤解するようなことがなければ、それも問題ありません。しかし、事件とは無関係な別の建物を撮影して、それが事件に関係のある建物であるかのような誤った印象を視聴者に与えるような形で番組で使用した場合、報じた内容がネガティブなもの（暴力団事務所、犯罪の現場、耐震偽装ビルなど）であれば、建物内のテナントやビルのオーナーに対する名誉毀損や営業妨害等になるおそれもありますので、この点も注意が必要です（11-3参照）。

3-6

リポーターが猟銃や日本刀を手に取る

Q 取材先でリポーターが猟銃や日本刀を実際に手に持つと、銃刀法違反などに問われることがあるのでしょうか？

A ごく短時間手に持っただけで違法となることはありません。ただし、実際に銃を手に取る演出を行うかどうかは慎重な判断が必要です。

KEY POINT

- リポーターが取材先の現場で、実際に銃や刀を適法に管理している人物の目の前で、ごく短時間手に取って感想を述べる程度の行為であれば、それが銃刀法に違反することはない。ただし、結果的には違法とされなかったものの、同様のケースで警察が過剰とも思える捜査を行ったことがある。
- 正当な理由なく、猟銃をスタジオまで持ってきてもらったりすると、違法な「所持」や「運搬」に当たるとされる可能性があるので注意が必要。

いわゆる地元ネタなどとして、狩猟や剣術といった、銃や刀を扱う現場を取材することがあります。こうした際に、リポーターが銃や刀を実際に手に取ってみて、重さや質感について感想を述べたりするような演出も考えられますが、こうした行為が銃刀法などの法令に違反することがあるのでしょうか。

■リポーターがごく短時間銃を手に取る程度では違法にはならない

銃刀法は、都道府県公安委員会の許可（銃刀法４条１項）等を受けていない者が「銃」を「所持」（同法３条１項本文）することを禁止しています。しかし、判例によれば、銃刀法のいう「所持」とは、「所定の物の保管について実力支配関係をもつこと」をいい、「排他的な実力支配関係」がなければ「所持」罪には問われないとされています。例えば、単なる好奇心から他人の所持する銃をちょっと見せてもらうといった程度の行為は「所持」には該当しないと考えられています（参考判例①、②）。

したがって、リポーターやゲスト出演者などが、本来の所持者である猟師の側で、猟銃を数秒程度手に取って見せてもらう程度のことを行っても、その程度では猟銃に対する「排他的な実力支配関係」が猟師からリポーターに移転したとは言えませんので、リポーターやゲストの行為は違法な「所持」には該当しません。

このとおり、リポーターやゲストが銃を手に取ることは、本来は、法的には問題ありません。しかし、後述するびわ湖放送の事件では、結果的には立件されなかったものの、当初はリポーターが猟銃を手に取った行為が「所持」に該当しないかも警察が問題視したことがありました。そのようなこともあってか、一般視聴者の中には、特別な許可を得ていない人が銃を手に取ることは違法だと誤解している人がいるようです。また、適法性以前の問題として銃器に対する国民の意識も様々と言えます。このあたりも踏まえて、実際に銃を手に取る演出を行うかどうかは、必要性を含めて慎重な検討が必要と言えそうです。

■美術品として登録されている日本刀や火縄銃は特に問題がない

日本刀や火縄銃については、「美術品若しくは骨とう品として価値のある火縄式銃砲等の古式銃砲又は美術品として価値のある刀剣類」に該当するものであれば、都道府県教育委員会に登録することができ（銃刀法14条1項）、登録されているものであれば誰でも適法に「所持」することができます（同法3条1項6号）。したがって、都道府県に登録されていることさえ確認できれば、「排他的な実力支配関係」の有無などを検討するまでもなく、手に取ってみて問題ありません。

日本刀については、それが美術品としての価値のある水準の日本刀であれば登録することができ、登録してあれば、鑑賞目的だけでなく、武術の稽古のために所有し、実際に素振りをしたり、木の棒を試し切りしたりしてもかまいません。したがって、武術の稽古のために日本刀を振っている様子を取材することは差し支えありませんし、実際に稽古している現場でリポーターがその日本刀を手に取ってみても、それだけで直ちに違法となることはありません。

もっとも、元々武術の心得のあるゲストならまだしも、素人のゲストに日本刀を振り回させるのは安全管理上の問題もありそうです。実際上は、手に取る程度にしておくべき場合も多いでしょう。

■未登録の日本刀が出てきた場合

日本国内で古い蔵などを取材していると、蔵の持ち主も知らないような日本刀や槍などの武器が見つかる場合があります。もし、それが登録されていない場合には、発見者はまず、所轄の警察に発見の届出をし、「発見届出済証」をもらう必要があります。その上で、この「発見届出済証」を持って、都道府県が定期的に実施している銃砲刀剣類登録審査会に参加します。例えば、東京都は毎月、神奈川県は隔月で開催しており、都県のサイトで詳しく日時などが説明されています。ここでの審査を受けて合格すれば、速やかに登録され、「登録済証」がもらえます。もし、発見された日本刀などを取材、撮影して放送でも使用するのであれば、少なくとも発見届出済証を受領し、次の審査会に間に合えば確実に審査を受けるように取材先に促すようにすべきです。

■スタジオに持ってきてもらうことは違法な「携帯」「運搬」とされる可能性あり

上記のように、実際に銃や刀を使用している現場に取材に行く場合には、そこでリポーターやゲストが手に取ることを含めて、取材者らの行為が法令違反となる可能性はまず無いと思われますが、スタジオまで銃や刀を持ってきてもらうことには注意が必要です。

銃刀法は、公安委員会の許可を得て適法に「所持」している銃であっても、「当該許可に係る用途に供する場合その他正当な理由」なく、「携帯」や「運搬」することを禁止しています（銃刀法10条1項)。また、登録の有無にかかわらず、「業務その他正当な理由」なく、6センチ以上の刃を持った刃物を「携帯」することも禁止されています（同法22条)。このため、番組の撮影のために銃や刀をわざわざ持ってきてもらう場合、「正当な理由」に該当しないと判断されると、違法な「携帯」や「運搬」として処罰されるおそれが出てくるのです。

スタジオなど、明らかに本来の使用場所から離れた場所まで持ってきてもらうことは基本的に避けるべきですが、どうしても必要と考える場合には、事前に法務部門や弁護士に相談するなどして法的な妥当性を十分慎重に判断するとともに、覆い又は容器に入れ（同法10条4項)、許可証を携帯（同法24条1項）するなど、法令の定めを遵守して「携帯」「運搬」することが大切です。

■びわ湖放送の事件の考え方

リポーターが銃や刀を手に取る行為を違法だと勘違いしている人もいるようですが、このような勘違いが生じた原因の1つに、2009年に起きた、びわ湖放送の事件があるようです。この事件は、生放送の番組「ときめき滋賀'S」の中で、滋賀県余呉町の名物である猪鍋を紹介した際に、番組ディレクターが、出演者である地元の猟友会の男性に依頼して猟銃を会場に持ってきてもらった行為が、銃刀法の禁止する「携帯」に該当するのではないかが問題となり、滋賀県警が捜査を行ったというものでした。また、この際に、男性芸能人のリポーターが猟銃を手に取った行為が「所持」に該当する可能性があるとも疑われ、一部マスコミでも取り上げられました。最終的に、滋賀県警は、猟友会の男性とそれを依頼したディレクターを「携帯」とその教唆容疑で書類送検したものの、実弾が込められておらず危険性はなかったとして起訴猶予処分とされており、リポーターについては事情を聴いただけで書類送検も見送られています。

この事件は、いくつもの点で、警察の対応に問題のある事件でした。まず、リポーターの行為は、上述のとおり、過去の判例からも「所持」とは言えないことが明らかなのに「所持」の線で捜査を行ったことには強い疑問があります。また、弾丸の装てんされていない猟銃を地元の猪料理店まで持参したという容疑のために報道機関であるテレビ局の捜索まで行うことは過剰であり、この点でも報道の自由の保障との関係で大いに疑問があります。

この問題について、自由法曹団滋賀支部は、県警の捜査がマスコミに報じられた直後の平成21年6月4日、滋賀県警の対応に疑問を呈する抗議声明を出しています[1]。

前半で述べたように、実際に銃を手に取る演出を行うかについては慎重な検討が必要と考えますが、一方で、捜査機関の不当な介入に対しては、毅然とした対応が求められると考えます。

【1】 滋賀支部玉木昌美「銃刀法違反事件における不当な捜査活動に抗議する」自由法曹団通信1313号（www.jlaf.jp/tsushin/2009/1313.html#6）

参考判例❶

最高裁昭和52年11月29日決定・刑集31巻6号1030頁、判タ360号269頁、判時877号110頁、裁判所ウェブサイト（拳銃依頼購入事件）

拳銃及び実包の買入れを依頼された被告人が、依頼者の同席する部屋で自分が買主であるかのように振舞ってこれを買い入れた上、売主が帰った後、廊下に出て依頼者にこれを手渡したところ、この被告人の一連の行為が拳銃の違法な「所持」に該当するかどうかが争われた事案。

判決は、「銃砲刀剣類所持等取締法及び火薬類取締法にいう所持とは、所定の物の保管について実力支配関係をもつことをいい、たといそれが数分間にとどまる場合であつても、所持にあたるものと解するのが相当である」と判示した上で、「被告人が売主から拳銃等を受け取つた後、これを依頼者に手渡すまでの間は、売主及び依頼者のいずれにも右拳銃等に対する排他的な実力支配関係はなかつたものというべきであるから、これを現実に保管していた被告人にその間の実力支配関係があつたと認めるのが相当である」と結論付けている。

参考判例❷

東京高裁昭和42年6月12日判決・判時497号79頁、判タ211号184頁（拳銃取引仲介事件）

拳銃の売買を仲介した被告人が、取引の現場で、売主からそれを受け取って品質、性能等を点検してみてすぐ買主に渡したような場合まで、仲介した者に「独立の所持」があったといい得るかが問題となった事案。

判決は、「単なる好奇心から他人の所持する拳銃を一寸みせてもらう場合と異るものであることは勿論であるが」と判示しつつ、「同拳銃を自己の実力支配下に置いたとはいえず、これを所持するにいたつたものではない」と結論付けている。この記述から裁判所は、「単なる好奇心から他人の所持する拳銃を一寸みせてもらう場合」については、銃刀法の「所持」に該当しないと考えていることがうかがえる。

3-7

建造物や敷地に立ち入っての取材や撮影

Q 取材に伴って他人の建物や敷地内に立ち入る場合は、どのような点に注意する必要があるでしょうか？

A 原則として管理者の承諾を得て立ち入る必要があります。ただし、一般に自由な立ち入りが認められている場所に立ち入る場合や、その他一定の場合には、正当な取材活動として許される余地があります。

KEY POINT

- ■ 管理者の意思に反する立入りは、原則として住居侵入・建造物侵入となる。ただし、形式上は無断立入りであっても、取材方法として社会通念上相当と評価される場合は、正当な行為として適法となり得る。
- ■ プライバシーや肖像権の侵害、業務妨害の可能性にも注意が必要である。特に撮影を伴う取材の場合は要注意。
- ■ 立入りや、そこでの撮影の可否を判断する際は、下記のような事情を考慮する。

  ①取材の目的が正当といえるか
  ②建物に入ること自体について、管理者が明確に拒否しているか否か
  ③立入りや撮影の態様が穏当か
  ④立入りや撮影によって取材相手の正当な業務に特段の支障が出ていないか
  ⑤放送で使用する際に必要な範囲内で映像や音声を使用しているか
  ⑥立ち入る対象が住宅などプライバシー性が高い場所でないか

報道番組の取材では、行政や民間の活動に同行・密着して取材したり、食品偽装を暴くために小売店舗内で商品を隠し撮りしたりすることもあります。こうしたタイプの取材では、あらかじめ訪問先に取材で訪れる旨を知らせておくことが困難なため、結果として、事前に明確な承諾を得ずに訪問先の建物等に入って取材や撮影を行うということが少なくありません。こうした取材手法には法的な問題はないのでしょうか。

■建物等への無断立ち入りによりどのような権利を侵害するか

住居の居住者や施設の管理者には、「住居権」や「施設管理権」と呼ばれる権利があり、その住居や施設に誰を立ち入らせ、誰を立ち入らせないかを決定することができます。したがって、居住者や施設管理者の意思に反して立ち入ると、原則として住居権や施設管理権を侵害することになります。土地についても、柵や門扉等で囲われていて建物に付属する敷地であれば、建造物の一部として住居権や施設管理権が及びます。

これらの権利を侵害して建物や敷地内に立ち入った場合は、民事上の損害賠償の対象となるほか、悪質な侵入行為については住居侵入罪に問われる可能性もありますので、注意が必要です。

また、立ち入った場所が住居のようにプライバシー性が高い場所の場合はプライバシーを侵害する可能性もありますし、事業所等の場合は、立入りによって業務に支障が生じれば業務妨害となる可能性もあります。立ち入るだけでなく、撮影まで行う場合は、これらの権利を侵害するおそれがより高まるほか、肖像権の侵害となる可能性も出てきます。

■一般に自由な立入りが認められている建物や敷地

以上のとおり、管理権者の意思に反した立入りは原則として認められません。しかし、立ち入る際に個別に同意を得ていないからといって、常に意思に反した立入りになるわけではありません。なぜなら、管理権者があらかじめ広く一般の立入りを認めている場合は、個別に同意を得なくても、通常想定される範囲の立入り行為である限り、意思に反した立入りとはならないと言えるためです。

例えば、デパートやホテルのロビー、スーパーの店内などは、施設の性質上、通常の態様での立入りであれば、管理者があらかじめ広く一般に立入りを認めていると言えるため、断りなく立ち入ったとしても、それだけで管理権侵害を問われることは通常はありません。

もっとも、施設内で撮影まで行うような場合は注意が必要です。例えば、一見してテレビ局のクルーと分かる人たちがプロ用の大型機材を使って撮影すれば、やじうまが集まったりもしますので、デパートやホテルの通常の営業にも影響を与えることになります。このような態様の立入りについてまで管理者があらかじめ承諾しているとは考えにくいため、その場合は施設管理権を侵害する可能性があります。また、それによって実際に営業を妨害した場合には、違法な業務妨害となる可能性もあります。

■住居侵入罪に関する裁判所の基本的な考え方

取材活動ではないものの、表現行為に伴う立入りについて住居侵入罪の成否が争われた判例として、自衛隊官舎内の各住戸への反戦ビラ投函を住居侵入罪として処罰することが憲法に違反しないとした立川反戦ビラ配布事件の最高裁判決があります（参考判例①）。この事件で1審判決は刑事罰に値するほどの違法性がないとして無罪判決を言い渡しましたが、最高裁は、自衛隊官舎内でのビラまきを住居侵入として処罰することについて、「表現そのもの」ではなく「表現する手段」を制限するにすぎないという前提に立った上で、そこが一般に人が自由に出入りすることのできる場所ではないことなどを理由に、表現の自由の不当な侵害ではないと結論付けています。

また、集合マンション内の各住戸への政党ビラ投函を住居侵入罪として処罰することが憲法に違反しないとした判例として葛飾政党ビラ配布事件の最高裁判決があります（参考判例②）。この事件でも1審判決は、立入りが「正当な理由」ではないとは言えないとして無罪としていました。

このように、最高裁は、形式的に管理者の意思に反した立入りであれば、住居侵入罪としての処罰も可能であるとの立場に立っています。

以上のとおり、管理者の意思に反した立入りは原則として認められず、場合によっては刑法の住居侵入罪に問われる可能性もあります。

実際に、平成17年には、写真週刊誌の記者とカメラマンが、死体遺棄現場となった民家敷地に、警察の立入り禁止テープをくぐり抜けて無断で立ち入ったとして住居侵入罪で現行犯逮捕され、8日間の勾留の後に罰金の略式命令を受けたケースがあります[1]。取材活動の一環であったことが、どの程度考慮されたのかは必ずしも明らかではありませんが、特に逮捕後の勾留や罰金にまで至った点については、行き過ぎではないかとの指摘もなされています。

■違法性を否定すべき場合

しかしながら、正にそこで犯罪行為が行われている場合など、その様子を撮影して広く国民に知らせる必要性が認められる場合もあります。また、立ち入る場所も、住居内のようにプライバシー性が高い場所もあれば、集合住宅の廊下などの共用スペースのようにプライバシー性がさほど高くない場所もあります。したがって、管理者の意思に反した立入りを一律に違法とするのではなく、目的が正当な取材活動であって、その態様が取材活動として相当な範囲内といえる場合には、正当な業務による行為（刑法35条）として、少なくとも違法性を阻却すると考えるのが妥当と考えます（2-6の参考判例①参照）。

取材活動による立入りについて、そのような解釈を正面から示して適法と判断した裁判例は見当たりませんが、理論上は、一定の場合には正当な業務行為として適法と評価されるものと考えます。また、仮に理論上は刑事罰の適用があり得るとしても、悪質性が高く、処罰されてもやむを得ないといえるような場合を除き、捜査機関においては刑事罰の適用には抑制的であるべきと考えます。

■無断立入りと業務妨害やプライバシー侵害

上で述べたとおり、同行取材や密着取材に伴う施設等への無断立入りや撮

【1】『朝日新聞』2005年6月1日東京地方版／神奈川30面

影については、立入り自体の適法性の問題のほか、業務妨害やプライバシー権、肖像権侵害の問題も生じるおそれがあり、裁判例もいくつかあります。

例えば、民間団体の活動の取材に関する裁判例として、人権擁護団体が病院に業務改善の交渉に訪れる際にテレビ局のクルーが同行して交渉の様子を撮影したことが病院の権利を侵害していないと判断した例（参考判例③）や、警察が柔道整復師の診療所に強制捜査に入る際に報道機関各社が同行して様子を撮影したことが整復師の権利を侵害しないと判断した例（参考判例④）などがあります。

これらの裁判例の判断も参考にしながら、立入り取材やそれに伴う撮影が適法とされるかを検討する際の考慮要素を挙げるとすれば、一応、次のようにまとめることが可能と考えます。すなわち、①取材の目的が正当か、②建物に入ること自体については管理者が明確に拒否していないと言えるか、③立入りや撮影の態様が穏当か、④立入りや撮影によって取材相手の正当な業務に特段の支障が出ていないか、⑤放送する際に必要な範囲内で映像や音声を使用しているか、⑥立入りの対象は住宅などプライバシー性が高い場所でないか、などがポイントとなるものと考えられます。

ただし、これらの裁判例では、住居権・施設管理権の問題と、営業妨害・肖像・プライバシー権侵害の問題が必ずしも明確に峻別されずに、全体として違法な取材撮影であったかとして判断されています。仮に、それぞれの権利に区分して、個別に侵害の有無が検討される場合は、それぞれの権利の判断基準に照らして判断される可能性があります（14-2、14-3など参照）。

■事例の検討

例えば、行政やNPO法人の活動を紹介するために、その活動に同行して取材するような場合であれば、行政やNPO法人の活動自体が適法なもので、純然たる住宅の中にまで立ち入るものではないような場合は、現場で明確に取材を拒否されたり、不穏当な態様で立ち入ったりしない限り、事前に明確な同意を得ないまま活動に同行して取材撮影しても、いずれの権利との関係でも正当な取材活動として適法と判断される可能性が高いと考えます。

他にも、例えば本来廃棄される予定の冷凍食品がスーパーで売られている様子を撮影しようとする場合は、事前にスーパーの承諾を得て売り場に立ち入って撮影することは不可能ですし、スーパー側の真意としてはそのような立入りは認めないと主張するかもしれません。しかし、そのような場合でも、スーパーの不正を暴くことは正当な取材目的と言えますし、隠しカメラや隠しマイクを使用するなどして、店舗等の平穏を害さないような形で撮影すれば、正当な取材活動と判断される余地は十分にあるものと考えます。なお、隠し撮りの手法が、周囲の平穏に配慮する必要がある場合には有効な手法として正当化されやすいことについて積極的に肯定している裁判例があります（3-3の参考判例③）。なお、このような取材での隠し撮りについて詳しくは2-5を参照してください。

参考判例❶

最高裁平成20年4月11日判決・判時2033号142頁、刑集62巻5号1217頁、判タ1289号9頁、裁判所ウェブサイト（立川反戦ビラ配布事件）

自衛隊の宿舎に反戦ビラを新聞受けに入れるために、宿舎の敷地及び1階出入口から各戸玄関前まで立ち入った行為について住居侵入罪が成立するかが争われた刑事事件。

第1審（東京地裁八王子支部平成16年12月16日判決・判時1892号150頁）は、同じ官舎において商業的宣伝ビラの投函行為については不問に付しておきながら、政治的表現としてより優越的地位が認められる反戦ビラの投函について、その刑事責任を問うことは憲法21条1項の趣旨に照らして疑問の余地があり、法秩序全体の見地からして刑事罰に値する程度の違法性があるとは言えない、などとして、無罪とした。

これに対して、控訴審および上告審は有罪とした。このうち最高裁は、「敷地」が、「人の看守する邸宅」の囲にょう地に該当するとした上で、敷地全体がフェンスで囲われ、最も大きな開口部2か所には「関係者以外、地域内に立ち入ること」「ビラ貼り・配り等の街宣活動」等を禁止するA3サイズの貼り紙がされていたことなどから、この部分へのビラ配り目的での立入りは、管理権者の意に反する立入りであるとした。

さらに、これを有罪とすることは憲法21条1項の保障する表現の自由に反するとの主張については、「たとえ思想を外部に発表するための手段であっても、その手段が他人の権利を不当に害するようなものは許されないというべきである」とした上で、本件では「表現そのもの」ではなく「表現する手段」を処罰することの憲法適合性が問われているとの前提に立ち、「防衛庁の職員及びその家族が私的生活を営む場所である集合住宅の共用部分及びその敷地であり」「自衛隊・防衛庁当局がそのような場所として管理していたもので」「一般に人が自由に出入りすることのできる場所ではない」ことなどを理由に、そのような場所に管理権者の意思に反して立ち入ることは、「管理権者の管理権」「私生活の平穏」を侵害するとして、そのような場所に立ち入ることを禁止しても憲法21条1項に反しないとして、住居侵入罪の成立を認めた。

参考判例❷

最高裁平成21年11月30日判決・刑集63巻9号1765頁、判時2090号149頁、判タ1331号79頁、裁判所ウェブサイト（葛飾政党ビラ配布事件）

分譲マンションに4種類の政党ビラを投函するために玄関ホールから各住戸の前まで立ち入った行為について住居侵入罪が成立するかが争われた事件。

第1審（東京地裁平成18年8月28日判決・刑集63巻9号1846頁、LEX/DB28135020）は、管理組合が掲示板に貼付していた「チラシ・パンフレット等広告の投函は固く禁じます。」「当マンションの敷地に立ち入り、パンフレットの投函、物品販売などの行うことは厳禁です。工事施行、集金などのために訪問先が特定している業者の方は、必ず管理人室で『入退館記録簿』に記帳の上、入館（退館）願います。」との貼り紙では、政党ビラ配布のための立入りを禁じる意思表示として不十分であるなどとして、政党ビラの配布目的の立入りは「正当な理由」がないものとは言えないとして無罪を言い渡した。

これに対して、控訴審（東京高裁平成19年12月11日判決、判タ1271号331頁）および上告審は有罪とした。このうち最高裁は、マンションの共用部分が「住居」「建造物」「邸宅」のいずれに該当するかは明示せず、いずれにしても、上記張り紙から、政党ビラ配布目的の立入りを禁ずる意思は読み取れるとし、また、立入りの態様として極めて軽微ということもできないとして、これを処罰しても憲法21条1項に反するものではないから、刑法130条前段の住居侵入罪が成立するとした。

参考判例❸

大阪地裁平成7年11月30日判決・判時1575号85頁、判タ911号144頁（関西テレビドキュメンタリー事件）

精神病患者の人権を擁護するNPOが、大阪府内の精神病院を訪れる際に、関西テレビの記者が同行取材を行い、その後取材結果を基にドキュメンタリー番組として放送したところ、同病院および担当の医師が関西テレビに対して、①病院内の無断撮影を含む取材行為は違法であり、また、放送内容も虚偽であり名誉毀損に当たる、などとして損害賠償を求めて提訴した事件。

裁判所は、取材行為については、①記者らは傍観者に徹していたこと、②明確な撮影の制止がないこと、③撮影を明確に拒否された人物の撮影は行っていないこと、④病院の業務に特段の支障が出ていないこと、などを理由に病院に無断で立ち入っての撮影行為は適法であるとし、また、放送内容についても主要な部分について真実ないし真実相当性が認められるとして名誉毀損を否定し、病院側の請求を全て退けた。

参考判例❹

神戸地裁姫路支部昭和58年3月14日判決・判時1092号98頁（柔道整復師事件）

柔道整復師法に違反して無免許診療を行っていた柔道整復師の強制捜査の際に、報道機関（NHKおよび新聞各紙）が自宅兼診療所に無断で立ち入って強制捜査の様子を撮影した行為（本人がうどんを食べている様子も写っている）がプライバシー権や肖像権を侵害するかが争われた事件。

裁判所は、①純然たる住宅ではなく住宅兼診療所であったこと、②患者待合室および診察室で令状の執行状況を写真撮影するなど取材活動を行ったにすぎないこと、③うどんを食べている姿の撮影はあくまで令状による執行開始直前の状況を撮影した際にたまたま原告の右姿が写ったにすぎないこと、④原告は記者らの行動に何ら苦情を申立てていないこと、などを理由に取材は違法ではないと結論付けた。

3-8

警察の張った規制線内部への立入り

Q 殺人事件の現場付近に警察が広く規制線を張っています。規制線から少し中へ入ると現場の様子を直接撮影できるのですが、入っても問題ないでしょうか？

A 無断で立ち入ることで、証拠の滅失につながる危険があるほか、一定の場合は罰則の対象となることもあります。

KEY POINT

- 黄色いテープなどで立入りを禁止する「規制線」には、①犯罪捜査規範に基づくもの、②警察官職務執行法に基づくもの、③刑事訴訟法に基づくもの、④道路交通法に基づくものなど、様々な根拠に基づくものがある。
- ②警察官職務執行法、③刑事訴訟法、④道路交通法を根拠とするものについては、規制線を越えると、軽犯罪法の「変事非協力の罪」（1条8号）に問われる可能性もある。
- 実際の現場では、規制線が張られている法的根拠や実際の証拠散逸等のリスクが直ちに判断できない場合は、基本的にはそれを尊重するという対応になると考えられる。

事件現場付近では警察官が「立入禁止」などと表記された黄色いテープやロープを張って立入禁止区域を指定している場合があります。警察が立入禁止に指定している区域とそうではない区域の境界線のことを一般的に「規制線」と呼び、分かりやすいように黄色いテープ等で表示しているのです。規制線の法的位置づけについては、その規制線がどのような法令に基づいて設定されているものなのかによって異なります。

■規制線は様々な根拠に基づいて設定されている

現場でよく見られる規制線には、①犯罪捜査規範に基づくもの、②警察官職務執行法に基づくもの、③刑事訴訟法に基づくもの、④道路交通法に基づくもの、などがあります。こうした様々な法的根拠に基づく規制線ですが、外形上はいずれも同じ黄色いテープによって示されているので、テープ自体を見ただけではそれがどのような法令に基づいて張られているものなのかは分かりません。また、必ずしも1つの根拠に基づいているとは限らず、複数の根拠や目的に基づいて張られている場合もあります。以下、これら4つについて順を追ってみていきます。

■犯罪捜査規範に基づく措置としての規制線

警察官が犯罪の捜査を行うに当たって守るべき心構え、捜査の方法、手続その他捜査に関し必要な事項を定めているのが犯罪捜査規範です。

犯罪捜査規範は、任意捜査としての現場臨検（実況見分）をする警察官に対し、①現場を保存すること（84条2項）、②原状のまま保存すること（86条1項）、③広く現場保存の範囲を定めること（87条1項）、④保存すべき範囲を表示し、人がみだりに出入りしないようにすること（88条1項）、などを定めています。事故現場や犯罪現場で見られる規制線の多くは、この犯罪捜査規範における現場保存範囲の表示（88条1項）に基づいて、現場保存範囲の明示として設定されているものと考えられます。

この点について、警察官のための実務解説書によると、現場に到着した警察官は、現場保存行為（84条2項）として、「現場保存範囲（第1次立入制限線）」を決定するとともに、現場保存範囲の外周に一般人の立入りを禁止する「立入禁止区域（第２次立入制限線）」、さらにその外周の道路に一般車両の立入りを禁止する「車両規制区域（第３次立入制限線）」を設定すべきとされています。また、現場保存の範囲を定めたときは、「現場保存用ロープ」「立入禁止札」等を用いて、一見して保存区域が分かるように表示し、立ち入ろうとする者がいれば制止しなくてはならないなどと説明されています[1]。

もっとも、犯罪捜査規範は、警察官が犯罪の捜査を行うに当たって守るべき心構え、捜査の方法、手続その他捜査に関し必要な事項を定めるもので、警察官に対して特別な権限を付与するものではありません。したがって、犯罪捜査規範に基づく規制線の場合は、一般の通行人や報道関係者に対して、規制線から中に入らないように法的に強制することまではできませんし、規制線を越えたからといって、それだけで直ちに違法行為や犯罪行為となることはないと考えられます[2]。

とはいえ、規制線の中に不用意に立ち入った結果、重要な証拠となるはずだった犯人の足跡や指紋を消してしまったりするなど、取り返しの付かない事態を招くことも考えられます。また、単に規制線を越えるだけに留まらず、警察官といさかいを生じ、つい暴行や脅迫に及んでしまったりすると、刑法の公務執行妨害罪が成立するおそれもあります。

■警察官職務執行法に基づく措置としての規制線

警察官職務執行法（警職法）は、個人の生命、身体および財産の保護、犯罪の予防、公安の維持並びに他の法令の執行等の職権職務を忠実に遂行するために、必要な手段を定める法律です。犯罪捜査である司法警察活動ではなく、犯罪や危険の予防という行政警察活動の方法を定めています（１条）。

【1】 地域実務研究会編著『地域警察官のための初期捜査活動』27頁以下（立花書房、2005）

【2】 後述の警職法などと異なり、犯罪捜査規範は、「変事非協力の罪」（軽犯罪法１条８号）における、現場に出入りするについての「指示」の権限の裏付けとなる法令上の根拠とはならない。なお、法令上の根拠はなくとも、「条理」によって、現場に出入りするについて指示する権限が警察官に認められていると考えれば、その指示に反して現場に立ち入ることが軽犯罪法１条８号違反となる可能性はあるが、そのような解釈を明確に指摘した文献は見当たらず、その旨を示した裁判例も見当たらない。

現場に爆発物や危険物が存在する場合など、人が立ち入るとその者の生命身体に危害を及ぼす可能性がある場合、警察官はそれを防ぐ目的で避難等の措置をとることが認められており（4条）、この措置の一環として規制線を張ることが考えられます。規制線がこの目的（他の目的と重複してもよい）で張られている場合には、警察官は強制力をもって立入りを禁止することができます。また、この警職法に基づく措置は、軽犯罪法の「変事非協力の罪」（1条8号）の「現場に出入するについて公務員若しくはこれを援助する者の指示」に該当すると考えられており、警察官の指示に反すると軽犯罪法違反の罪に問われる可能性があります[3]。

なお、犯罪捜査規範87条1項は広く保存範囲を定めるように求めているのに対し、警察官職務執行法（警職法）に基づく措置は必要最小限度でなくてはならないと法令に明記されています（1条）。したがって、規制線が人の生命身体等の保護という目的に照らして明らかに過大な場合は、その範囲においては、警職法に基づく規制とは言えないものと考えられます。

刑事訴訟法に基づく措置としての規制線

捜査機関が検証令状に基づいて現場検証を行っている場合、それは刑事訴訟法（刑訴法）に基づき認められた強制捜査であり、捜査機関は侵入しようとする者を、強制力をもって退去させることができます（222条1項によって準用される112条）。規制線が、この現場検証の範囲を画する目的で張られている場合、その中に侵入すれば、強制力をもって退去させられます。また、警職法に基づく場合と同様、警察官の指示に従わないと、軽犯罪法違反の罪に問われる可能性があります[4]。

道路交通法に基づく措置としての規制線

現場が道路交通法（道交法）上の道路（公道私道を問わず一般交通の用に供する道）である場合、警察官は道路における危険を防止するため、歩行

【3】 伊藤榮樹原著、勝丸充啓改訂著『軽犯罪法 ［新装第2版］』100頁（立花書房、2013）
【4】 伊藤榮樹原著、勝丸充啓改訂著・前掲104頁

者又は車両の通行を禁止又は制限することができます。

なお、車両については、この警察官の制限に違反すると罰則がありますので、規制線を越えて車両で中に入ると、直ちに処罰の対象とされる可能性もあります。一方、歩行者については罰則は設けられていませんので、記者やカメラマンが歩いて規制線の中に入ることが、道交法違反の罪に問われることはありません。ただし、警職法に基づく場合と同様、警察官の指示に従わないことをもって、軽犯罪法違反の罪に問われる可能性はあります[5]。

■住居侵入罪の可能性

規制線で立入りが禁止されている場所が他人の住宅等である場合は、規制線を越えて無断で立ち入ることが、結果的に住居侵入罪に該当する可能性があります（3-7参照）。現に、平成17年には、写真週刊誌の記者とカメラマンが、死体遺棄現場となった民家敷地に無断で立ち入ったとして住居侵入罪で現行犯逮捕され、8日間の勾留の後に罰金の略式命令を受けたケースがあります。略式起訴にまで至った理由の1つとして、横浜地検は、警察の立入禁止テープを二重にくぐり抜けた悪質性を挙げたとされています[6]。もっとも、特に逮捕後の勾留や罰金にまで至った点については行き過ぎではないかとの指摘もあるところです。

■現実の対応

以上のとおり、規制線の内部に立ち入ることは、重要な証拠の滅失により適正な刑事裁判の実現を妨げる可能性があるほか、一定の場合は罰則を伴う法令違反とされるおそれもあります。したがって、実際の現場では、規制線が張られている法的根拠や実際の証拠散逸等のリスクが直ちに判断できない場合は、基本的にはそれを尊重するというのが実際の対応になりそうです。

なお、警察官のための解説書では、犯罪捜査規範に基づく措置としての

【5】 伊藤榮樹原著、勝丸充啓改訂著・前掲103頁
【6】 『朝日新聞』2005年6月1日東京地方版／神奈川30面

規制線について、「報道関係者には、立入禁止区域内の適当な箇所を仕切って報道関係者用の待機線を設けるなどして一般人と区別し、接遇の適正を期する」と説明されています[7]。取材上必要であることを告げて申入れをした場合は、捜査に支障がない範囲で、一定の便宜が得られる可能性はあるかもしれません。ただし、これはあくまで警察の裁量によるものであって、報道機関側が常に権利として主張できるものではありません。

また、軽犯罪法は「この法律の適用にあたっては、国民の権利を不当に侵害しないように留意し、その本来の目的を逸脱して他の目的のためにこれを濫用するようなことがあってはならない」とも定めています（同法4条）。取材行為に伴う立入りに軽犯罪法を適用することは、同条の趣旨に照らしても慎重であるべきであり、「濫用」は認められないと考えます。

【7】 捜査実務研究会編著『現場の捜査実務』25頁（立花書房、2004）

3-9

自動車へのカメラの設置と撮影上の注意

Q 出演者が乗る自動車にあらかじめカメラを設置して、走行中の車内や車外の様子を撮影したいのですが、法令上注意すべきことはありますか？

A カメラ等の機材の設置が運転者の視界や乗員の安全を妨げる場合は道路運送車両法違反となるおそれがあります。また、ヘッドレストの取外しやシートベルトの非着用にも注意が必要です。

KEY POINT

- 運転席からの視界を妨げる位置にカメラ等の機材を設置すると、道路運送車両法違反となるおそれがある。
- ヘッドレストにカメラ等の機材を設置すると、乗員の安全を妨げるとして、道路運送車両法違反となるおそれがある。
- 運転席や助手席のヘッドレストを外して走行すると、道路運送車両法違反となるおそれがある。
- 例外的な場合を除いて、後部座席を含む全ての座席でシートベルトの着用を怠ると道路交通法違反となる。

自動車を走行させながらの撮影は、比較的よく用いられる方法です。最近は、カメラ機材等を自動車に設置しておいて、出演者自身に運転させて撮影するといった手法も見られます。ここでは、カメラの設置を中心に、自動車を走行しながら撮影する際の注意事項について紹介します。

■カメラの設置と前方視界

カメラを設置する際に気を付けなければならないのが、運転者の視界を確保することです。道路運送車両法に基づいて定められている「道路運送車両の保安基準」(保安基準)は、「直接前方視界基準」[1]と「直前側方運転視界基準」[2]を定めています。

このうち、「直接前方視界基準」は、乗用車と総重量3.5トン以下の貨物自動車に適用され、運転席から見て、自動車の前方2メートルで、かつ、車体脇右側70センチから車体左側90センチの範囲(左ハンドル車の場合は左右逆)にある、高さ1メートル、直径30センチの円柱(6歳児を模したもの)の少なくとも一部を鏡等を用いず直接視認できなくてはならないと定めています(後掲図1参照)。

また、「直前側方運転視界基準」は、前面及び左側面(左ハンドル車にあっては右側面)に接する高さ1メートル、直径30センチの円柱(6歳児を模したもの)を直接に又は鏡、画像等により間接に視認できなくてはならないと定めています(後掲図2参照)。

ダッシュボードの上やボンネットの上にカメラを設置する場合や、左側の窓周辺に設置する場合、それによって運転者の視界が遮るようであると、道路運送車両法の禁止する違法な「装置の取付け」に該当し(99条の2)処置の対象となるおそれがあります。

通常の乗用車の場合、小型のカメラを助手席側のダッシュボードに設置する程度であれば、通常は直径30センチの円柱が見えなくなる程度に視界を遮ることはありませんが、機材のサイズや設置位置によってはその程度でも遮る場合がないとは言えませんので注意が必要です。

【1】 保安基準21条、細目告示27条、105条1項1号、183条1号、18条の2別添29
【2】 保安基準44条5項、細目告示別添81

さらに、こうしたカメラ等の機材によって、実際に運転者の視野を妨げたり、後写鏡の効果を失わせたりした状態で自動車を走行させると、道路交通法違反として取締り（反則金）の対象となるおそれもあります（55条2項）。

■ヘッドレストへのカメラの設置

車内にカメラを設置する際に、もう1つ気を付けなくてはならないのが、ヘッドレスト（頭部後傾抑止装置）への設置です。保安基準によれば、ヘッドレストは、「乗車人員の頭部等に傷害を与えるおそれの少ないものとして、構造等に関し告示で定める基準に適合」するものでなくてはならないと定められています[3]。助手席のヘッドレストにカメラを設置してしまうと、位置によっては、その座席に座っている人や、後部座席に座っている人がカメラに頭部をぶつけるなどして怪我をする危険性があり、この条件を満たさなくなってしまいます。

後部座席を撮影するために、助手席のヘッドレストにカメラを設置しようと考えることがあるかも知れませんが、これは避ける必要があります。

■ボンネット等車外へのカメラの設置

ボンネット等車外に設置する際にも気を付けなくてはならないことがあります。それは、外部突起規制です。保安基準は、自動車のフロアラインから高さ2メートルまでの高さの間に、突起物（曲率半径が2.5ミリ未満の突起）を設置してはならないと定めています[4]。平成29年3月31日までは施行が猶予されていますが[5]、平成29年4月1日から全面施行されますので、これ以降、乗用車の車外に通常のカメラを設置すると、この規制に抵触する可能性があります。

これを回避するためには、この外部突起基準に対応して丸みを帯びたデザインになっているカメラを用いる必要があります。最近は「外突法規基準対応」などと明記されて広く販売されていますので、こうしたものを用

【3】保安基準22条の4、細目告示31条、109条、187条、別添34
【4】保安基準18条、細目告示22条2項1号、100条2項・4項2～5号、178条2項・4項2～5号、別添20～22
【5】細目告示22条2項1号ただし書、100条4項ただし書、178条4項ただし書

いるとよいでしょう。

なお、いずれにしても高さ2メートル以上の位置は規制の対象外ですので、車高が2メートル以上の自動車の屋根の上に設置するのであれば、通常のカメラであっても、この規制に違反することはありません。

■ヘッドレストを取り外しての走行

道路運送車両法は、やはり保安基準を通じて、運転席と助手席について、ヘッドレスト（頭部後傾抑止装置）の装備を義務付けています[6]。助手席の窓枠付近にカメラを設置した場合など、後部座席が撮影しやすいように助手席のヘッドレストを外そうと考えることがあるかも知れませんが、これを外して走行してしまうと、たとえ助手席に誰も乗車していなくても道路運送車両法違反となってしまいます。

実際、平成24年にNHKの番組で出演者3人が車を運転する場面を撮影する際に、番組制作担当者の判断で撮影しやすいように助手席のヘッドレストを外したところ、警視庁代々木警察署から道路運送車両法違反であるとして口頭注意されたというケースがあったと報じられています[7]。

なお、道路運送車両法がヘッドレストの設置を義務付けているのは運転席と助手席だけで、ワンボックスカーなど中間列がある場合、そこのヘッドレストを外して走行しても、違法ではありません。もっとも、ヘッドレストは乗員の安全に役立つ装置ですから、撮影に支障がなければ、中間列についてもヘッドレストがある場合にはそのままにしておくことが望ましいと考えます。

■出演者のシートベルト着用

現在の道路交通法は、普通乗用車の全ての座席について、シートベルトの着用を義務付けています（71条の3）。

もっとも、運転席と助手席についてはシートベルトを着用せずに道路を走行すると、常に違反点数（1点）の対象となるのに対し、後部座席につ

【6】 保安基準22条の4
【7】『朝日新聞』2014年4月24日夕刊10面「NHKに警視庁が注意」

いては、高速道路を走行する場合についてのみ、シートベルトを着用しないと運転者に違反点数（1点）が適用されます[8]。このため、後部座席については、一般道ではシートベルトの着用が義務付けられていないと考えている人もいるようですが、義務付けはされているものの、罰則は適用されないというのが正しい理解です。

制作側で自動車を手配し、そこに出演者を載せて撮影するような場合、出演者が助手席に座る場合や高速道路を走行する場合はもちろんのこと、後部座席に座らせて一般道を走る場合であっても、基本的にシートベルトの着用をお願いするべきでしょう。

なお、シートベルトの着用義務には、例外があり、法令が定めているやむを得ない場合に該当する場合には、着用しなくとも良いとされています。ただし、法令が定めるやむを得ない場合とは、負傷、傷害、妊娠などでシートベルト着用が適当でない人や、軽貨物車などで後部座席にシートベルトがない時、乗車人数制限以内だが、シートベルト装着数以上の人数が乗車する時など、特殊な場合に限られます。

また、やはり特殊な例ですが、昭和44年3月31日以前に制作された普通乗用車については、全ての座席についてシートベルトを装備する義務が無く[9]、昭和50年3月31日以前に制作された普通乗用車については、運転席と助手席以外の座席についてシートベルトを装備する義務がありません[10]。いわゆるクラシックカーなどで、シートベルトが装備されていないにもかかわらず車検に通っているものがあるのはこのためです。こうした自動車のシートベルトの無い座席については、シートベルトを着用せずとも道交法違反にはなりません。

■まとめ

このように自動車には様々な法規制があり、カメラを設置したりするだけで、気付かないうちに法規制に違反してしまうこともあります。自動車

【8】 道交法施行令別表2、備考2号104
【9】 自動車検査独立行政法人審査事務規程7-41-5、7-41-5-1
【10】 同7-41-6、7-41-6-1

で撮影をする場合には、関係法令を確認し、分からない場合は法務部などの専門部署や専門家に確認することが大切です。

図１　前方視界基準

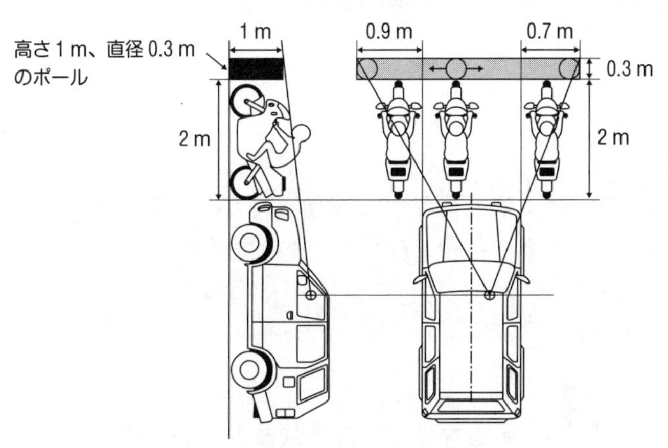

注）いずれの基準も左ハンドルの場合には左右逆となる。

図２　直前側方運転視界基準

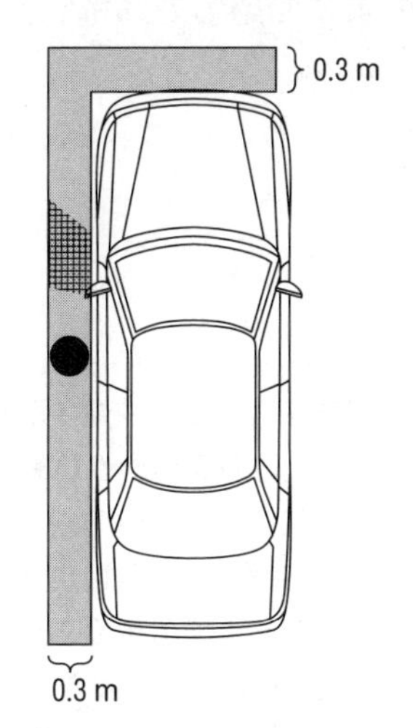

：運転視界基準エリア
：高さ１m、直径 0.3 m のポール
：適用除外エリア
（一定の大きさ以下）

（国土交通省ホームページより）

3-10

防犯カメラの映像の使用

Q コンビニや銀行などに設置されている防犯カメラの映像を番組で使用しても問題ないでしょうか？

A 本人を特定できる映像をそのまま使用すると、肖像権やプライバシー権の侵害とされる可能性があります。ただし、実名報道が許される場合は、そのまま使用しても権利侵害とはならないと考えます。

KEY POINT

- 本人が特定できるような形で防犯カメラの映像を番組で使用すると、肖像権侵害やプライバシー権侵害とされる可能性がある。
- ただし、特定の事件の報道の際に、その事件の犯人が写った防犯カメラの映像を使用する場合には、実名報道の必要性が乏しいような場合を除き、ボカシ等の処理をせずにそのまま使用することも許される。
- 防犯カメラの映像の入手や保管には細心の注意を払う。

現在は、コンビニや銀行など、街のあらゆる場所に防犯カメラが設置され、人の容ぼうや行動が撮影され続けています。防犯カメラには犯罪の様子を鮮明に写し出しているものや、大地震発生時の店内の様子を記録しているものもあります。こうした映像は、貴重な映像資料ですが、防犯カメラというものの特性を踏まえて慎重に取り扱う必要があります。

■防犯カメラの特性

防犯カメラは、その前を通過した人を、いわば地引き網的に撮影し、保存するという点で、肖像権やプライバシー権侵害の問題が指摘されています。最近では、防犯カメラが設置されている場所には、「防犯カメラ設置」「防犯カメラ撮影中」などの表示がされていることも多いですが、だからといって、一般の消費者がコンビニや銀行に設置されている防犯カメラに写りたくないと思った場合には、そのコンビニや銀行を利用しないという選択肢しかなく、カメラに写らずに利用するということはできません。

こうした特性から、防犯カメラによる撮影や、撮影した映像の使用は、肖像権やプライバシー権との関係では、基本的には、防犯や犯罪解明といった、防犯カメラの本来の目的の範囲でのみ許されると考えられています。

例えば、コンビニに設置された防犯カメラについて、裁判所は、「店舗内での犯罪発生を事前に防止しまたは事後的に犯罪解明等を容易にする」（参考判例①）といった、本来の防犯カメラの趣旨に沿った正当な目的の範囲内で、撮影や、撮影した映像の使用が認められると判断しています。

防犯カメラの映像を入手してテレビ番組で使用する場合には、こうした防犯カメラの特性や、それに基づく裁判所の考え方に留意する必要があります。

■防犯カメラの映像の入手

報道機関が防犯カメラの映像を入手するには、捜査機関から提供される場合を除いて、コンビニや銀行などと直接交渉して、映像を提供してもらう必要があります。

防犯カメラの設置者が、防犯カメラの映像を報道機関に提供したことの適法性が問題とされた裁判例としては、レンタルビデオ店に設置された防犯カメラに偶然写っていた著名な芸能人がアダルトビデオを借りる様子の映像が写真週刊誌に写真として掲載されたことの適否が争われた事案（参考判例①）、「ロス疑惑」で無罪が確定した著名な男性がコンビニ内で万引きをしているように見える様子をコンビニ店が報道機関に提出したことや、その映像を放送した番組を録画して編集した映像を防犯カメラシステムの販促資料として配布などしたことの適否が争われた事案（参考判例②）などがあります。

参考判例①は、映像の提供行為の適法性については明確に触れていないものの、写真週刊誌に掲載した行為について「防犯カメラの目的外利用を助長及び促進させることとなる点で、悪質といわざるを得ない」として、損害賠償を命じています。

一方、参考判例②は、防犯カメラによる撮影の目的が、犯罪の発生に対処するとともに、犯罪の発生を予防するという正当な目的であることなどを理由に撮影が適法であるとした上で、店がその映像を放送局に提供することは、このような目的と直接的には関連しないものの、犯罪の抑止につながり得るという点で公益を図る目的があり、カメラの設置目的等に間接的ながらも沿うものであるなどとして、提供行為を適法としました。

このように、裁判所は、報道機関に対する防犯カメラの映像の提供については、防犯カメラの趣旨を一定程度緩やかに解して、直接的な防犯や犯罪解明の目的だけでなく、犯罪の抑止という一般予防的な犯罪抑止までは含めてよいと考えているようです。一方で、芸能人のプライベートな行為を公表するような、明らかに犯罪抑止と無関係な目的の場合は、提供行為自体も違法と判断される可能性もあると言えそうです。

■防犯カメラの映像の使用

次に、報道機関による映像の公表について、裁判所は、参考判例①では、違法な人格権侵害であると厳しく指摘しています。これに対し、参考判例②では、報道機関が、当該著名人の逮捕後、その事実を報道するのともに、本件動画ファイルに係る映像を放映することが違法であることをうかがわせる事情もないと述べて適法との見解を示しています。

前者は単にアダルトビデオを選んでいると見える様子であるのに対し、後者は正に万引きという犯罪行為をしていると見える様子であるため、このように大きく異なる結論に至っているものと考えられます。

以上を踏まえると、特定の事件を報道する際に、その事件の犯人の犯行時の様子が写った防犯カメラの映像を使用することは、実名報道が許されるケース（10-1参照）である限り、ボカシ等の処理をせずに、本人が特定できる状態で使用することも許されると考えられます。

このほか、人が全く写っていないとか、写っていても容ぼうがはっきり分からず不鮮明で誰だか特定できないような映像であれば、そのような映像をそのまま放送しても、特定の個人の肖像権やプライバシー権を侵害することはありませんので、違法とされることはないでしょう。例えば、地震報道の際に、地震発生の際のコンビニ内部の様子を放送する場合などが考えられます。

■映像の加工が望ましい場合

たとえ犯行中の犯人と思われる映像であっても、その事件の報道とは関係ない番組で使用する場合には、ボカシ処理等をすることが適切な場合が多いでしょう。

例えば、万引きが多発しているということを啓発する番組のなかで、万引きの手口を紹介するために万引きの瞬間をとらえた防犯カメラの映像を資料映像的に使用するような場合には、報道の内容上、あえて、この犯人が誰であるかを特定する必要性は乏しいといえます。このような場合に、誰であるかが分かる防犯カメラの映像を使用することは、対象者の受忍限度を超えていると裁判所に判断される可能性も否定できないと考えます。

このように、特定の事件についての報道ではなく、一般的な事象について報じる際には、防犯カメラの映像を使用するにしても、ボカシ処理等を施すなどして、犯人が誰なのか特定できないようにすべきでしょう。

映像の取扱いには慎重に

上述のような防犯カメラの特性からすれば、防犯カメラの映像の入手や保管には、細心の注意を払うべきでしょう。個人が特定できるような映像は、それ自体が個人情報でもあります。テレビ局は報道機関かつ著述行為者ですので、放送のための映像入手について、個人情報保護法違反の責任を問われることはありませんが（12-1参照）、たとえそうであっても、必要な範囲を超えて映像を入手したり、ましてや外部に流出させたりするようなことは避けるべきです。

参考判例❶

東京地裁平成18年3月31日判決・判タ1209号60頁（レンタルビデオ店防犯カメラ事件）

レンタルビデオ店に設置された防犯カメラの映像に、著名な芸能人がアダルトビデオを選んでいるところが写っていたところ、出版社がこの映像を入手して「超ハズカシ～　●●ちゃん　歌舞伎町アダルトビデオ物色中！」と題する記事と共に写真週刊誌に掲載したことから、この芸能人が出版社らに対して肖像権及びプライバシー侵害等を理由に損害賠償を求めた事案。

裁判所は、「私人が店舗内に防犯カメラを設置して入店者を撮影することが正当化されるのは、店舗内での犯罪発生を事前に防止し又は事後的に犯罪解明等を容易にするためという防犯目的に限られる」とした上で、マスコミが「防犯カメラの目的外利用に当たることを認識しながら」撮影された画像を記事に用いることは「防犯カメラの目的外利用を助長及び促進させることとなる点で、悪質といわざるを得ない」として、被告らに対して90万円の損害賠償を命じた。

参考判例❷

東京地裁平成22年9月27日判決・判タ1343号153頁（ロス疑惑元被告人万引き報道事件）

いわゆる「ロス疑惑」で無罪が確定した著名な男性が、コンビニエンスストアで万引きをしているように見える様子が写った店内監視カメラの映像を、コンビニの運営者が番組制作会社に提供し、報道番組等でこの映像が放送されるに至ったことが、肖像権やプライバシー権の侵害に当たるとして、男性の妻が、男性の死後、コンビニの運営者らに損害賠償を求めて提訴した事案。

裁判所は、「コンビニエンスストアにおいては、万引き等の犯罪が数多く発生しており、これによりコンビニエンスストアの経営に重大な支障を来す場合も生じているほどであって、被告（コンビニの運営者）が万引きの増加に警鐘を鳴らす番組のために、報道機関に対し、万引きの映像を提供することは、こうした犯罪の抑止につながり得るものであり、その意味で公益を図る目的があるということができるし、本件監視カメラの設置目的等に間接的ながらも沿うものである」などとして、映像の提供は違法ではないとした。

また、この裁判でテレビ局は訴えられていないが、裁判所は判決の中で、報道機関が、当該著名人の逮捕後、その事実を報道するとともに、本件動画ファイルに係る映像を放映することが違法であることをうかがわせる事情もないと述べており、テレビ局による放送行為も適法であったとの認識を示している。

もっとも、この訴訟では、その映像を放送した番組を録画して編集した映像を防犯カメラシステムの販促資料として配布するなどしていた監視カメラの納入業者も被告とされていたが、これについては、公益を図る目的で配布したとは言えないなどとして、肖像権やプライバシー権の侵害が認められ、110万円の損害賠償が命じられた。

Column

動物やドローンにより撮影した映像の著作権

サルに著作権が認められるかが争われた裁判がありました。イギリスの自然写真家が森林で撮影している際、三脚に設置されたカメラをサルが触り、偶然、まるで自撮りのようなサルの写真が撮れました。この写真を写真家が出版したところ、アメリカの動物愛護団体が、サルの著作権の侵害だと訴えたのです。2016年1月、サンフランシスコの裁判所は、サルに著作権はないと判断しました。

日本の法律だとどうなるでしょうか。日本の法律は、著作権に限らず動物が権利を持つことを認めていません。したがって、日本でも、サルに著作権が認められることはないでしょう。

それでは、カメラの所有者である写真家には著作権は認められないでしょうか。上記のサルのケースではその可能性は低いでしょう。著作物と認められるためには、人の思想や感情が創作的に表現されていることが必要です（14-5参照）。写真の場合は、構図やアングル、シャッターチャンスの選択などの点に撮影者の工夫（創作性）が現れるため、通常は著作物と認められます。しかし、動物により偶然撮影された写真には、撮影者によるそのような工夫が現れているとは言えないためです。

もっとも、動物により撮影された写真や映像が、いかなる場合も著作権で保護されないわけではありません。例えば、面白い構図になるよう狙ってカメラを動物に向け、シャッターだけ動物に押させた場合は、カメラを向けた人の著作物と認められる可能性があります。

機械を利用した撮影も同じです。飛行機や人工衛星にカメラを設置して自動的に撮影した航空写真や衛星写真は著作物と認められません。しかし、ドローンにカメラを搭載し、良い構図になるようドローンを操作して撮影した映像は著作物と認められる可能性があります。

もっとも、機械を利用した場合の考え方は修正されるかもしれません。人工知能（AI）が自律的に作った創作物を保護する法整備が検討されているためです（知的財産推進計画2016）。著作権以外の法律で保護することになる可能性もありますが、展開が注目されます。

4章

ロケと撮影許可手続き

4-1

道路での撮影と許可手続き

Q

道路で撮影を行う際には警察の許可を得なくてはならないでしょうか？

「一般交通に著しい影響を及ぼす」撮影の場合には、所轄の警察署で事前に道路使用許可を得ておく必要があります。

KEY POINT

- 少なくとも次のような撮影を行う場合は事前に所轄の警察署長の許可を取得する。
  ①三脚やクレーンなどの物品を地面に設置しての撮影
  ②クルーや出演者の人数が多い撮影
  ③ファンなどによって人だかりができることが予想される撮影
- 撮影許可申請には時間がかかることがあるので早めに申請する。
- 撮影許可条件がある場合は遵守する。
- 大規模な撮影の場合は特に地域や周辺住民の理解を得ることが大切。
- 緊急報道など事前に許可を得ることが不可能な場合は、必要な範囲において、事前に許可の無い撮影も許される。

道路での撮影は、ドラマはもちろんのこと、情報番組やバラエティー番組など、多くの番組で必要な撮影です。しかし、道路での撮影は交通の妨げになる場合も少なくないので、道路交通法（道交法）によって、一定の場合には事前に許可を得る必要があるとされています。

■道路で「ロケーション」を行うには事前の許可が必要

道路交通法は、道路で「一般交通に著しい影響を及ぼすような通行の形態若しくは方法により道路を使用する行為又は道路に人が集まり一般交通に著しい影響を及ぼすような行為」を行う際には、事前に所轄の警察署長の許可を得る必要があると定めています[1]。そして、実際にどういった行為について許可が必要かは、各都道府県の道路交通規則によって定められていますが、法律自体が例示として「ロケーション」を挙げているため、実際には全ての都道府県で「ロケーション」は許可が必要な行為とされています[2]。ただ、道路交通法や都道府県の道路交通規則は「ロケーション」の定義を設けていませんので、どのような行為が「ロケーション」に該当するかは解釈によることになります。

■ロケーションとは

道路交通法で事前の許可が必要とされる「ロケーション」とは、「一般交通に著しい影響」を及ぼす行為として指定されているものです。したがって、路上で番組の撮影をすればそれが全て「ロケーション」に該当するというのではなく、道路を占有したり、道路に物品を置いたり、人だかりができたりといった可能性のある撮影行為がこれに該当すると考えられます。

例えば、報道番組や情報番組などで、リポーターが１人で、クルーも2〜3人、カメラも三脚を用いずに、公園の桜の開花の様子を撮影したり、ボランティアでゴミ拾いをしている人たちにインタビューしたりする程度であれば、通常は「一般交通に著しい影響を及ぼす」とまでは言えな

【1】 道交法77条1項4号
【2】 東京都道路交通規則18条4号など

いでしょうから、「ロケーション」には該当せず、事前の許可申請は必ずしも必要ないと考えます。

一方、ドラマの撮影の場合は標準的な場合でクルーだけでも40~50人程度になってしまいますし、カメラやクレーンなどの機材も設置します。ほんの短いシーンであってもセッティングやリハーサルなど相当の時間がかかります。したがって、どのような短いシーンの撮影であっても、原則として必ず事前に許可を得る必要がありそうです。

難しいのはこの中間程度の場合で、例えば、芸能人が街をぶらぶら歩くところを少人数クルーが追いかけながら撮影するといったケースです。こうした判断が難しいケースの場合は、無用なトラブルを避けるという観点からは、念のために許可申請をしておく方が無難とも言えます。微妙なケースでは、必要に応じて法務部門などに確認することが望ましいでしょう。警察に要否を尋ねるという方法も考えられますが、警察としても申請書や添付書類も見ずに「不要」と断言することはできないでしょうから、結局は「問題がなければ許可が出ますので、いずれにしても申請してください」などと回答される可能性が高そうです。

■道路使用許可申請手続き

(1) 申請先

申請先は、撮影を行おうとしている地域を管轄している警察署です。撮影場所が複数の警察署の管轄にまたがっている場合は、どちらか一方の警察署長の許可を得ればよいとされています[3]。ただし、撮影場所が都道府県をまたぐ場合には、双方の警察署長の許可が必要です。

(2) 必要書類

申請に必要なものは、申請書、添付書類（地図、詳細図、台本コピーの3点セット)、申請者の身分証明書です。申請書や添付書類は2部ずつ提出する必要があります（複数の警察署の管轄にまたがる場合は3部)。

【3】 道交法77条1項括弧書内

申請書の用紙は、各警察署に備え付けられているほか、警視庁であればホームページからダウンロードすることもできます[4]。全く同じ形式を整えれば、申請者側で新たに作成したエクセルやワードでも受領してもらえる自治体もあります。同じ自治体に多数の申請を行うような場合は、その方が必要事項をタイプやコピペできて簡便なこともありますので、自治体に確認してください。

申請書には、①申請者の住所および氏名（記載例：東京都千代田区霞が関○－○－○　株式会社霞が関テレビドラマ部　ドラマ部長○○○○）、②道路使用の目的（記載例：ドラマ「○○○」の撮影のため）、③道路使用の場所または区間（記載例：千代田区霞が関1-1-4付近）、④道路使用の期間（記載例：平成27年4月1日8時から平成27年4月7日17時まで（うち1日1時間程度撮影））、⑤道路使用の方法または形態（記載例：撮影機材、照明機材および録音機材一式を使用した撮影）、⑥添付書類（記載例：地図、詳細図、台本コピー）、⑦現場責任者の住所、氏名および電話番号（現場事務所等の所在地、電話番号もしくは現場責任者の所在する本社等の所在地、電話番号（携帯番号））、を記載します（後掲記載例参照）。

添付書類については、地図、詳細図、台本コピーの3点セットが定着しており、全国どこの警察署でも基本的にはこの3点の添付が求められます。「地図」については、該当エリアがはっきり分かるものを用意してください。「詳細図」については、現場の具体的な図面を書きます。手書きでもパソコンで作成しても構いませんが、少なくとも、カメラ、役者、誘導員の位置が明確に書き込まれている必要があります。交通の安全を確保するための誘導員は最低でも撮影予定エリアの全ての進入箇所に配置する必要があります。「台本コピー」は、放送台本の該当ページのみを抜き出せば大丈夫です。台本が存在しない番組の場合は、それに代わる撮影の意図や概要が分かる説明文書を添付します。

【4】 http://www.keishicho.metro.tokyo.jp/tetuzuki/form/shinsei_doro.htm

(3) 地域への事前説明

道路交通法は、①「現に交通の妨害となるおそれがないと認められるとき」、②「警察の指定する条件を満たせば、交通の妨害となるおそれがなくなると認められるとき」、③「公益上又は社会の慣習上やむを得ないものであると認められるとき」には警察は道路使用を許可するものと定められています[5]。また、③については、所轄の警察の恣意的な運用を防ぐため、通達により、「目的」「地域の合意」「地方公共団体の関与」を基に判断すると判断基準が定められています[6]。

このため、実務上警察は申請書に記載された撮影目的のほか、「地域の合意」を重視する傾向にあります。特にドラマなどの大規模な撮影では、撮影エリアに面した住宅や商店街等に事前に説明して撮影に了承してもらってからでないと、警察に申請しても許可が下りないことがしばしばあります。また、一定規模以上の撮影の場合は、地元の自治体に事前に挨拶をして協力を得ておくことも必要になります。

(4) 所要日数

申請をしてから許可が出るまでには通常2〜3営業日程度かかりますが、これについても実際に申請を出す警察署で確認してください。

(5) 許可が出ないエリア

都心部では、交通量が多いため、基本的にロケーション目的の許可が出ないエリアもあります。例えば、渋谷駅周辺などは申請しても基本的に許可は出ないようです。また、横断歩道上の撮影については、通行を妨げることが少なくないため、都心部では許可が出にくい傾向にあります。都心部で道路使用許可を得ようとする場合には、そもそも許可が出るエリアなのか、事前の確認が必要でしょう。

【5】 道交法77条2項
【6】 平成17年3月17日付け警察庁丁規発第23号

(6) 道路使用許可条件

許可が出る際には、通常「条件」欄に「別紙のとおり」との赤字のスタンプが押され、警察署ごとに用意してある許可条件を列挙した紙が添付されます（参考資料①）。ここに記載された条件には必ず従う必要があります。条件が守られていないことが判明すると、速やかに撮影を中止するよう求められ、撮影が継続できなくなることがあります。

撮影当日の注意

許可の要否にかかわらず、道路で撮影を行う場合は、通行の妨げにならないように十分な配慮が必要です。

事前に許可を得て撮影を行う場合は、必ず現場責任者としてあらかじめ記載してある者が、許可証を持って現場に立ち会うようにしてください。どうしても立ち会えない場合は、当日現場で管理を行う者に許可証を持たせ、ロケ期間中は常に連絡が取れる状態にしておきましょう。

また、小規模な撮影で、許可が不要と思われる場合であっても、撮影の際には責任者を明確にし、警察に質問されたり退去を求められたりした場合には適切に対応できるように準備をしてください。

緊急報道目的の撮影

道路交通法は、「緊急報道の際には事前の許可は不要」といった規定を設けていません。法律を形式的に当てはめれば、大地震や火災などの緊急報道の場合であっても、路上に機材を設置して撮影しようとすると、事前の許可が必要ということになりそうですが、それは現実的ではありません。

最高裁は、報道機関の取材行為と犯罪の関係について、「その手段・方法が法秩序全体の精神に照らし相当なものとして社会観念上是認されるもの」である場合は、「正当業務行為」に当たり、犯罪を構成しないという一般的な原則を示しています[7]。現場において路上に機材を設置しての取材活動についても、緊急性や必要性の観点から社会通念上是認されると言

【7】 最高裁昭和53年5月31日決定・刑集32巻3号457頁、判時887号17頁、判タ363号96頁、裁判所ウェブサイト（外務省秘密漏えい事件・上告審）（2-6 参考判例①参照）

える範囲のものについては、報道機関の正当業務行為に当たり、たとえ事前に許可を得ていなくとも、道路交通法違反に問われることはないものと考えられます。実際、緊急報道のために道路中継を行ったところ、それで道路交通法違反を理由に検挙されたといった話は、著者らとしては聞いたことがありません。

とはいえ、緊急報道のための撮影を行う場合は、現場が事故地であるなど、非常に混乱しているのが通常です。特に周囲に与える影響に十分に配慮しながら撮影すべきでしょう。

参考資料❶

都内道路使用許可を受ける際の注意すべき事項（東京都のフィルムコミッション「東京ロケーションボックス」ホームページより引用（http://www.locationbox.metro.tokyo.jp/shooting/road.php））

・撮影の時間、場所、内容等から判断して一般の交通の妨害とならないようにする。
・撮影は原則として歩道上（歩道のない場所、車道左側端）とし、一般通行人の妨害とならない方法で行うこと。
・照明機材を使用する際は、運転者を幻惑させないようにすること。
・混乱を避ける為、道路上で出演者などのサイン行為はしないこと。
・撮影内容、出演者等を勘案し（人気の度合いなど）、交通の危険及び交通の妨害を発生させないために十分な交通整理員を配置すること。
・交通の危険を防止し、その他交通の安全と円滑を確保するために行う警察官の指示については、厳格に励行しそれに従うこと。
・階段・エスカレーター及び歩道橋等に撮影見学者が集中し、落下事故等の発生が予想され、もしくは一般通行人に対しても交通の危険が予想される場合は、中止すること。なお、この場合はただちに警察署（交通課）に連絡すること。
・撮影現場では、必ず許可証を携帯しておくこと。
・中継車は、電源コードその他資機材を交通の妨害にならないようにすること。
・ロケバス、資機材車等の路上駐車は絶対に行わないこと。

＜記入例＞

別記様式第六

道 路 使 用 許 可 申 請 書

○ 年 ○ 月 ○ 日

丸 の 内 警 察 署 長 殿

申請者 住　所 東京都千代田区霞が関○-○-○ 株式会社霞が関テレビ ドラマ部 ドラマ部長

氏　名 ○○　○○　㊞

道路使用の目的		ドラマ「○○○」の撮影のため		
場所又は区間		千代田区霞が関 1-1-4 付近		
期　　　間		平成27年 4月 1日 8時から 平成27年 4月 7日17時まで うち１日１時間程度撮影		
方法又は形態		撮影機材、照明機材および録音機材一式を使用した撮影		
添 付 書 類		地図、詳細図、台本コピー		
現 場 責任者	住　所	東京都千代田区霞が関○-○-○ 株式会社霞が関テレビ ドラマ部		
	氏　名	○○　○○	電話	○○○○○○○○○○○

第　　　号

道 路 使 用 許 可 証

上記のとおり許可する。ただし、次の条件に従うこと。

条　　件	

年　　月　　日

警 察 署 長 印

備考 1 申請者が法人であるときは、申請者の欄には、その名称、主たる事務所の所在地及び代表者の氏名を記載すること。
2 申請者は、氏名の記載と押印に代えて、署名することができる。
3 方法又は形態の欄には、工事又は作業の方法、使用面積、行事等の参加人員、通行の形態又は方法等使用について必要な事項を記載すること。
4 添付書類の欄には、道路使用の場所、方法等を明らかにした図面その他必要な書類を添付した場合に、その書類名を記載すること。
5 用紙の大きさは、日本工業規格Ａ列４番とする。

（警視庁ホームページに掲載されている書式に一部加筆）

4-2

公園での撮影と許可手続き

Q 付近の公園内で撮影をしようと思いますが、公園を管理している役所の許可を得る必要があるでしょうか？

A 「都市公園の管理上支障を及ぼすおそれ」や「公園の一部を独占的に使用」に該当するような撮影の場合は、公園管理者の許可が必要です。

KEY POINT

- 少なくとも次のような撮影を行う場合は事前に公園管理者の許可を取得する。
  ①三脚やクレーンなどの物品を地面に設置しての撮影
  ②クルーや出演者の人数が多い撮影
  ③ファンなどによって人だかりができることが予想される撮影
  ④開園時間外の撮影（開園時間のある都市公園の場合）
  ⑤有料エリア内での撮影（有料エリアのある都市公園の場合）
- 撮影許可申請には時間がかかることがあるので早めに申請する。
- 撮影許可条件がある場合は遵守する。

公園は、代々木公園のような広大なものから、ブランコと砂場があるだけの小さなものまで様々です。こうした公園も、ドラマのロケに使ったり、簡単なインタビューに使ったりと、よく撮影が行われます。こうした公園での撮影にはどういった点に気を付ける必要があり、どういった手続きが必要なのでしょうか。

■公園で「ロケーション」等を行うには事前の許可が必要

自然公園以外の公園を都市公園と呼びますが、こうした都市公園で撮影を行う場合には、公園管理者の許可が必要な場合があります。

都市公園には、国が管理する都市公園と、地方自治体が管理する都市公園の２種類があり、適用される法令も異なります。

国の管理する都市公園（国営公園）については、都市公園法によってその管理方法などが定められています。同法は、国営公園において「都市公園の管理上支障を及ぼすおそれ」がある行為を行おうとする場合には、事前に公園管理者の許可を得なくてはならないと定め[1]、これを受けて都市公園法施行令は、その具体例として「ロケーション」を挙げています[2]。したがって、国営公園でロケーションを行うためには、事前に公園管理者の許可を得なくてはなりません。

なお、道路交通法（道交法）と同様、都市公園法や同法施行令は「ロケーション」の定義を設けていませんので、どのような行為が「ロケーション」に該当するかは解釈によることになります。

「ロケーション」は、「都市公園の管理上支障を及ぼすおそれ」のある行為として指定されているものですので、およそテレビのための撮影行為全てが含まれるのではなく、撮影行為であっても、「都市公園の管理上支障を及ぼすおそれ」が全くないような撮影については含まれないものと思われます。

一方、各地方自治体が管理する都市公園については、それぞれの自治体の定める都市公園条例に従うことになります。都市公園条例は地方自治体

【1】 都市公園法 12 条 1 項 3 号
【2】 都市公園法施行令 19 条

ごとに内容が異なるため、その全てを網羅的にチェックすることは困難ですが、その多くは、都市公園法と同様に「ロケーション」に該当する場合に事前の許可を必要とするか、あるいは、端的に「占用」を伴う撮影活動について事前の許可を必要としています[3]。

結局、国と地方自治体いずれが管理する都市公園についても、事前に公園管理者の許可が必要なのかどうかは、「ロケーション」や「占有」あるいは「独占的な使用」に該当するかどうかによって判断されることになります。

■事前の許可申請が必要なのかどうかの判断

こうした法令や条例、各種自治体の説明などを総合的に解釈すると、特に入園管理がされている訳ではなく自由に出入りできる一般的な公園の場合、道路使用許可が必要な場合とほぼ同様に考えることが妥当と思われます（4-1参照）。例えば、報道番組や情報番組などで、リポーターが1人で、クルーも2〜3人、カメラも三脚を用いずに、公園の桜の開花の様子を撮影したり、ボランティアでゴミ拾いをしている人たちにインタビューしたりする程度であれば、「ロケーション」や「占有」「独占的な使用」とまではいえず、事前の許可申請は必ずしも必要ないと考えられます。一方、ドラマの様に、どうしても多くのクルーや機材が必要となる撮影であれば、撮影が短時間であっても事前の許可が必要ということになりそうです。

これに対して、公園の中には、柵や塀などで外部から遮断され、管理事務所が設けられ、営業時間や入園料等によって入園が管理されているものがあります。東京都内でいえば、国営の昭和記念公園などが該当します。上野公園内にある上野動物園なども同様です。こうした公園については、

【3】 東京都の場合、「物件を設けないで都市公園を占用」（東京都立公園条例13条1項）するには、「東京都規則の定めるところにより申請し、知事の許可を受けなければならない」（同前）とした上で、ホームページにおいて「通常の公園利用の範囲内での写真撮影（花・樹木のスナップ写真、家族などでの記念写真等）の場合は許可はいりませんが、映画・テレビ・ビデオ・写真撮影等で公園の一部を独占的に使用する場合は許可が必要です」（お台場海浜公園などを管理する東京都港湾局のホームページ（http://www.kouwan.metro.tokyo.jp/kanko/park/satsuei.html））などと説明している。

いつでも自由に出入りできる一般的な公園に比べて、訪問者を特定の条件の下に入園させるという公園管理者の意図が明確に見て取れますので、一般的な公園と同じに考えることは避けるべきでしょう。こうした入園管理のされている公園の場合、オフィシャルサイトに入園条件等が紹介されている場合もありますので、まずはそうしたものがないか確認しましょう。その上で、機材の搬入も含め、事前に公園管理者に相談し、必要であれば許可を得ておくべきでしょう。

■撮影許可申請手続き

(1) 申請先

申請先は、撮影を行おうとしている公園の管理を行っている公園管理者の事務所です。公園の管理は都道府県や市区町村が直接行っている場合もあれば、外郭団体に委託している場合もあります。最近はウェブサイトで調べれば大抵はすぐ分かりますが、よく分からない場合は、都道府県や市区町村に問い合わせることになります。

また、全国の地方自治体が整備しているフィルム・コミッションのホームページを利用するのも便利です。フィルム・コミッションとは、各自治体などが地元のロケスポットを番組制作会社などに積極的に紹介し、テレビや映画などで使用してもらうことにより、地元の知名度を上げたり、直接利益を得たりすることを目的として設立された組織で、最近では多くの地方自治体が設置・運営しています。「全国フィルム・コミッション連絡協議会」のポータルサイト[4]がありますので、ここから全国の自治体のフィルム・コミッションの情報を得ることができます。

(2) 必要書類

必要書類は全国どこの公園でもほぼ共通していて、道路許可申請と同様の申請書、添付書類（地図、詳細図、台本コピーの3点セット）、申請者の身分証明書です。

申請書の用紙は、各自治体の窓口に備え付けられているほか、自治体に

【4】 全国フィルム・コミッション連絡協議会
http://www.japanfc.org/film-com090329/fc.html

よってはホームページからダウンロードすることもできます。また、形式を同じように整えれば、申請者側で新たに作成したエクセルやワードでも受領してもらえる自治体もあります。自治体に確認してください。

図面と企画書・台本についての作成上の基本事項や注意点は、基本的に道路使用許可と同じです。詳しくは「4-1」を参照してください。

(3) 所要日数

申請をしてから許可が出るまでには早いところで2〜3営業日、遅いところだと1〜2週間程度かかるようです。実際に申請をする窓口で確認してください。

(4) 撮影許可条件

公園の使用許可についても、道路使用許可と同様、許可の際に許可条件を付されるのが通常です。公園や地方公共団体ごとに一律に決まっていることが多く、多くの場合は事前に公表されています。なお、場合によっては、個別に条件が付加されたり、逆に条件が解除（撮影可能時間の延長など）されたりすることもありますので、よく確認してください（参考資料①）。

■撮影当日の注意

許可の要否にかかわらず、公園で撮影を行う場合は、公園利用者の妨げにならないように最大限の配慮をしてください。

事前に許可を得て撮影を行う場合、必ず現場責任者としてあらかじめ記載してある者がいる場合は、許可証を持って現場に立ち会うようにしてください。どうしてもその者が立ち会えない場合は、当日現場で管理を行う者に許可証を持たせ、ロケ期間中は常に連絡が取れる状態にしておきましょう。

また、小規模な撮影で、許可が不要と思われる場合であっても、撮影の際には責任者を明確にし、警察や公園管理者等に質問されたり退去を求められたりした場合には適切に対応できるように準備をしてください。

参考資料❶

東京都のフィルムコミッション「東京ロケーションボックス」発行「施設管理者のためのロケ撮影対応マニュアル」16頁より引用（https://www.locationbox.metro.tokyo.jp/pdf/manual.pdf）

【ロケ撮影の際の遵守事項】（例）

①ロケ撮影に係わる「使用許可申請書」は、撮影の1週間前までに提出してください。

②道路上での撮影は、所轄の警察署の許可が必要です。また、歩行者や車両は迂回路へ誘導し、交通整理要員を配置して安全対策を行ってください。

③大音量を伴う撮影や夜間・早朝の撮影などは、制作会社が責任を持って事前に周辺住民への説明と協力依頼を行って下さい。

④撮影中の事故又はトラブルが発生した場合には、被害者の救護や被害の拡大防止など、必要な措置を講じるとともに、警察や消防、施設管理者に直ちに報告してください。

⑤悪天候などやむを得ない事情以外には、撮影スケジュールはできるだけ変更しないようお願いします。変更が生じた場合は、早急に担当者と協議してください。また、撮影をキャンセルする場合は、必ず担当者へ連絡してください。

⑥申請があった内容以外での施設使用や、第三者の制作会社・団体との共同使用は禁じております。

⑦撮影により発生したゴミや汚れは、撮影終了後直ちに清掃し、現状復帰してください。後片付けを怠った場合は、次回以降協力できないことがあります。

⑧撮影中のやむを得ない事故に備え、保険に加入してください。また、万一、人や動植物に危害を加えたり、建物や備品などを破損した場合は、責任を持って損害賠償をしてください。

⑨テナントでの撮影は、別途個別に許可が必要です。また、看板・ロゴマークなどが映りこまないよう注意してください。さらに、一般来場者や通行人の肖像権を侵害しないよう、十分に配慮してください。

⑩その他、特別な対策を必要とする場合には、関係者と十分な調整を行ってください。

Column

路上で追いすがって取材しても大丈夫？

話題の人物や疑惑の人物が正式な取材に応じてくれない場合、その人物が、建物や自動車などから出てきたところを待ち構えて、路上で追いすがりながら取材を試みるということは実際に行われていますが、こうした取材が法令に違反したり犯罪となったりすることはないのでしょうか。

軽犯罪法1条28号は、「他人の進路に立ちふさがつて、若しくはその身辺に群がつて立ち退こうとせず、又は不安若しくは迷惑を覚えさせるような仕方で他人につきまとつた者」を拘留または科料に処すると定めています。確かに、取材される側からすると、執拗な取材を受ければ、不安や迷惑を覚えることがないとは言えないかもしれません。しかし、軽犯罪法には4条があり、「この法律の適用にあたつては、国民の権利を不当に侵害しないように留意し、その本来の目的を逸脱して他の目的のためにこれを濫用するようなことがあつてはならない」と定めています。これは、軽犯罪法が、かなり細かな行為を犯罪類型として定めているため、これを杓子定規に適用すると、国民の権利を不当に侵害する場合が想定されるため、そのようなことが無いように定めているものです。公道上での取材については、報道の自由、取材の自由に基づく自由な取材が強く要請されますので、取材を装って嫌がらせをしているような、およそ取材とはいえないような場合でなければ、軽犯罪法違反を理由に検挙されるべきではないと考えます。

ほかにも、道交法76条4項2号は、道路において「交通の妨害となるような方法」で「立ちどまっている」ことを禁止し、罰則（5万円以下の罰金）も定められています（120条1項9号）。このため、歩いている対象者の前に立ち塞がって行く手を塞ぐと、形式的にはこれに違反する可能性があります。もっとも、記者が取材のために取材対象者の前に立ち塞がっただけで検挙されるべきではないことは、軽犯罪法と同様です。

実際に検挙されることはないと思われますが、こうした法律が存在していることは知っておいていただいてもよいのではないかと思います。

なお、テレビカメラを伴う取材の場合は4-1も参照してください。

5章

未成年への配慮と手続き

5-1

未成年被疑者と実名報道

Q 犯罪の被疑者が未成年の場合、どのような配慮をする必要がありますか？

A 原則として匿名で報じる必要があります。

KEY POINT

- 少年法61条が禁止する「推知報道」に該当するかどうかは、「本人と面識のない不特定多数の一般人」でも本人を推知できるかどうかを基準に判断する。
- 少年犯罪の報道について、少年法61条の「推知報道」に該当しない場合は、名誉毀損、プライバシー侵害、肖像権侵害などに該当するかどうかは、通常の成年事件の場合と同様の基準で判断される。
- 少年法61条の例外的な取扱いを認めるかどうかについては、各報道機関の間で判断が分かれている。

近年、社会的に注目を集める少年犯罪が増加しています。これに伴い、こうした少年犯罪を取り上げるニュースや特集、ドキュメンタリーなども増加しています。ここでは、こうした少年犯罪を報道する際の注意点について考えていきます。

少年法61条

少年法61条は、「家庭裁判所の審判に付された少年又は少年のとき犯した罪により公訴を提起された者については、氏名、年齢、職業、住居、容ぼう等によりその者が当該事件の本人であることを推知することができるような記事又は写真を新聞紙その他の出版物に掲載してはならない」としています。ここでいう「少年」とは未成年者のことであり、男女を問いません。

この少年法の規定を巡っては、①出版以外のメディアにも適用されるのか、②どのような場合に推知報道に該当するのか、③推知報道に該当する場合に民事上の責任を負うのか、④推知報道が禁止される時期、が問題とされています。それぞれ見ていきましょう。

出版以外のメディアへの適用

「新聞紙その他の出版物に掲載してはならない」という文言からは、テレビ報道などについては適用の対象外のようにも思われますが、下級審判例としては、広くメディア全般に適用されるとしたものがあります（参考判例①の控訴審判決）。いずれにしても、放送業界は、ガイドライン等でこの少年法61条の趣旨を尊重するとしているようですので、番組を制作する際にはこの趣旨を尊重する必要があります。

どのような場合に「推知報道」に該当するのか

どのような場合に少年法61条の「推知性」があるかについては、「不特定多数の一般人」が本人を推知できるかどうかを基準に判断するというのが判例です（参考判例①）。例えば、本人の職歴や交友関係等の背景事情程度であれば、番組内で紹介しても、それだけでは、本人を知らない多くの視聴者は本人であると推知できないでしょうから、少年法61条との関係では問題ありません。

これに対して、例えば名誉毀損の成否との関係では、本人を知らない視聴者にとっては推知できなくても、対象者を知っている者であれば推知できる場合には、本人の特定が可能と判断されます（10-3参照）。

このように、名誉毀損の成否との関係では、本人の特定可能性は比較的緩やかに認められるのに対し、少年法61条に違反するかどうかとの関係では、「推知性」は限られた範囲でのみ認められます。

■少年法61条違反と民事上の責任との関係

少年法61条には罰則がありませんので、仮に推知報道に該当したとしても、刑事責任を問われることはありません。では、少年法61条に違反した場合、それだけで民事上の責任を負うのでしょうか。

この点が問題とされた事案として、いわゆる「堺通り魔殺人事件」の被告人である事件当時19歳の少年の実名や顔写真を報じた事案があります（参考判例②）。この事案の第1審（控訴審）で裁判所（大阪高裁）は、少年法61条に違反したからといってそれだけで民事責任を負うわけではなく、通常の場合と同様に、違法なプライバシー侵害や肖像権侵害と言えるかどうかを個別に判断すべきとしています。

しかし、これに対して、いわゆる「長良川リンチ殺人事件」の被告人の少年を推知させる報道に関する事案（参考判例①）の第2審（控訴審）で裁判所（名古屋高裁）は、少年法61条に違反する場合は、原則としてそれだけで民事責任を負うとして、参考判例②と反対の見解を示しました。このとおり、大阪高裁と名古屋高裁という2つの高裁で違う見解が示されたのです。

その後最高裁は、「長良川リンチ殺人事件」の事案について最高裁としての判断を示しました（参考判例①）。しかし、最高裁は、少年法61条の推知性について新しい判断基準を示してこの事案ではそもそも少年法61条に違反していないと判断したものの、少年法61条に違反する場合にそれだけで民事責任を負うかについては判断を示さなかったため、この点については判例が統一されていない状態が続いています。

■審判に付されていない少年の扱い

推知報道が禁止される時期について、条文を形式的に読むと、事件を起こした疑いがあっても、いまだ審判に付されていない段階は該当しないようにも思われます。しかし、実際には、各マスコミは少年法の趣旨を尊重して、審判に付される前の少年についても同様の扱いとしています。

■少年法61条の例外的取扱いの可否

少年法61条を形式的に当てはめると、犯行時に未成年であった者については、どのような凶悪な犯罪を行った場合でも、永久に匿名が堅持されるということになります。しかし、これをどこまで形式的に遵守するかについては、各報道機関で対応が分かれています。

例えば、前出の参考判例①と②の事件の被告はいずれも新潮社でしたが、新潮社は、凶悪犯罪などで実名報道が妥当と同社が判断した場合には、少年事件であっても実名で報じているようです。例えば、2015年3月にも、川崎中学生殺人事件の被疑者である18歳の少年について、週刊新潮において実名と顔写真を用いて報じています。

新潮社のような立場を取っている報道機関は、本書執筆時点では極めて例外的です。しかし、一方で、被疑者や被告人が死亡したり死刑が確定した場合には、それ以降は実名報道に切り替えるという判断をしている報道機関は少なくありません。例えば、長良川リンチ殺人事件（1994年発生）や光市母子殺害事件（1999年発生）、石巻3人殺傷事件（2010年発生）では、最高裁が死刑判決を言い渡した段階（あるいは判決が確定した段階）で、多くの報道機関が、理由を説明した上で実名報道に切り替えました。例えば、石巻3人殺傷事件で実名報道に切り替えた理由についてNHKは、「NHKは少年事件について、立ち直りを重視する少年法の趣旨に沿って原則、匿名で報道しています。今回の事件が女性2人の命を奪い、もう1人に大けがをさせた凶悪で重大な犯罪で社会の関心が高いことや、16日の判決で元少年の死刑が確定することになり、社会復帰して更生する可能性が事実上なくなったと考えられることなどから、実名で報道しました」[1]と説明しています。他方で、再審や恩赦の可能性が全くないとはいえないことなどを根拠に、その後も引き続き匿名報道を維持した報道機関もありました。

なお、長良川リンチ殺人事件に関し、最高裁の死刑判決の翌日の記者会見で質問を受けた、少年法の所管大臣である江田五月法務大臣（当時）は、「実名報道するに至ったその理由をその報道機関が述べておりますので、これはそれぞれの報道機関の判断、私どもがどうこう言うことではないが、ただ少年法の規定は、これは意味のある規定ですので、是非これが有名無実にならないようにそれは皆さんにもお願いしたいと思います。」と述べています[2]。このとおり、被疑者や被告人が死亡したり死刑が確定した場合については、法務省も、各報道機関の判断を尊重しているように思われます。

■各テレビ局のガイドライン

少年事件の取扱いについては、多くのテレビ局が自主的なガイドラインを作成しています。それらの内容についても、よく確認していただくことが大切でしょう。

参考判例❶

最高裁平成15年3月14日判決・民集57巻3号229頁、判時1825号63頁、判タ1126号97頁、裁判所ウェブサイト（長良川リンチ殺人報道事件・上告審）（10-3参考判例①参照）

いわゆる長良川リンチ殺人事件の被告人である事件当時18歳の少年について、氏名については匿名としているが、法廷での様子、犯行態様の一部、非行歴、職歴、交友関係などを含んだ記事を、文藝春秋が、週刊誌「週刊文春」に掲載したところ、これが少年法61条の規定する推知報道の

【1】 平成28年6月16日「石巻3人殺傷事件　元少年の死刑確定へ」（NHK NEWS WEB）より
【2】 平成23年3月11日の「法務大臣閣議後記者会見の概要」より（http://www.moj.go.jp/hisho/kouhou/hisho08_00132.html）

禁止に違反し、プライバシー権、名誉権などが侵害されたとして文藝春秋に対して損害賠償を求めた事案。

第1審（名古屋地裁平成11年6月30日判決・判時1688号151頁）、控訴審（名古屋高裁平成12年6月29日判決・判時1736号35頁）は、少年法61条が禁止する推知報道に当たるとした上で、少年の利益よりも社会の利益を優先すべき特段の事情がないとして少年の請求を認めていた。これに対して最高裁は、「少年法61条に違反する推知報道かどうかは、その記事等により、不特定多数の一般人がその者を当該事件の本人であると推知することができるかどうかを基準にして判断すべき」という判断基準を示した上で、雑誌の記事では少年と面識等のない不特定多数の一般人が推知することはできないため少年法61条に違反しないと結論付けた。

参考判例❷

大阪高裁平成12年2月29日判決・判時1710号121頁（堺通り魔殺人報道事件・控訴審）

いわゆる堺通り魔殺人事件の被告人である事件当時19歳の少年について、実名や顔写真のほか、年齢、職業、住所等を含んだ記事を、新潮社が、月刊誌「新潮45」に掲載したところ、これが少年法61条が禁止する推知報道に該当し、プライバシー権、名誉権、肖像権などが侵害されたとして、新潮社らに対して損害賠償と謝罪広告を求めた事案。

裁判所は、少年法61条に違反していることは認めたものの、「同条が少年時に罪を犯した少年に対し実名で報道されない権利を付与していると解することはできない」とした上で、社会の正当な関心事であったことなどを理由に、違法な権利侵害は認められないと判断した。

5-2

未成年へのインタビューと保護者の同意

Q

路上で未成年者に簡単なインタビューを行い、映像を番組で使用したいと思います。保護者の同意を得る必要があるでしょうか？

A

未成年だからといって、必ず保護者の同意が必要なわけではありません。質問内容などにもよりますが、15歳以上かどうかというのが1つの目安になります。

KEY POINT

- 対象者が15歳以上であれば、原則として、保護者の同意がなくとも本人の同意があればインタビューを撮影して放送しても法的には問題とはならない。
- 対象者が15歳未満であっても、①未成年者の年齢、②質問内容、③回答の内容、④保護者の同意がないという事情などを総合的に判断して、社会通念上相当な範囲といえる場合であれば、本人の同意によりインタビューを撮影して放送しても法的には問題とはならない。
- 法律上必須かどうかにかかわらず、できるだけ保護者の同意を得るなどの配慮をすることで、無用なトラブルを防止する。

路上で通りかかった人に簡単な質問に答えてもらうといったインタビューは、ニュース番組やバラエティー番組など、様々なジャンルのテレビ番組で一般的に用いられる手法です。中学生や高校生の流行に関して、実際に街を歩いている中学生や高校生に聞いてみるということもよく行われていますが、こうした未成年のインタビューを映像に撮って放送するためには保護者の同意を得る必要があるのでしょうか。

■インタビュー映像の使用とプライバシー侵害・肖像権侵害

人がインタビューに応じている様子を、本人の承諾なく撮影して放送で使用すれば、肖像権侵害や、話の内容によってはプライバシー侵害になる可能性があります。そこで、最初に考えなくてはならないのが承諾の効力です。

そして、インタビューの対象者が未成年者の場合、未成年者本人の承諾が、法的に有効な承諾と言えるかどうかが問題となります。

■未成年者の経済活動の自由と人格的行為の自由

未成年者が物の購入などの財産に関する行為を行う際には、原則として法定代理人である親権者（保護者）の同意が必要であり、これに反する行為は取り消すことができるとされています（民法5条）。これは、判断能力が十分でない未成年者が安易に経済活動を行うことにより未成年者自身に経済的不利益が生じないようにするためです。日本ではこの保護を受ける年齢を20歳まで（その前に結婚した場合は結婚時まで）としています（4条、753条）。

これに対して、同じ民法でも、身分行為との関係では必要な意思能力の取得時期はおよそ15歳と考えてられており、氏の変更（791条3項）、自らが養子となることの承諾（797条）、遺言（961条）などについては、いずれも15歳から保護者の同意なくできるとされています。

そして、自らに関する情報のコントロールのような人格的行為については、民法の身分行為と同様に、一般的に15歳以上であれば保護者とは独立して権利を行使するだけの能力があると考えられています（参考資料①、②）。

人格的行為には、例えば新聞に自らの意見を投書したりするような行為も含まれます。こうした行為については15歳程度ですでに、保護者と意見や利害が対立することもあり、保護者の管理下に置くよりも本人の意思を尊重させるべきと考えられるからです。

したがって、対象者が15歳以上であれば、本人の同意があれば、インタビューを撮影して放送することは、原則として許されると考えます。

もっとも、芸能人として報酬を受け取ってテレビ出演するような場合は、これは人格権の行使であると同時に経済活動でもありますので、20歳未満の場合は保護者の同意が必要と考えるのが自然でしょう。

■15歳未満の未成年者のインタビュー出演

他方、未成年者が人格権を自ら行使し得る15歳に達していない場合は、保護者の同意なくインタビュー映像を使用すると、たとえ本人が同意していたとしても、それは法的な意味で完全に有効な承諾とは認められず、肖像権侵害やプライバシー侵害となるおそれがあります。しかし、だからといって直ちに違法とされるわけではなく、肖像権については、「受忍限度の範囲内」かどうか、また、プライバシーについては、「事実を公表されない利益が公表する社会の利益に勝っている」かどうかを社会通念によって判断し、それによって最終的に違法性があるかどうかを判断します（14-2、14-3参照）。

そして、この場合、15歳未満であっても、本人が一応同意しているという事実は、社会通念上妥当かどうか（肖像権については「受忍限度」の範囲内か否か）を判断する際の重要な要素の1つにはなるものと思われます。つまり、たとえ15歳未満であっても、本人が真摯に同意している場合と、全く同意を得ていない場合や、騙して撮影したり隠し撮りしたりする場合とでは結論が異なり得るということです。

いずれにしても、ポイントは対象者の年齢とインタビューの内容です。

質問が対象となる未成年者の年齢から考えて社会通念上不相当なものである場合（小学生に性体験について質問する場合など）や、回答の中にプライバシー性が高い情報が含まれている場合（病歴に関する情報など）については、未成年者本人は放送することに同意していたとしても、違法とされる可能性も十分にあります。これに対し、社会通念上相当な質問と回答の場合（小学生に海と山とではどちらが好きか質問する場合など）には、特に保護者の了承を得なくても、未成年者の権利を侵害したと判断される可能性は低いと思われます。

■実名や素顔を出すことについての同意

インタビュー映像について、実名や素顔をそのまま出す際には、基本的に本人の承諾が必要です。インタビュー自体には応じている場合でも、実名や素顔を出すことについて拒否している場合などは、これをそのまま放送すれば、肖像権侵害やプライバシー侵害となるおそれがあります。

特に、15歳以上の未成年の場合、本人の承諾が有効な承諾と認められる反面、保護者の承諾は、特に本人の意思に反するような場合は基本的に有効な承諾とは認められません。例えば、親子を同時に取材した際に、15歳の子どもは、自分の顔は出さないで欲しいと言い、両親は子どもの顔を出しても構わないと言ったような場合、本人の意思が優先されることになります。

この点に関連して、テレビ局が訴えられたケースではありませんが、15歳の少年の私生活を報道目的で撮影するに当たって、親権者である母親の同意は、プライバシーに関する内容をテレビ局に撮影させるのに有効な同意とはならない旨を判示した下級審判決があります（参考判例①）。

■十分な配慮を

いずれにしても、未成年者については、ささいなことで傷ついたり、周囲からいじめられたりといった、大人では生じないようなトラブルが発生することがあります。また、事件や事故などに遭遇した場合、大人以上に精神的なダメージを受けていることもあります（参考資料③）。15歳以上であっても、強圧的な質問や困惑させる質問、過度にプライバシーに踏み込む質問などは控えるべきでしょう。

また、取材や放送内容によっては、法的な要否はさておいても、保護者からも了解を得ておいた方が良いケースもあるでしょう。

一方、保護者から虐待を受けて祖父母宅や児童相談所に避難しているようなケースでは、保護者に取材協力を求めることがかえって未成年者を危険に晒す可能性もあります。こうしたケースでは、未成年者自身の意思を尊重しつつ、実際に未成年者を監護している祖父母や相談所職員の理解と協力を得ながら、未成年者保護の観点から最も適切な対応を検討する必要があります。

近年は未成年者を巡る社会問題を取り上げる番組が増えています。可能な限り丁寧な配慮を心がけ、相手の目線で考えることが、未成年者の精神的負担を減らし、無用なトラブルを防ぐという観点からも大切です。

参考資料❶

東京都「未成年者の法定代理人による開示請求の取扱いに関する報告書」（平成10年10月）

「(3)　判断能力の有無

ここでは、判断能力とは個人情報の開示請求の趣旨を理解し、自己情報をコントロールすることができる能力を指すものであるが、判断能力の有無の基準となる年齢としては、子どもの成熟度、民法との整合性等を考慮して15歳が最も妥当である」

参考資料❷

川崎市個人情報保護審査会「個人情報閲覧等請求に対する拒否処分に関する不服申立てについて（答申）」（平成13年8月22日・13川個審第9号）
（離婚した父親による子どもの個人情報の開示請求拒否への不服申立事案に関して）

「未成年者の場合は、一概に意思能力を欠くとはいえない。個人差があるため一律に線を引くことは困難であるが、子どもの成熟度、民法との整合性等を考慮し、15歳以上の子どもには意思能力を認め、15歳未満の子どもには意思能力を認めないとする考え方が有力である」

参考資料❸

BPOの「放送と青少年に関する委員会」による2005年12月19日付「『児童殺傷事件等の報道』についての要望」

児童殺傷事件等の報道の際の、被害児童の家族や友人に対する取材について、「家族や友人等への執拗な取材、特に児童へのインタビューは、悲惨な事件によって打ちひしがれた心をさらに傷つけることにもなりかねず、また、親しい者の死を悼む子どもの心的領域に踏み込む行為でもあるので、慎重を期すよう要望したい。なお、被疑者家族への取材にも一層の配慮が望ましい。」との要望が示されている。

参考判例❶

名古屋高裁平成19年9月26日判決・判時2008号101頁（矯正教育施設事件）

引きこもりによる不登校の児童等に対する矯正・教育を標榜する教育学院が、母親の依頼に基づき15歳の少年を強制的に施設に収容し、施設の補助者が暴行を加えるなどし、また、NHKに施設での少年の様子を取材させ、NHKが地域発ドキュメンタリー番組「ホリデーにっぽん」において入寮や入寮後の生活を実名顔出しで放送したことにより少年のプライバシーが侵害されたなどとして、この当時15歳の少年が教育学院らに対して損害賠償を請求した事件。プライバシー侵害との関係では、母親（すでに父親は死亡していたため唯一の親権者である）が取材や放送について事前に同意していたことが、プライバシー侵害を否定する根拠となるか否かが争点の1つとされた（なお、訴えられたのは教育学院とその実質的主宰者のみでNHKは訴えられていない）。

裁判所は、教育学院の主宰者が、少年の承諾を得ることなく、母親の了解を得て少年を撮影させ、それらを実名顔出しで放送したことは、プライバシーの侵害に加担したものとして違法な行為であるとするとともに、この行為の違法性は親権者の同意によって阻却されるものではなく、行為を適法化するものとは考え難いなどと判示して、100万円の賠償を命じた。

5-3

未成年タレントと深夜に及ぶ番組収録

Q 深夜のドラマやバラエティー番組の収録に未成年のタレントを参加させても大丈夫ですか？

A 18歳未満のタレントについては、労働基準法により使用できる時間帯が制限されています。ただし、代替性のない人気タレントで、厚生労働省の基準を満たしている者については、制限は適用されません。

KEY POINT

- ドラマやバラエティー番組にタレントとして出演することは、子どもであっても基本的に労働行為に該当し、労働基準法が適用される。
- 義務教育期間を終了していないタレントは、午後8時から午前5時まで使用禁止。また、事前に労働基準監督署の許可が必要。
- 義務教育期間を終えた18歳未満のタレントは、午後10時から午前5時まで使用禁止。
- 使用禁止の時間帯には、生放送への出演はもちろん、収録、打合せ、リハーサルに参加させることもできない。
- ①非代替性、②非時間給、③非拘束性、④非雇用契約、を全て満たしている未成年タレントは「労働者」には当たらないため、法的には上記の制限を受けない。ただし、実務上は「労働者」かどうかにかかわらず、深夜の使用は控えていることが多い。

収録が深夜に及ぶのは、制作の現場では日常茶飯事のようです。しかし、収録に18歳未満のタレントが参加する場合は注意が必要です。18歳に満たない未成年タレントの深夜の出演は原則として制限されているからです。ここでは未成年タレントの深夜収録について解説します。

■労働基準法の規制

労働基準法は、18歳に満たない者を「労働者」として使用することができる時間を制限しています。そして、多くの未成年タレントは、この規制の対象となる「労働者」に該当します。なぜなら、多くの場合、芸能プロダクションは所属タレントのスケジュール管理や仕事の選択について大きな権限を持っていて、タレントの自由度が低いため、実質的に芸能プロダクションの従業員とみなされてしまうからです。したがって、未成年のタレントを使用する場合は、禁止されている時間帯に及ばないよう注意することが必要です。

■「労働者」ではないタレントもいる

しかし、たとえ未成年であっても、タレントによっては芸能プロダクションの労働者として働いているというよりも、その独立性の点でも、報酬面でも独立したプロのタレントとして働いているような人も中には見られます。

一般に、いわゆる一流のタレントは、芸能プロダクションの従業員ではなく、1人の個人事業主として独立した事業主体であることが多く、労働者ではありませんので、各種労働法規は適用されません。同じことが、未成年のタレントについても当てはまります。

■「労働者」に当たるか否かの判断基準

どのような条件を満たせば、「労働者ではない」かについては、昭和63年7月30日に出された当時の労働省の通達（基収355号 通称「芸能タレント通達」）によって定められています（参考資料①）。

これによると、①非代替性、②非時間給、③非拘束性、④非雇用契約、の4つの要件を全て満たしている場合には、「労働者」には当たらず、したがって、深夜であってもテレビ番組の収録などに従事してよいとされています。

①非代替性については、判断が難しいところですが、過去には、光GENJI、SMAP、SPEED、モーニング娘。などが条件を満たしているとされているようですので、判断の際の参考にしてください。また、相当人気があって代替性の無いようなタレントであっても、時間給で働いていたり、芸能プロダクションと雇用契約を締結していたりする場合には、②非時間給や④非雇用契約などの他の要件を満たしませんので、労働者としての保護を受けることになります。こうしたタレントの条件面は芸能プロダクションやタレント本人から直接確認するしかありません。もし「芸能タレント通達」の適否を考慮に入れるのであれば、まずは芸能プロダクションに問い合わせて、給与制になっていないかなどよく確認してください。

■「労働者」に当たる未成年タレントの深夜使用制限

上記の「芸能タレント通達」の基準を満たしていない18歳未満の未成年タレントについては、労働基準法の規制を遵守しなければなりません。

まず、義務教育期間を終了していないタレントについては、午後8時から午前5時までの時間帯に使用することが禁止されています。一方、義務教育期間は終了しているものの、18歳未満であるタレントについては、午後10時から午前5時までの間に使用することが禁止されています[1]。

これらの時間帯には、未成年タレントを番組に出演させることはもちろん、一切の仕事を行わせることができません。つまり、この時間帯に放送される生放送の番組に出演させられないだけではなく、この時間帯に行われる収録に参加させることもできません。また、禁止されるのは出演だけではなく、番組の打合せやリハーサルに参加させることもできません。

【1】 労働基準法61条

■義務教育期間を終了していないタレントの事前許可

上のような時間の規制とは別に、義務教育期間を終了していないタレントを使用する場合は、事前に労働基準監督署の許可を受けておく必要があります[2]。この許可を受けていない場合は、たとえ午後8時より早い時間であっても、そもそも使用すること自体ができません。

もっとも、放送局で出演を依頼する未成年タレントは、通常はプロダクションに所属していることが多いと思われます。そして、そのような未成年タレントについては、プロダクションが「使用者」として労働基準監督署の許可を得ているのが一般的だと思われますので、そのようなプロダクションと契約して未成年タレントに出演してもらうのであれば、放送局や制作会社の側で、改めて労働基準監督署の許可を得る必要はありません。

義務教育期間を終了していないタレントを使用する際は、プロダクションに許可手続きの有無を必ず確認してください。

■演劇についての一部規制緩和はテレビには無関係

なお、義務教育期間を終了していない未成年者のうち、演劇に出演する子役については、平成17年1月1日から1時間だけ規制が緩和され、午後9時まで使用することができるように制度が一部変更されました。

もっとも、テレビ番組や映画等の制作については、従来どおり午後8時以降の使用が禁止されています。演劇の場合と混同しないように注意が必要です。

■罰則等

使用が禁止されている時間帯に未成年タレントを使用してしまうと、6か月以下の懲役または30万円以下の罰金に処せられることになります。また、労働基準監督署長の許可を得ないで、義務教育期間を終了していないタレントを使用した場合は、1年以下の懲役または50万円以下の罰金に処せられることになります。以上の罰金刑は、担当者だけではなく、会

【2】 労働基準法56条2項

社にも科されることになります。

■実際上の配慮

たとえ法的には「労働者」に該当せず、労働基準法の規制が及ばない場合であっても、未成年者保護の見地からは、深夜に使用することはできるだけ控えたほうが好ましいと言えるでしょう。

特に、深夜の生放送に出演してもらうような場合は、たとえ法的には「労働者」に該当しない未成年タレントであったとしても、視聴者からは好ましくないと受け取られる可能性もあります。視聴者や社会一般の反応なども十分に考慮しながら判断することが望ましいでしょう。

実際の現場でも、「労働者」に該当するかどうかにかかわらず、未成年タレントの深夜の使用は控えていることが多いようです。

■タレントではない未成年者のテレビ出演

ここまで業務としてテレビ出演をしている未成年タレントについて解説してきましたが、タレントではない未成年者についてはどうでしょうか。

例えば、ワールドカップやオリンピックなどの大きなスポーツイベントがあると、出場選手の地元では試合が日本時間の深夜であっても住民が公民館に集まってテレビの前で大声援を送っているといったことがよくあります。こうした場合に、家族と一緒に地元出身選手を応援中の子どもたちにインタビューをすることは、労働基準法上の問題を生ずるのでしょうか。

このような現地でのインタビューは、未成年者がテレビ局に「使用」(労働基準法9条)されているという関係にありません。したがって、仮に一定の謝礼が支払われたとしても、そもそも「労働」に該当しませんので、労働基準法の規制の対象ではなく、特段労働法上の問題はありません。

なお、地方自治体の青少年保護育成条例の多くは、青少年(18歳未満の者)の深夜外出(午後11時から朝4時までの外出)を制限していますが、上記事例のような応援イベントに保護者同伴で参加するような場合であれば、それらの条例に違反するものではなく、こうした様子を番組で紹介しても放送倫理上も問題ないと考えられます。

ほかにも、スポーツ大会の優勝者に夜のニュース番組に出演してもらう予定だったところ、優勝したのが偶然未成年者だったといったケースも考えられます。こちらのケースは若干の注意が必要です。この選手が一般のアマチュア選手などであれば、上の例と同じように考えられる場合があるといえますが、例えば、すでに芸能事務所とマネジメント契約をしていて、その事務所を通じて出演を依頼しているような場合には、通常のタレントのテレビ出演と同様に考える必要があります。

「労働」に該当するテレビ出演なのかどうかについては、判断が難しい場合もありますので、専門家や労基署に確認すると良いでしょう。

参考資料❶

昭和63年7月30日　基収355号（通称「芸能タレント通達」）（抄）

次のいずれにも該当する場合には、労働基準法第九条の労働者ではない。

一　当人の提供する歌唱、演技等が基本的に他人によって代替できず、芸術性、人気等当人の個性が重要な要素となっていること。

二　当人に対する報酬は、稼働時間に応じて定められるものではないこと。

三　リハーサル、出演時間等スケジュールの関係から時間が制約されることはあっても、プロダクション等との関係では時間的に拘束されることはないこと。

四　契約形態が雇用契約でないこと。

Column

漁船に乗せてもらう際の注意

季節の風物詩として、各地の漁業の解禁を報じるニュースはよく見られます。取材班やリポーターが漁船に同乗させてもらって撮影したり、中継したりする映像もよく見かけますが、漁船に乗せてもらう場合には、いくつか気をつけなくてはならないことがあります。

1つは、最大搭載人員を超えないことです。船舶安全法に基づき、船にはそれぞれ最大搭載人員が定められています。船員や取材班など船に乗っている人の合計がこの最大搭載人員を超えると、運航者が処罰されるおそれがあります。実際にも、最大搭載人員を超えての乗船は大変危険ですのでくれぐれも注意する必要があります。

もう1つは、海上運送法上の問題です。普段通り行っている漁の様子を撮影させてもらうのなら問題ありませんが、例えば、本来の漁業の動きとは関係なく、取材のために、取材班を取材班の指定した場所まで連れて行ってもらったり、島から島へ機材を持ったスタッフを運んでもらったりすると、無償であっても、業務で行っているとみなされる場合には、海上運送法上の「人の運送」に当たる可能性があります。人の運送を行うためには、運航者があらかじめ運輸局に所定の許可や届出をしておく必要があり、それによって割り当てられた「旅客定員」の範囲でのみ、人を運ぶことができます。人の運送に該当するかどうかの判断はとても難しいので、判断に迷う場合には事前に専門家や運輸局に確認してください。

最後に救命胴衣です。小型船舶の暴露甲板（屋外の甲板）に乗船している者については、船舶職員及び小型船舶操縦者法施行規則で、救命胴衣等を着用させることが努力義務とされています（137条3項）。努力義務ですので違反しても処罰の対象にはなりませんが、実際に危険ですし、法定されている努力義務ですので、取材班は救命胴衣等を着用すべきでしょう。

釣り船（遊漁船）に同乗させてもらって、釣りの様子を取材する場合も考え方は全く同じです。

6章

外国人への配慮と手続き

6-1

外国人の氏名の読み方

Q 中国人や韓国人のように、漢字表記される氏名の読み方は、日本語読みと現地読みでは、どちらにすればよいでしょうか？

A テレビ放送では、韓国人や北朝鮮人については現地読み、中国人や台湾人については日本語読みが用いられています。地名についても基本的に同様に扱われています。

KEY POINT

- ■ 韓国人、北朝鮮人の氏名については現地読みを原則とする扱いになっている。
- ■ 中国人、台湾人の氏名については、現時点では日本語読みを原則とする扱いになっているが、今後の社会状況の推移をよく勘案する必要がある。

ニュース報道などで、中国人や韓国人などのように氏名が漢字で表記される人物について、現地読みと日本語読みとどちらにすべきかについて、疑問に思うことも少なくないかと思います。

この点、実際のテレビ局の運用としては、韓国人や北朝鮮人については現地読み、中国人や台湾人については日本語読みという運用がなされています。

■ NHK 日本語読み訴訟

かつて日本では、韓国人や中国人など、漢字表記できる氏名については、原則として日本語読みによるという慣習がありました。この点について、在日韓国人の方からNHKに対して日本語読みは人格権（氏名権）を侵害するとする民事訴訟が提起されました。

この事件で最高裁は、氏名を正確に呼称されることが人格的利益であることを正面から認めましたが、結論としては、放送時（昭和50年）の社会状況などを根拠に人格権侵害とは言えないと判断しています（参考判例①）。

■最高裁の判断に先立つ運用の変化

このように、日本語読みは、少なくとも放送時である昭和50年当時の社会状況に照らして問題ないとする最高裁の判断は示されました。しかし、以下のとおり、実際は、この最高裁判決が出た昭和63年2月より前に、NHKを含む多くのテレビ局は、すでに韓国人の氏名を現地読みに変更していました。

全斗煥大統領の来日を控えた昭和59年6月、韓国政府側から日本の外務省とマスコミに対して韓国人の名前を現地読みとするよう要請がありました。これを受けて、当時の安倍外相は、現地読みを採用し、書類には漢字に現地読みのルビを振るように省内に指示をしました[1]。

このような経緯の中で、昭和59年以降、NHKを含むテレビ、新聞は

【1】『朝日新聞』1984年7月5日朝刊1面「中国・韓国人の名　現地読みに　外務省」、塩田雄大「韓国の人名・地名表記に関するノート―日本のマスコミの扱いと韓国の漢字使用の現状」放送研究と調査2002年5月号76頁

徐々に現地読みを採用していき、上記最高裁判決が出た昭和63年2月の時点では、すでに現地読みが定着していたようです。

■中国人の氏名

これに対し、中国人の氏名については、報道機関の多くは日本語読みの運用を続けてきました。理由の1つには「相互主義」があります。すなわち、韓国との関係では、韓国でも日本人名を日本式に読む扱いとなっており、日本でも韓国人名を母国語読みとするという関係が成り立っています。これに対し、中国との関係では、中国でも日本人名を中国語の発音で読むという扱いになっているのです[2]。

このとおり、報道機関の多くは、韓国人・北朝鮮人と、中国人とで異なった扱いをする運用を続けてきました。

しかし、この運用によると、例えば国際的なスポーツイベントの中継や報道に関して、韓国人選手については現地読み、中国人選手については日本語読みと区別されることになりますが、こうした運用について不自然との指摘も少なくありませんでした。

最近では、新聞においては、朝日新聞や読売新聞など、すでに複数の大手新聞社が中国人名についても自社の判断で現地読みのルビを振っているようです。読売新聞は、現地読みを採用する際に「中国人名の現地音読みは、国際的なビジネスや交流の場において不可欠な情報になりつつあるためです」と説明しています[3]。

今後、社会状況の変化などによって、運用が変更される可能性もありますが、いずれにしても、最終的には、放送を行う各テレビ局が自ら判断すべき問題と言えるでしょう。

【2】 放送用語委員会（東京）「中国の地名・人名についての再認識」放送研究と調査2008年3月号100頁

【3】 『読売新聞』2011年12月26日朝刊1面「中国人名に現地音のフリガナ（社告）」

参考判例❶

最高裁昭和63年2月16日判決・民集42巻2号27頁、判時1266号9頁、判タ662号75頁、裁判所ウェブサイト（NHK日本語読み事件・上告審）

昭和50年に、NHKがニュース番組の中で、在日韓国人である崔昌華氏の氏名を、現地読みである「チォエ・チャンホア」ではなく日本語読みである「サイ・ショウカ」と発音したことから、人格権（氏名権）が侵害されたとして、NHKに対し、謝罪や今後の現地読みなどを求めて提訴した事案。

裁判所は、氏名は「人が個人として尊重される基礎であり、その個人の人格の象徴であ[る]」「他人からその氏名を正確に呼称されることについて、不法行為法上の保護を受けうる人格的な利益を有する」とする判断をした上で、「漢字による表記とその発音に関する我が国の歴史的な経緯、右の放送当時における社会的な状況など原審確定の諸事情を総合的に考慮すると、在日韓国人の氏名を民族語読みによらず日本語読みで呼称する慣用的な方法は、右当時においては我が国の社会一般の認識として是認されていたものということができる」として、結論としては、崔氏の請求を退けた。

6-2

すでに日本にいる外国人の番組出演

Q 日本に滞在している外国人に番組に出演してもらおうと思いますが、何か特別な手続きが必要でしょうか？

A 報酬を支払って、かつ「業として」出演してもらう場合は、「在留カード」で在留資格の種類と就労制限の有無を確認することが必要です。

KEY POINT

- 報酬を支払って、かつ「業として」出演してもらう場合は、「在留カード」で「在留資格」と「就労制限の有無」を必ず確認する。
- テレビ出演に必要な「資格外活動許可」の取得には書類に不備が無くとも提出から1~2週間はかかるので余裕を持った申請を心がける。
- テレビ出演が在留資格外の活動とされた場合は不法就労となり、出演させた側も処罰の対象となる。

ドラマやバラエティー番組などに外国人に出演してもらうことはよくあります。この場合、海外からわざわざ日本に出演者を招へいするよりも、すでに日本に滞在している外国人に出演してもらう方が簡便で、実際にもよく行われています。

ただし、日本に滞在している外国人在留資格は様々ですが、どのような在留資格であるかによって番組出演の可否が異なります。ここでは日本に滞在する外国人の番組出演について気を付けるべき点や必要な手続きについて解説します。

■「在留カード」で「在留資格」を確認する

日本に適法に在留する外国人は、必ず何らかの在留資格に基づいて在留しています。2016年5月1日現在、在留資格は外国人の在留活動や身分又は地位に応じて27種類に分類されています（出管法別表第1ないし第2）。

これらの在留資格は、日本国内での就労の可否に関して、①就労が禁止されているもの（就労不可）、②就労に一定の制限があるもの（在留資格に基づく就労活動のみ可、指定書記載機関での在留資格に基づく就労活動のみ可、指定書により指定された就労活動のみ可）、③就労に何らの制限がないもの（就労制限なし）、の3種類に分類することができます。単に街頭で偶然テレビのインタビューに応じる程度であれば在留資格とは無関係にできますが、仕事としてテレビに出演しようとすると、就労に該当する可能性が出てきますので、就労が可能な在留資格を有していることが必要となります。

2012年7月以降、在留期間が3か月以上の外国人には「在留カード」が交付されています。これは免許証サイズのプラスチック製のカードで、氏名、国籍、住居地などとともに、「在留資格」や「就労制限の有無」が明記されています。外国人にテレビ出演を依頼する場合は、まずは「在留カード」の提示を求め、「在留資格」と「就労制限の有無」の欄をよく確認してください。

なお、特別永住者については、在留カードではなく、ほぼ同じ外観のプラスチック製のカードである「特別永住者証明書」が交付されています。

特別永住者は就職など在留活動に制限がありませんので、テレビ出演を依頼する際に証明書で身分を確認しなくてはならないケースはほとんどないと思われます。

■自由に番組出演して報酬を得ることができる在留資格

在留カードの「就労制限の有無」欄に「就労制限なし」と記載されている外国人については、就労に関して文字どおり何らの制限がありませんので、番組の内容や出演内容などにかかわらず、あらゆるジャンルの番組に、コメンテーター、リポーター、役者などとして出演し、報酬を得ることができます。また、監督、現場監督、カメラマン、メイク、ディレクター、プロデューサー、マネージャーなどの制作業務に従事することも自由にできます。

「永住者（特別永住者を除く）」「日本人の配偶者等」「永住者の配偶者等」「定住者」などの在留資格がこれに該当します。

■「興行」と「人文知識・国際業務」の在留資格

「興行」と「人文知識・国際業務」の在留資格は、いずれもテレビ番組に関する業務を行うことのできる在留資格ですが、従事できる業務の対象が異なりますので注意が必要です。

「興行」の在留資格は、演劇、演芸、演奏、スポーツ等の興行に係る活動又はその他の芸能活動に従事することのできる在留資格です。ドラマ、バラエティー、クイズショー、ドキュメンタリーなど、芸能的性質を有するあらゆるジャンルの番組において、役者、コメディアン、ゲストコメンテーターなどとして出演して報酬を得ることができます。また、監督、現場監督、カメラマン、メイク、ディレクター、プロデューサー、芸能マネージャーなど、こうした番組の制作業務に従事することもできます。

「人文知識・国際業務」の在留資格は、法律学、経済学、社会学その他の人文科学の分野に属する知識を必要とする業務又は外国の文化に基盤を有する思考若しくは感受性を必要とする業務に従事することのできる在留資格です。このため当該知識や外国語を用いる業務であれば、番組関連の仕事に従事することもできます。具体的には、外国語放送や語学番組などのキャスター、レポーター、講師、通訳、翻訳などの業務です。

「留学」と「家族滞在」の在留資格

「留学」と「家族滞在」の在留資格は、基本的に「就労不可」の在留資格ですが、就労先や仕事内容を特定しない「包括的資格外活動許可」を受けることが認められています。

この包括的資格外活動許可を受けた外国人は、1週間につき合計28時間（ただし「留学」の場合は、在籍する教育機関が学則で定める長期休業期間にあるときは、1日につき8時間以内）の範囲であれば、風俗営業等でない限り、自由にアルバイト等の就労活動に従事することが認められます。

この許可を受けた者は、在留カードの裏面の「資格外活動許可」欄に「許可：原則週28時間以内・風俗営業等の従事を除く」などと記載されているので、よく確認してください。もし「留学」か「家族滞在」の在留資格であるものの、裏面にこの記載がない場合は、管轄の入国管理局でこの包括的資格外活動許可を受けるように促してください。手続き方法は、後述する通常の資格外活動許可と同じです。

気を付けるべきは、合計週28時間の時間制限の計算方法です。この制限時間は、その外国人が従事することのできる資格外活動のトータル時間ですので、ほかにもアルバイトなどの活動を行っている場合には、それらの時間数とテレビ出演（打合せやリハーサル時間も含みます。）の時間数の合計が、時間制限の範囲内に収まるように注意してください。

上記以外の在留資格の外国人の出演

上記以外の在留資格で日本に滞在している外国人は、後述する資格外活動許可を取得しない限り、「業として」報酬を得てテレビ番組に出演することはできません（出管法19条1項1号本文、同法施行規則19条の3第1号ニ）。

つまり、上記以外の在留資格で日本に滞在している外国人をテレビ番組に出演させるには、①業として行うのではない範囲で出演させる、②無報酬で出演させる、③資格外活動許可を取得した上で出演させる、の3つの方法があることになります。

なお、「報道」の在留資格は、広く報道業務に従事することのできる在留資格ですが、外国の報道機関のための業務であることが条件となっていますので、日本の報道機関のために働くことはできません。日本の報道機関のための業務に従事するには、他の在留資格と同様、資格外活動許可が必要です。

また、日本の俳優養成学校等で外国人俳優が実技講師として働いているケースがありますが、こうした指導業務は「音楽、美術、文学、写真、演劇、舞踊、映画その他の芸術上の活動について指導を行う者」に当たるため、在留資格は「興行」ではなく「芸術」であることが通常のようです。この人たちに役者としてドラマに出演してもらうような場合には、やはり資格外活動許可が必要です。

■「業として」行うのではないと言える範囲の番組出演

「業として」行うとは、一定の目的をもって同種の行為を反復継続して行うことを言います。たとえ1回限りの出演であったとしても、これから反復・継続して行おうという意思をその外国人が持っている場合は、「業として行う」に当たってしまい、報酬を伴うテレビ出演は許されません。これに対し、たとえ繰り返し出演したとしても、全て受動的、偶発的な行為が継続した結果であって、反復・継続して行おうという意思をもって行われたのではない場合は「業として」には当たりません。

例えば、たまたま路上でインタビューをした外国人留学生が非常に個性的でインパクトがあり、テレビ局が繰り返し取材して番組で取り上げる事態になったとしても、それらが全て、各局からの取材依頼を受けての受動的なものであれば、「業として」には当たらず、したがって、たとえ報酬が支払われるとしても、出演することができると考えます。しかし、さらに進んで特定の番組にコメンテーターとしてレギュラー出演するような場合には、テレビ出演が「業として」行われていると見るべきであり、資格外活動許可を得ない限り許されないと言うべきでしょう。いずれにしても、この点の判断は外国人の内心とも関わる微妙な問題でもありますし、万一資格外活動と判定されることになると外国人本人にも重大な不利益を生じるおそれがありますので、慎重な判断が必要でしょう。

「報酬」と「無報酬」

出演が無報酬である場合にも、在留資格にかかわらず番組に出演してもらうことができます。交通費やそれほど高価ではない記念品、対価性を伴わない「謝金」程度であれば「報酬」とは言えませんので、渡しても問題ありません。それを超える金品を渡すと名目のいかんを問わず「報酬」に該当する可能性が高いと言うべきでしょう。

資格外活動許可の取得手続き

資格外活動許可申請は、最寄りの入国管理局（入管）で、外国人本人または依頼を受けた行政書士もしくは弁護士が行います。それほど難しい手続きではないので、通常は本人が行います。必要書類や窓口などの詳細については、177頁の「表」のとおりです。

標準処理期間は1〜3か月と説明されていますが、実際の所要日数は入管や案件によっても大きく異なります。書類に不備があった場合は、追加の書類を提出するように求められることがありますので、さらに日数がかかることになります。撮影直前になって慌てるようなことのないように、余裕を持って申請しましょう。

なお、この資格外活動許可は特定の活動を個別に許可するものであり、在留資格を拡張するものではありません。つまり、ある番組に出演する許可を得たとしても、別の番組に出演するには改めて許可を得る必要があります。この点で、「留学」や「家族滞在」の在留資格にのみ認められている「包括的資格外活動許可」とは大きく異なります。例えば、すでに他局の番組にレギュラー出演している外国人に出演を依頼するような場合、資格外活動許可は不要という先入観を持たないように気を付けてください。

■不法就労助長罪

報酬を伴うテレビ出演が違法な資格外活動に当たる場合、そのような外国人に報酬を支払って出演させることはできません。不法入国・不法残留の外国人についても同様です。

これに違反すると、不法就労助長罪という犯罪に当たり、3年以下の懲役もしくは300万円以下の罰金、またはこれを併科されることがあります（出管法73条の2第1項）。特に、2012年7月以降は、就労開始（テレビ出演開始）に当たって在留カード等を確認するなどの確認を怠った結果不法就労が行われた場合には、不法就労者であることを知らなかった場合でも、不法就労助長罪に問われることになりました（同条2項）。この点からも、冒頭で説明したように、最初に在留カードの記載を確認することがとても大切です。

在留資格認定証明書と資格外活動許可の取得手続き

	在留資格認定証明書	資格外活動許可
目的	海外にいる外国人を番組に出演させるために日本に招へいする	日本に滞在している外国人を業務として番組に出演させる
申請者	テレビ局または制作会社の担当者 （弁護士、行政書士等が代行することも可能）	本人 （弁護士、行政書士等が代行することも可能）
申請先	所管の入国管理局 （東京入国管理局の場合） 申 請 窓 口　就労審査部門（在留資格認定証明書はC1窓口、資格外活動許可はB窓口） 受付時間　平日9：00〜16：00 問い合わせ　就労審査部門（一　　般）03-5796-7252	
必要書類	①申請書（1通） （法務省のサイトからダウンロード可能） ②写真（4cm×3cm　1葉） 申請前3か月以内に正面から撮影された無帽、無背景で鮮明なもの ③切手（簡易書留用）を貼付した返信用封筒（1枚） ④芸能活動上の業績を証する資料 なお、著名人は免除される場合がある ⑤活動の内容、期間および報酬を証する文書（1通） 出演契約書又は出演承諾書 ⑥受入機関の概要を明らかにする資料（省略できる場合あり） ⑦その他参考資料 滞在日程表、番組概要の分かる資料 ⑧申請を行う者の身分証明書 社員証	①申請書（1通） （法務省のサイトからダウンロード可能） ②当該申請に係る活動の内容を明らかにする書類 出演契約書又は出演承諾書（1通） ③パスポート（原本） ④在留カード（原本）
標準処理期間	1〜3か月	2週間〜2か月
取得後の手続き	取得した在留資格認定証明書を本人に送付し、本人（ないしは代理人）が最寄りの在外公館に提出して「興行」ビザを取得する	特になし

6-3

海外にいる外国人の招へい

Q 海外にいる外国人を番組出演のために日本に招へいしようと思います。どのような手続きが必要でしょうか？

A 受け入れるテレビ局側で在留資格認定証明書を取得し、これを海外にいる出演予定者に送付し、これを在外公館に提出してビザを取得することになります。

KEY POINT

■ 海外にいる外国人を番組出演のために日本に招へいするには、次の3つのステップが必要。
①在留資格認定証明書の取得（放送局または制作会社の担当者）
②在留資格認定証明書を当該外国人に送付（放送局または制作会社の担当者）
③在留資格認定証明書を使って在外公館で興行ビザを取得（外国人本人）

■ 手続きには時間がかかるので、余裕を持って最寄りの入国管理局に相談する。

番組出演のために、海外にいる俳優やミュージシャンなどの外国人を日本に招へいするには、「興行」ビザを取得してもらう必要があります。ここでは、海外にいる外国人に「興行」ビザを取得してもらうために必要な手続きについて解説します。

■テレビ番組の制作に関わる業務に従事するには「興行」ビザが必要

外国人がテレビ番組に出演するには「興行」ビザが必要です。例えば、来日する外国人の職業が弁護士や会計士であっても、実際に弁護士や会計士としての業務に従事するのではなく、あくまでテレビ番組にコメンテーターとして出演する場合には、「法律・会計業務」ビザではなく、「興行」（場合によっては「人文知識・国際業務」）ビザが必要となります。

また、「興行」ビザは、テレビ番組の出演だけでなく、出演以外の「放送番組（有線放送番組を含む。）又は映画の製作に係る活動」（出管法基準省令表4号ロ）についても含んでいると解釈運用されていますので、監督、現場監督、カメラマン、メイク、ディレクター、プロデューサー、芸能マネージャーなどについても、この「基準4号」の「興行」ビザを取得することになります。

■「興行」ビザ取得手続きの流れ

観光目的の「短期滞在」ビザ等であれば、外国人が直接最寄りの在外公館に申請すればビザの発給を受けることができますが、「興行」等の就労可能なビザを取得するためには、まず日本国内の招へい元（テレビ局や番組制作会社）が、最寄りの入国管理局に申請して「在留資格認定証明書」を取得する必要があります。

その上で取得した証明書を招へいする外国人に送付し、外国人がこの証明書を最寄りの在外公館に提出してビザを取得するという手続きが必要となります（出管法7条の2）。

なお、極めて著名な芸能人やスポーツ選手などの場合は、「在留資格認定証明書」がなくとも直接「興行」ビザが発給されるケースもあります。

詳しくは出演予定の外国人の最寄りの在外公館に確認してください。

■在留資格認定証明書の取得手続き

招へいしようとするテレビ局や番組制作会社の従業員であれば、誰でも在留資格認定証明書の申請手続きを行うことができます。東京入国管理局の場合、申請窓口は2階のC1カウンターです。1つの番組について複数の外国人をまとめて申請することもでき、その場合、「認定申請受付票」は全部で1通となります。

必要書類や窓口などの詳細については、177頁の「表」のとおりですが、いくつかポイントについて説明します。

(1) 申請書　1通

申請書の用紙については、地方入国管理局の窓口に備え付けてあるほか、法務省のホームページからダウンロードすることができます。PDF形式とエクセル形式が選べます。エクセル形式を選択すると、パソコンで直接入力できるので便利です。「興行」の申請用紙は全部で5ページ（記入して提出する部分は4ページ）です（平成27年4月1日現在)。

(2) 顔写真（縦4cm×横3cm）1葉

申請書に貼付して提出します。顔写真はそのまま証明書に転載されますので、少なくとも鮮明で容易に本人と確認できるものにしてください。なお、JPGやGIF等のデータで送ってもらい、日本でプリントアウトしたものでも受理されていますが、運用が変更される可能性もありますので、不安がある場合は事前に確認してください。

(3) 返信用封筒　1通

定形封筒に宛先を明記の上、送料分の切手（簡易書留用）を貼付します。

(4) 申請人の芸能活動上の実績を証する資料

所属機関（芸能プロダクション等）の発行する資格証明書または経歴証明書、CDジャケット、ポスター、雑誌、新聞の切り抜き等で、芸能活動上の実績を証するものがあればそれを提出します。ウェブサイトのプリントアウトでも構いません。客観的な資料がどうしてもない場合は、本人の作成した経歴書等を提出して入国管理局の判断に委ねます。外国語で作成されている場合は和訳を添付してください。

日本でも著名な芸能人や、過去に何度も来日している実績のある芸能人等の場合には、この資料の提出は免除される場合もあります。

(5) 日本での具体的な活動の内容、期間、地位および報酬を証する文書1通

テレビ局または番組制作会社との間の出演契約書または出演承諾書等を提出します。書式や形式は自由ですが、日本での具体的な活動の内容や地位（番組の概要、役柄、出演形態等)、報酬、撮影期間等が読み取れることが必要です。外国語で作成されている場合は和訳を添付してください。

(6) 受入機関の概要を明らかにする資料

①登記事項証明書、②直近の決算書（損益計算書、貸借対照表など）の写し、③従業員名簿、④案内書（パンフレット等）が各1通必要とされています。

ただし、受入機関が社会的に広く知られている企業等である場合、この書類は省略可能な場合があります。テレビ局や実績のある番組制作会社等の場合、不要とされることが多いようですが、不安のある場合は事前に確認してください。

(7) その他参考となる資料

参考資料としては、滞在日程表・活動日程表（おおまかなスケジュールを記載した程度のものでよいでしょう。）と、番組自体の概要が分かる資料（番組に関する企画書や報道資料、パンフレットなど）を提出するのが一般的です。

(8) 身分を証する文書（申請担当者の社員証）

申請担当者は、招へい者の従業員の立場で申請することになりますので、招へい者の従業員であることが分かる身分証明書、つまり、社員証を持参してください。窓口で提示するだけで大丈夫です。

申請から交付までの所要期間

標準処理期間は2週間～2か月と説明されていますが、実際の所要日数は入管や案件によっても大きく異なります。書類に不備があった場合や特

殊な事情がある場合は、追加の書類を提出するように求められることがありますので、さらに日数がかかることになります。

なお、緊急の必要があり、郵送にかかる日数だけでも短縮したいという場合、あらかじめ要望すれば窓口で受領することが可能な場合もあります。入国管理局によって取扱いや要望方法等が異なる場合もありますので、事前に確認するほうが安全です。

■取得した在留資格認定証明書の本人への送付

「在留資格認定証明書」を取得したら、内容をよく確認の上、招へいしようとしている出演予定者本人、または本人の指定する事務所やマネージャーに原本を、国際郵便や国際宅配便などで送付します。送付先国によって、最速の送付手段は異なりますのでよく確認してください。

■ビザ（査証）の取得手続き

出演予定者本人は、興行ビザの申請書及びパスポートと併せて、受領した「在留資格認定証明書」を最寄りの在外公館へ提出し、ビザを取得します。

具体的な手続きはそれぞれの在外公館によって異なりますが、主要都市の大使館や領事館であれば通常2～3日でビザが発給されます。それぞれの在外公館で確認してください。

実際上、出演予定者が芸能人等であればその所属事務所等が処理してくれるでしょうが、出演予定者や現地の状況によっては、こちらから現地のコーディネーターや代理店等に依頼して出演予定者に代わってビザ取得手続きを代行できるように手配することが望ましい場合もあります。現地の在外公館と直接やりとりをしてビザの発給に必要な日数等を含めて事前に相談しておくのもよいでしょう。

いずれにしても、入国管理行政は流動的ですので、入国管理局のホームページなどで最新情報をきちんと確認してください。

〈記載例〉

別記第六号の三様式（第六条の二関係）
申請人等作成用 1
For applicant, part 1

日本国政府法務省
Ministry of Justice, Government of Japan

在留資格認定証明書交付申請書
APPLICATION FOR CERTIFICATE OF ELIGIBILITY

写真
Photo

To the Director General of 東京 入国管理局長 殿 Regional Immigration Bureau

出入国管理及び難民認定法第7条の2の規定に基づき，次のとおり同法第7条第1項第2号に掲げる条件に適合している旨の証明書の交付を申請します。
Pursuant to the provisions of Article 7-2 of the Immigration Control and Refugee Recognition Act, I hereby apply for the certificate showing eligibility for the conditions provided for in 7, Paragraph 1, Item 2 of the said Act.

1 国籍・地域 Nationality/Region　アメリカ合衆国
2 生年月日 Date of birth　1970 年 Year　1 月 Month　1 日 Day
3 氏名 Name　Family name: John,　Given name: Doe
4 性別 Sex　〇男 Male / 女 Female
5 出生地 Place of birth　Los Angels, CA
6 配偶者の有無 Marital status　〇有 Married / 無 Single
7 職業 Occupation　actor
8 本国における居住地 Home town/city　New York, NY
9 日本における連絡先 Address in Japan　〒100－0013 東京都千代田区霞が関〇－〇－〇 株式会社霞が関テレビ ドラマ部
電話番号 Telephone No.　03-XXXX-XXXX
携帯電話番号 Cellular phone No.　無
10 旅券 Passport　(1)番号 Number　AA1234567
(2)有効期限 Date of expiration　2025 年 Year　1 月 Month　1 日 Day
11 入国目的（次のいずれか該当するものを選んでください。） Purpose of entry: check one of the followings
- □ I「教授」 "Professor"
- □ I「教育」 "Instructor"
- □ J「芸術」 "Artist"
- □ J「文化活動」 "Cultural Activities"
- □ K「宗教」 "Religious Activities"
- □ L「報道」 "Journalist"
- □ L「企業内転勤」 "Intra-company Transferee"
- □ M「投資・経営」 "Investor / Business Manager"
- □ L「研究（転勤）」 "Researcher (Transferee)"
- □ N「研究」 "Researcher"
- □ N「技術」 "Engineer"
- □ N「人文知識・国際業務」 "Specialist in Humanities / International Services"
- □ N「技能」 "Skilled Labor"
- □ N「特定活動（イ・ロ）」 "Designated Activities (a/b)"
- ■ O「興行」 "Entertainer"
- □ P「留学」 "Student"
- □ Q「研修」 "Trainee"
- □ Y「技能実習（1号）」 "Technical Intern Training (i)"
- □ R「家族滞在」 "Dependent"
- □ R「特定活動（ハ）」 "Designated Activities (c)"
- □ R「特定活動（EPA家族）」 "Dependent of EPA"
- □ T「日本人の配偶者等」 "Spouse or Child of Japanese National"
- □ T「永住者の配偶者等」 "Spouse or Child of Permanent Resident"
- □ T「定住者」 "Long Term Resident"
- □ U「その他」 Others

12 入国予定年月日 Date of entry　2020 年 Year　7 月 Month　24 日 Day
13 上陸予定港 Port of entry　成田空港
14 滞在予定期間 Intended length of stay　17日
15 同伴者の有無 Accompanying persons, if any　有 Yes / 〇無 No
16 査証申請予定地 Intended place to apply for visa　在ニューヨーク 日本領事館
17 過去の出入国歴 Past entry into / departure from Japan　有 Yes / 〇無 No
（上記で『有』を選択した場合） (Fill in the followings when the answer is "Yes")
回数 回 time(s)　直近の出入国歴 The latest entry from 年 Year 月 Month 日 Day から to 年 Year 月 Month 日 Day
18 犯罪を理由とする処分を受けたことの有無（日本国外におけるものを含む。） Criminal record (in Japan / overseas)
有（具体的内容 Yes (Detail: ）　〇無 No
19 退去強制又は出国命令による出国の有無 Departure by deportation /departure order　有 Yes / 〇無 No
（上記で『有』を選択した場合） (Fill in the followings when the answer is "Yes")
回数 回 time(s)　直近の送還歴 The latest departure by deportation 年 Year 月 Month 日 Day
20 在日親族（父・母・配偶者・子・兄弟姉妹など）及び同居者
Family in Japan (Father, Mother, Spouse, Son, Daughter, Brother, Sister or others) or co-residents

続柄 Relationship	氏名 Name	生年月日 Date of birth	国籍・地域 Nationality/Region	同居予定 Intended to reside with applicant or not	勤務先・通学先 Place of employment/school	在留カード番号 特別永住者証明書番号 Residence card number Special Permanent Resident Certificate number
	NONE			はい・いいえ Yes / No		
				はい・いいえ Yes / No		
				はい・いいえ Yes / No		
				はい・いいえ Yes / No		

※ 20については，記載欄が不足する場合は別紙に記入して添付すること。 なお，「研修」，「技能実習」に係る申請の場合は記載不要です。
Regarding item 20, if there is not enough space in the given columns to write in all of your family in Japan, fill in and attach a separate sheet.
In addition, take note that you are not required to fill in item 20 for applications pertaining to "Trainee" / "Technical Intern Training".

（注）裏面参照の上，申請に必要な書類を作成して下さい。 Note : Please fill in forms required for application. (See notes on reverse side.)

申請人等作成用２　Ｏ（「興行」）　　　在留資格認定証明書用
For applicant, part 2 O ("Entertainer")　　　For certificate of eligibility

21 興行又は芸能活動の内容 Type of entertainment or show business
□ 歌謡 Song　□ 舞踊 Dance　□ 演奏 Instrumental music　□ 演劇 Drama
□ 演芸 Other performing arts　□ スポーツ Professional sports　□ 商品等の宣伝 Commercial advertising　■ 放送番組又は映画の製作 Production of programs or films
□ 商業用写真の撮影 Taking commercial photos　□ 商業用レコード等の録音等 Recording of commercial records, etc　□ その他（　　　）Others

22 就労予定期間 Period of work　2020.7.24-2020.8.9
23 報酬 Salary　総額1,000,000 円 Yen（□ 月額 Monthly　□ 日額 Daily）

24 グループ人数 Number of members　1 名
※団体で行う興行の場合は当該団体の構成人数を記載
In cases of entertainment to be performed by a group, fill in the number of members comprising the group.

25 適用される基準の区分 Applicable criteria
□ ①基準1号ロ本文該当 Criterion 1-b[except proviso]　□ ②基準1号ロただし書き該当 Criterion 1-b[proviso]　□ ③基準2号イ該当 Criterion 2-a　□ ④基準2号ロ該当 Criterion 2-b
□ ⑤基準2号ハ該当 Criterion 2-c　□ ⑥基準2号ニ該当 Criterion 2-d　□ ⑦基準2号ホ該当 Criterion 2-e　□ ⑧基準3号該当 Criterion 3　■ ⑨基準4号該当 Criterion 4

26 契約機関（基準1号），主催者，招へい者又は雇用者（基準2号～4号）
Contracting agency [Criterion 1], Organizer, Promoter or Employer [Criteria 2 to 4]
※ 国・地方公共団体，独立行政法人，公益財団・社団法人その他非営利法人の場合は(4)及び(5)の記載は不要。In cases of a national or local government, incorporated administrative agency, public interest incorporated association or foundation or some other nonprofit corporation, you are not required to fill in sub-items (4) and (5).

(1)名　称 Name　株式会社霞が関テレビ
(2)代表者名 Name of representative　霞が関　太郎
(3)所在地 Address　東京都千代田区霞が関〇－〇－〇
電話番号 Telephone No.　03-XXXX-XXXX
(4)資本金 Capital　100,000,000 円 Yen
(5)年間売上金額（直近年度）Annual sales (latest year)　300,000,000,000 円 Yen

（(6)から(10)までは上記25で①に該当する場合に記入）(Fill in (6) to (10) when the answer to the question 25 is ①)
(6)外国人の興行に係る業務について3年以上の経験を有する経営者又は管理者の氏名
Name of the operator or the manager of the inviting organization who should have at least 3 years' experience in show business involving foreign nationals
(7)常勤の職員数 Number of full-time employees　　名
(8)興行契約に基づいて在留中の外国人の人数（申請日現在）Number of foreign nationals residing in Japan under the contract of entertainment (as of the date of this application)　　名
(9)基準1号ロ(3)に該当する経営者・常勤の職員 Manager or full-time employees falling under criterion 1-b(3)　(i)（有・無）Yes / No, (ii)（有・無）Yes / No, (iii)（有・無）Yes / No, (iv)（有・無）Yes / No, (v)（有・無）Yes / No
(10)基準1号ロ(4)に規定する報酬の全額の支払い Payment in full of the salary provided for in Criterion 1-b(4)　有・無 Yes / No

27 出演施設（基準4号を除く）Halls or facilities where to perform [except for Criterion 4]
(1)出演日程 Program schedule　　名称 Name　　代表者名 Name of representative
所在地 Address　　電話番号 Telephone No.
運営機関の名称，所在地及び代表者名 Name, address and representative of agency
名称 Name　　所在地 Address　　代表者名 Name of representative
（上記25で①又は②に該当する場合に記入）(Fill in the followings when the answer to the question 25 is ① or ②)
従業員数 Number of employees　　名　（うち専ら接待に従事する従業員数）(Number of employees engaged in serving / hosting customers among all employees)　　名(※)
月額売上金額 Monthly sales　　円 Yen　舞台面積 Stage area　　m²　控室面積 Waiting room area　　m²
基準1号ハ(6)に該当する経営者・施設に係る業務に従事する常勤の職員
Manager of the agency or full-time employees of the facility falling under criterion 1-c(6)
(i)（有・無）Yes / No, (ii)（有・無）Yes / No, (iii)（有・無）Yes / No, (iv)（有・無）Yes / No, (v)（有・無）Yes / No
（上記25で⑤に該当する場合に記入）(Fill in the following when the answer to the question 25 is ⑤)
施設の敷地面積 Floor space of the facility　　m²
（上記25で⑥に該当する場合に記入）(Fill in the followings when the answer to the question 25 is ⑥)
客席における有償での飲食物の提供 Serving of paid drinks at the seats　有・無 Yes / No　客席定員 Seats capacity　　名
施設における客の接待 Serving / hosting customers in the facility　有・無 Yes / No
(※)出演先が風営法第2条第1項第1号又は第2号に規定する営業を営む施設の場合に記入
Fill in ※ in case that the facility falls under Article 2, Paragraph 1, Item 1 or 2 of the Law on Business Relating to Public Morals.

(2)出演日程 Program schedule ______ 名称 Name ______ 代表者名 Name of representative ______
所在地 Address ______ 電話番号 Telephone No. ______
運営機関の名称，所在地及び代表者名 Name, address and representative of agency
名称 Name ______ 所在地 Address ______ 代表者名 Name of representative ______
（上記25で①又は②に該当する場合に記入） (Fill in the followings when the answer to the question 25 is ① or ②)
従業員数 Number of employees ______ 名 （うち専ら接待に従事する従業員数） (Number of employees engaged in serving / hosting customers among all employees) ______ 名(※)
月額売上金額 Monthly sales ______ 円 Yen　舞台面積 Stage area ______ ㎡　控室面積 Waiting room area ______ ㎡
基準1号ハ(6)に該当する経営者・施設に係る業務に従事する常勤の職員
Manager of the agency or full-time employees of the facility falling under criterion 1-c(6)
(i) (有・無) Yes / No, (ii) (有・無) Yes / No, (iii) (有・無) Yes / No, (iv) (有・無) Yes / No, (v) (有・無) Yes / No
（上記25で⑤に該当する場合に記入） (Fill in the following when the answer to the question 25 is ⑤)
施設の敷地面積 Floor space of facility ______ ㎡
（上記25で⑥に該当する場合に記入） (Fill in the followings when the answer to the question 25 is ⑥)
客席における有償での飲食物の提供 Serving of paid drinks at the seats　有・無 Yes / No　客席定員 Seats capacity ______ 名
施設における客の接待 Serving / hosting customers in the facility　有・無 Yes / No

(3)出演日程 Program schedule ______ 名称 Name ______ 代表者名 Name of representative ______
所在地 Address ______ 電話番号 Telephone No. ______
運営機関の名称，所在地及び代表者名 Name, address and representative of agency
名称 Name ______ 所在地 Address ______ 代表者名 Name of representative ______
（上記25で①又は②に該当する場合に記入） (Fill in the followings when the answer to the question 25 is ① or ②)
従業員数 Number of employees ______ 名 （うち専ら接待に従事する従業員数） (number of employees engaged in serving / hosting customers among all employees) ______ 名(※)
月額売上金額 Monthly sales ______ 円 Yen　舞台面積 Stage area ______ ㎡　控室面積 Waiting room area ______ ㎡
基準1号ハ(6)に該当する経営者・施設に係る業務に従事する常勤の職員
Manager of the agency or full-time employees of the facility falling under criterion 1-c(6)
(i) (有・無) Yes / No, (ii) (有・無) Yes / No, (iii) (有・無) Yes / No, (iv) (有・無) Yes / No, (v) (有・無) Yes / No
（上記25で⑤に該当する場合に記入） (Fill in the following when the answer to the question 25 is ⑤)
施設の敷地面積 Floor space of facility ______ ㎡
（上記25で⑥に該当する場合に記入） (Fill in the followings when the answer to the question 25 is ⑥)
客席における有償での飲食物の提供 Serving of paid drinks at the seats　有・無 Yes / No　客席定員 Seats capacity ______ 名
施設における客の接待 Serving / hosting customers in the facility　有・無 Yes / No
(※)出演先が風営法第2条第1項第1号又は第2号に規定する営業を営む施設の場合に記入
Fill in ※ in case that the facility falls under Article 2, Paragraph 1, Item 1 or 2 of the Law on Business Relating to Public Morals.

28 申請人の経歴（上記25で①又は②に該当する場合に記入（基準1号イただし書きに該当する場合を除く。））
Applicant's experience (Fill in the followings when the answer to the question 25 is ① or ② (except under Criterion 1-a [proviso]))
(1)外国の教育機関において興行活動に係る科目を専攻した期間
Period of studying subjects at a foreign education institution relevant to the type of entertainment
（機関名 Name of organization ______ from ____年 Year ____月 Month ____日から Day to ____年 Year ____月 Month ____日まで） Day
(2)外国における経験年数 Experience in a foreign country ______ 年 year(s)

申請人等作成用４　Ｏ（「興行」）　　　　在留資格認定証明書用
For applicant, part 4 O ("Entertainer")　　　　For certificate of eligibility

29 申請人，法定代理人，法第7条の2第2項に規定する代理人
Applicant, legal representative or the authorized representative, prescribed in Paragraph 2 of Article 7-2.

(1)氏 名 Name　千代田 花子
(2)本人との関係 Relationship with the applicant　招へい者従業員
(3)住 所 Address　〒100－0013 東京都千代田区霞が関〇－〇－〇　株式会社霞が関テレビ ドラマ部
電話番号 Telephone No.　03-XXXX-XXXX
携帯電話番号 Cellular Phone No.　090-XXXX-XXXX

以上の記載内容は事実と相違ありません。 I hereby declare that the statement given above is true and correct.
申請人（代理人）の署名／申請書作成年月日 Signature of the applicant (representative) / Date of filling in this form

千代田　花子　　2020 年 Year　5 月 Month　1 日 Day

注 意 申請書作成後申請までに記載内容に変更が生じた場合，申請人（代理人）が変更箇所を訂正し，署名すること。
Attention In cases where descriptions have changed after filling in this application form up until submission of this application, the applicant (representative) must correct the part concerned and sign their name.

※ 取次者 Agent or other authorized person
(1)氏 名 Name
(2)住 所 Address
(3)所属機関等 Organization to which the agent belongs
電話番号 Telephone No.

7章

スタジオ観覧

7-1

観覧者による
スタジオ内無断撮影の防止

Q 公開収録の際に観覧者が無断でスタジオ内をビデオやカメラで撮影することを防ぐにはどうしたらよいでしょうか？

A 事前に録音や撮影が禁止である旨を明確に伝えておけば、違反者について即時退席してもらうなどの対策を取ることが可能です。

KEY POINT

- 入場の時点で、録音撮影の禁止、発覚した場合は消去に応じること、などについて周知徹底を図る。
- 口頭で説明するほか、入場整理券に記載したり、見えやすい位置に掲示したりすると効果的。

最近は携帯電話にも高機能のビデオカメラ機能が当たり前のように搭載されており、誰もが常時、小型の撮影機材を持ち歩いているような状況になっています。そのため、公開収録の観覧者も、こういった撮影機材を当然のように持ち込んでいることになります。しかし、万一公開収録などを盗み撮りされると、番組の放送前に内容がインターネットなどに流れる危険性もあり、こうした事態を防ぐ必要があります。

■無断撮影を禁止する根拠

スタジオ内での無断撮影を禁止するための理論的な根拠としては、①著作権、②肖像権、③施設管理権や入場時の約束、などを理由とすることが考えられます。以下、1つずつ見ていきます。

■著作権を理由とする撮影の制止

観覧者による撮影行為は、番組脚本や美術セット、出演者による実演等の複製に該当しますので、著作権侵害を理由に撮影の中止を求めることが考えられます。

しかし、著作権法は、個人が自分で楽しむ目的で著作物を複製する行為は著作権を侵害しないと規定しています（私的複製。30条）。したがって、観覧者が自分で見て楽しむ目的で撮影している場合には適法とされてしまう余地があります。

もちろん、撮影した映像をインターネットにアップする目的で撮影しているような場合は、私的使用の範囲を超えており、撮影自体が違法となります。しかし、撮影者の目的は本人しか分からないため、現場で「自分で楽しむためです」と言い張られた場合には、その場で、そうではないと断定することは困難です。なお、このような言い訳を防ぐために、映画の盗撮の場合には私的複製が適用されないとする法改正が行われましたが[1]、スタジオ内の無断撮影は法改正の対象外です。

著作権侵害を理由とする場合は、撮影の中止だけではなく、撮影した映

【1】 映画の盗撮の防止に関する法律

像の消去を求めることも可能である点では有利なのですが、一方で上記のような反論をされるおそれもあり、難しい面もあります。

■出演者の肖像権を理由とする撮影の制止

番組の出演者には肖像権がありますので、この出演者の肖像権侵害を理由に撮影を制止することも考えられます。

ただし、肖像権を主張できるのは基本的に肖像権を侵害された本人（ないしは肖像権の管理を委託された者）だけです。そのため、番組を制作している会社は、出演者本人やマネージャーなどから依頼されない限り、勝手に肖像権侵害を理由に撮影を制止する立場にはないのではないかとの疑問もあります。とは言え、特にプロの俳優やタレントなどの場合、番組出演中の肖像を無断で撮影されることを許容しているとは思われません。仮に収録中に無断撮影が行われた場合は、必要な範囲で番組制作側が適切に対応することを出演者側も期待しているとも言えそうです。

したがって、出演者の肖像権を理由に撮影を制止することも可能と考えます。もっとも、肖像権を根拠として、さらに写真の消去まで求めることができるかについては、現場で水掛け論になってしまう可能性も考えられるかもしれません。

■施設管理権と入場時の説明を理由とする撮影の制止

建造物などの施設の管理者は、施設内の秩序を守るために、特定の人物の入場を制限したり、特定の行動を禁止したりできる権限を有しています。一般的にこの権限を施設管理権と呼んでいます。

従来この施設管理権は、労働争議の際に会社経営者が労働組合の施設利用をどこまで禁止できるかというような場面で議論されてきました。しかし、小型のデジタルカメラやカメラ付き携帯電話などが普及してきた近年においては、施設内での無断撮影を禁止するための理論としても用いられるようになってきました。

施設管理権は、誰を入場させて誰を入場させないかを決定する権利を当然含んでいますので、入場の際に手荷物検査をしたり、秩序を守らない者を退出させることも可能です。したがって、撮影を中止するように求めてもこれを守らない者に対しては、施設管理権に基づいて退場を求めることができると考えられます。

■撮影されてしまった映像の消去と事前の対策

一旦撮影されてしまった映像については、これを放置すると放送前にインターネットに流出する危険もあります。万一撮影されたことを発見した場合には、その場で消去を求めたいところです。ただ、先に説明したとおり、著作権や肖像権を根拠にその場でデータの消去を求めるには法的構成が難しい面もあり、施設管理権についても、退場すればすでに施設の秩序には影響を与えていないため、映像の消去を求める根拠になり得るか、疑問もあります。

そこで、こうした場合に備えるためにも、また、そもそも無用な議論やトラブルを避けるためにも、事前に撮影を禁止することや、撮影しないことについて同意してくれる人だけを入場させることなどを説明し、理解を得ておくことが望ましいと言えます。こうしておくことで、万が一撮影された場合には、当初の約束（契約）を根拠に消去を求めることも、できやすくなると考えます。

入場整理券にこうした入場条件を記載しておいたり、入り口の見えやすい位置に掲示しておいたり、入場の際に繰り返し口頭で説明するといった方法で、周知徹底を図っておきましょう。

7-2

番組観覧券の転売防止

Q 番組観覧券が、チケットショップやネットオークションで取引されていますが、防ぐ方法はないでしょうか？

A 転売を禁止したうえで、入り口での本人確認を厳しくすることが効果的です。また、券が有料の場合は、迷惑防止条例違反や物価統制令違反として警察に相談してみることも考えられます。

KEY POINT

- 番組観覧の募集の際に、観覧券の転売は禁止であることを明示する。加えて、観覧券の券面にも明記しておくことが望ましい。
- 観覧券や入場券が無料の場合は、入り口での本人確認を厳しくすることで、チケットショップやオークションサイトでの取引を防ぐ。
- 観覧券や入場券が有料の場合はこれに加え、転売目的での大量入手が明らかな場合や、転売価格が不当に高額な場合は、迷惑防止条例違反や物価統制令違反の疑いがあるとして警察に相談することも検討する。

近年、番組観覧券がチケットショップやネットオークションなどで販売されているのをしばしば見かけます。しかし、高値で取引がなされていると、熱心に応募しても当選しない視聴者から、何とかするようにとテレビ局に苦情が来たり、逆にネット詐欺に遭って、それでテレビ局に対して苦情があるなどのトラブルもあります。したがってテレビ局としては、これを防ぐに越したことはないという面もあります。

■番組観覧券や入場券の転売は違法か

自分のものを売買することは自由ですので、番組観覧券を売ることも基本的には自由です。券を発行する側は、「本人以外使用不可」や「転売禁止」などといった記載をすることもできますが、こうした記載をしたとしても、それだけで売買そのものが違法となるわけではありません。

■転売禁止とすることの効果

ただし、転売を明確に禁止した上で、観覧券の券面に「本人以外使用不可」や「転売禁止」などといった記載をしておけば、実際に本人でない場合には入場を拒否することができます。それだけでも一定の牽制にはなると思われますし、実際にも入り口で本人確認と本人以外の者の入場拒否を徹底すれば、「あの番組はチェックが厳しいからネットで観覧券を購入しても入れてもらえない」という情報が流れ、結果として転売による高額取引の沈静化も期待できます。

■購入行為と迷惑防止条例

各都道府県の迷惑防止条例の多くは、いわゆるダフ屋行為を禁止しています（禁止していない条例もあります）。禁止される行為は、①最初から不特定の人に転売する目的でチケット類を公共の場所で購入する行為、②最初から転売するつもりで入手したチケットを公共の場所で転売しようとする行為、の2つです。

ネット上での取引は、「公共の場所」での売買には該当しないと理解されています。また、購入と言えるためには有償であることが必要です。したがって、観覧券等が有料で、かつ、ネット以外の公共の場所で購入した観覧券等をネットオークションに出品しているような場合であれば、迷惑防止条例違反の可能性もありますが、観覧券等は通常無料ですので、多くの場合、迷惑防止条例の適用は困難です。

■迷惑防止条例での摘発例

こうしたいわゆるチケットゲッターについての実際の摘発例としては、平成14年1月に警視庁が、入手が困難な「三鷹の森ジブリ美術館」のチケットを大量に購入し、ネットオークションで転売していた女性を東京都迷惑防止条例違反で逮捕した事件があります（東京都迷惑防止条例2条）。

一方、チケットが無料であったために摘発を断念した例としては、平成17年開催の愛知万博の「サツキとメイの家」の無料の入館予約券が大量に入手され、ネットオークションで数千円から数万円で販売された事件があります。捜査当局は迷惑防止条例の適用を検討しましたが、入場整理券が無料であったことから最終的には摘発を断念しています。

同じような事件でありながら、やはりチケットが有料か無料かで結論が大きく異なるのが現状です。

■転売行為と物価統制令

最後に、ネットオークションやチケットショップでの転売が違法となる可能性としては、物価統制令違反もあります。物価統制令は、戦後の混乱期に物価の安定を図るために制定されたもので、営利目的や業務目的で物を売買する際に、「不当ニ高価ナル額」で売却することを禁止しており、これに違反すると刑事上の処罰を受けます（物価統制令9条の2）。

なお、そもそも戦後とはいえない現代においてもこの物価統制令が適用されるのかどうかについては疑問もありますが、少なくとも昭和50年の時点では、裁判所は物価統制令は効力を有すると判断しています。また、平成5年と平成9年に、当時ダフ屋行為を取り締まる法令がなかった京都府で、物価統制令を適用してダフ屋行為を行った者を摘発した事例もあるようです[1]。どの程度の価格だと「不当ニ高価ナル額」に該当するかに関して裁判所は、同じ昭和50年のケースで、定価2200円の競馬場の特別指定席券を2万円で転売した場合は物価統制令に違反するとしています（参考判例①）。

なお、報道によると、上記の愛知万博の「サツキとメイの家」の無料の入場整理券のケースでは、警察は物価統制令の適用も検討した上で断念したようですが、入場整理券が無料であったことが理由なのか、すでに物価統制令は現代では適用が不相当と判断したのかについては判然としません。

■ケースに応じた運用体制を

結局、無料の番組観覧券の転売を捜査機関に取り締まってもらうことは難しく、現状では、入場時の本人確認の強化が最も有効な対抗措置と言えます。

ただ、本人確認は、特に会場が大きい場合には相当な人員配置が必要な上、入場に時間がかかるなど、観覧者にも不便をかけることになります。また、最近では本人確認書類を貸すことも条件としてオークションにかけられているようなケースもあるようです。

本人確認しさえすれば良いというのではなく、諸条件を勘案しながら、ケースに応じた運用体制を作っていくことが大切と言えそうです。

参考判例①

東京高裁昭和50年10月23日判決・判時809号104頁（ダービーレース入場券事件・控訴審）

1枚2200円の定価で購入した競馬のダービーレースの入場券を1枚2万円で転売する行為が、物価統制令に違反するかが問題とされた事件。

裁判では、①物価統制令が現在でも有効なのか、②有効だとして、「不当ニ高価ナル額」による転売行為に該当するのかどうか、が争点とされた。裁判所は、物価統制令は現代においても有効とした上で、本件の転売を「不当ニ高価ナル額」による転売と認定した。

【1】 平成16年4月20日の参議院内閣委員会における政府参考人の答弁

Column

ドラマに登場するリアルな弁護士像

最近のドラマを観ていると、裁判や弁護士がリアルに描かれているものが増えてきているように思います。裁判や弁護士が登場するドラマ自体も増えているように思いますし、画面上に現れる法廷のセット、小道具、裁判官や書記官の所作、証人が法廷に入ってくる様子などのディテールが実にリアルに描かれるようになってきたと思います。

もちろん、ドラマとして面白くなければなりませんので、現実的にはあり得ないよう偶然で事件が解決したり、法廷での発言が誇張されたり、弁護士なら誰でも気づくようなことに最初は気づかなかったりといったことはままあるのですが、一方で、それ以外のディテールがとてもリアルだったりするのです。

これには色々な理由があると思いますが、1つには、裁判員裁判が導入されたり、弁護士の数が大幅に増えたりしてきたことで、裁判や弁護士が以前よりは社会的関心の対象になってきたことがあると思います。社会的関心が高まれば、モチーフとして登場させやすくなりますし、描き方もリアルな方向に行きます。

もう1つは、既存のコンテンツとの差別化ということがあると思います。90年代のドラマブーム以降、ドラマの放送枠も増え、多くのドラマが制作されるようになりました。そうした中で、弁護士が主人公や主要な登場人物として描かれることも増えてきたように思います。弁護士は、民事事件、刑事事件、行政事件とあらゆるトラブルや事件に関与させることができるので、ある意味とても使い勝手の良い職業です。刑事専門にしたり、ビギナーにしたり、ヤメ検にしたりするだけでも全く違った設定になります。

こうしたことがいろいろ重なって、徐々にリアルに描かれるものが増えてきたのではないかと思います。

私たちも、ドラマの設定に関して助言を求められることがあります。細部をリアルに描くことでドラマ全体に現実感を持たせてストーリーに引き込むことができる反面、リアルにこだわり過ぎると、ドラマとしての面白さを損なってしまうこともあります。ドラマのコンセプトや視聴者の受け取り方なども考慮しながら、具体的に助言するように心がけています。

8章

権利処理手続き

8-1

権利者が亡くなっている場合の処理

Q

映像や写真の著作権者の許諾をもらおうとしたところ、すでに亡くなっていました。誰から許諾をもらえばよいでしょうか？

A

著作権を相続した人から許諾を得るのが原則ですが、すでに第三者に譲渡されていたり、管理が委託されている場合にはそちらから許諾を得ます。その場合でも、著作者が生きていれば著作者人格権の侵害となるような行為は行わない配慮が必要です。

KEY POINT

- 著作者が死亡している場合、著作権を相続した人から許諾をもらう。
- 著作権が生前または死後に第三者に譲渡されている場合や、管理が委託されている場合には、そちらから許諾を得る。
- 海外の著名作家の場合、財団が権利を保有していたり管理していたりする場合が多く、日本に代理店や代理人がいる場合にはそちらと交渉する。
- 著作権の許諾とは別に、著作者が生きていれば著作者人格権の侵害となるような行為を行わないように注意する。

著作権は、原則として著作者の死後50年間[1]存続します。では、著作者が死亡している場合には、誰から許諾を得る必要があるのでしょうか。

■著作権は相続される

著作権も財産権の1つですから、相続の対象になります。相続人が1人しかいない場合は、その人が全ての遺産を相続することになりますので、その人から許諾をもらうことになります。また、相続人が複数いる場合であっても、相続人の間で話し合って遺産分割が行われた結果、誰がその作品の著作権を相続するのかが確定していれば、その相続人から許諾を得れば良いことになります。

なお、まれに遺産分割協議が終わっていなかったり、他の遺産分割は終わっているのに著作権だけが明確に誰が相続するのかよく分からないまま協議が止まっているような場合もあります。こうした場合には、相続人全員から許諾を得なくてはならないのが原則です[2]。

また、相続人が誰もいない場合は、著作権は消滅し、誰でも自由に利用できるようになりますが[3]、著作者が生前権利を誰かに譲渡していたり、遺言で第三者に贈与していた場合には、著作権は移転し、死後も著作権は存続することになります。

■財団や著作権管理事務所が管理している場合

著名な作家については、死後、遺族がその著作権の管理を財団や著作権管理事務所に任せていたり、寄贈したりしている場合が少なくありません。こうした場合は、財団や著作権管理事務所等と交渉して許諾を得ることになります。

海外の著作物の場合、海外の財団が、日本にある出版社や著作権管理事務所などに日本国内での利用許諾に関する業務を代理店として委託している場合がありますので、仮に国際放送や海外での番組展開を考えている場

【1】 TPP協定が日本で効力を生じるタイミングで「死後70年」に延長される予定。
【2】 著作権法65条
【3】 著作権法62条1項1号

合でも、まずは、そうした代理店と交渉することが早道です。

■亡くなった著作者の著作者人格権

なお、以上は著作権のうち、財産権についての説明です。著作者人格権は著作者の死亡と同時に消滅し、相続の対象とはなりません。

では、著作者の死後は著作者人格権の侵害となるような行為をしても構わないのかというと、そうではありません。仮に著作者が生きていれば著作者人格権の侵害となるような行為は、著作者の死後であっても禁止されています。もし著作者人格権の侵害となるような行為を行ってしまうと、遺族から差止等の請求を受けることになります[4]。

■死後に未発表の作品を公表する場合

したがって、例えば死後に発見された未発表の作品を公表するような場合は、事前に遺族の了解を得ておくというのが実務的な対応となるでしょう。過去には、遺族に無断で作品を公表したことを理由に出版の差止が認められた判例もあります（参考判例①）。

差止等の請求ができる遺族は、配偶者、子、父母、孫、祖父母、兄弟姉妹です。この順番で請求ができるとされています。ただし、著作者が遺言でこれと異なる順序を定めたり、遺族以外の第三者を指定することも可能です。

■著作権が遺族とは別の人や団体に帰属している場合

著作権が生前に譲渡されていたり、遺言により死後贈与されているなどして、著作権が遺族以外の人や団体に帰属している場合があります。こうした場合、現在の著作権者が著作物の利用について許諾している場合であっても、著作者が生きていれば著作者人格権の侵害となるような利用をすると、遺族から差止を請求されるおそれがあります。

現在の著作権者からきちんと許諾を得れば、通常の翻案に伴う程度の改

【4】 著作権法60条、116条

変を行うことは認められますので、同一性保持権侵害を理由に差止を受けることは考えにくいですが、例えば真面目な作品をポルノにするなど、通常の翻案の範囲を超えるような改変をすれば、遺族から差止を請求されるおそれがあります。たとえ現在著作権を有している者がそれでもよいとしたとしても違法となり得ますので、改変を行う場合には遺族からの差止請求の可能性について慎重に検討する必要があるでしょう。

参考判例❶

東京高裁平成12年5月23日判決・判時1725号165頁、判タ1063号262頁、裁判所ウェブサイト（三島由紀夫事件・控訴審）

故三島由紀夫から受け取った私信15通を含む自伝的な小説「三島由紀夫―剣と寒紅」が出版されたことについて、三島由紀夫の遺族が、①遺族が相続した手紙の著作権（複製権）の侵害に当たること、②三島由紀夫が生存していたならば公表権の侵害となること、などを理由として、出版差止等を請求した事件。

裁判所は、手紙も著作物に当たるとして①の主張を認めるとともに、もともと私信であって公表を予期しないで書かれたものであることを理由に②の主張も認めた。

8-2

美術品を所蔵する美術館の権利

Q 過去に撮影した美術品の写真や映像を番組で使用する場合、その美術品を所蔵している美術館の許諾を得る必要があるでしょうか？

A 原則として許諾を得る必要はありません。ただし、当初の撮影の際に、のちの映像利用について美術館と何らかの約束をしている場合には、その約束に従わなくてはなりません。

KEY POINT

- 美術館との間で約束が交わされていない限り、美術館の所蔵品の写真や映像を使用するに際し、美術館の許諾は必要ない。
- 撮影の許諾を得る際には、次のような点について明確にしておくことが望ましい。
  ①特定の番組のための撮影なのか、その後の番組でも使用できる番組素材のための撮影なのか
  ②番組での使用や放送のたびに許諾を得る必要があるか
  ③許諾が不要の場合、事前または事後の通知が必要か
  ④使用料の支払いの要否、及びその金額
  ⑤クレジット表示の要否、及びその方法
  ⑥放送以外のメディアでの使用の可否、及びその条件の詳細

美術品の映像を番組で使用する場合、美術品を収蔵する美術館や社寺等から、使用するたびに、ロイヤリティの支払いやクレジット表示をするように求められ、応じないならば使用を禁止するといわれることもあるようです。では、こうした要求にはどの程度応じなくてはならないのでしょうか。

■美術館の権利

いわゆる古美術品や古代の文物などは、すでに著作権の保護期間が経過していますので、無断で撮影して使用しても著作権の問題は生じません。また、最近描かれた絵画のように著作権で保護されている作品であっても、通常美術館は作品を収蔵しているだけで、画家から絵画に関する著作権を譲り受けているわけではありません。したがって、著作権についていえば、番組で使用するには画家の許諾が必要ですが、美術館の許諾は必要ありません。

美術館や博物館などがテレビ局に対してロイヤリティの支払いやクレジット表示を求める際のよくある説明としては、①美術品の所有権を有していること、②美術品のパブリシティ権を有していること、③館内で撮影させた際に映像の使用方法について契約を交わしていること、の3つが挙げられます。

しかし、これまでに裁判所は、①については、美術品の所有権があるからといってそれを撮影した複製物の利用を禁止する権利はないと判断していますし（参考判例①）、②については、そもそもパブリシティ権という権利は「人」についてだけ発生し、「物」には発生しないと判断しています（14-4参照）。

したがって、美術館による上記①や②のような主張は、法的には認められません。結局、法律上は、実際に撮影する際に美術館との間で、その後の映像の使用に関してどのような約束が交わされたのかだけが問題となるのです。

■新たに美術品等を撮影する際の注意点

以上のとおり、美術館には①や②のような主張をする権利はありません。とはいえ、放送局としても、手元に美術品の映像がない場合は、新たに美術品を撮影する必要があります。したがって、実際には、美術館の協力を得て撮影することになりますが、その際に美術館側から、撮影に協力することと引き替えに、撮影した映像の利用条件について合意するよう求められることがあります。

ロンドンの大英博物館のように、撮影した映像の利用条件について詳細な利用規程[1]を設けているような場合は、この規程を了承しない限り撮影が認められることはまずありませんので、交渉の余地はほとんどありません。ただし、こうした例はむしろ特別で、多くの場合、撮影許可と撮影した映像の利用条件については交渉によって決めることになります。

利用条件のポイントはいろいろありますが、特に大切なことは、撮影した映像は、特定の番組だけで使えるのか、他の多くの番組でも素材として使えるのかという点です。テレビ局として汎用性の高い番組素材を収集するという明確な意識を持っているような場合は別として、多くの場合、撮影は個々の番組の制作のために行われ、担当のディレクターも、撮影交渉のときに、自分が現在担当している番組以外での使用の可能性についてまで説明するケースはあまりないようです。

しかし、著名な美術館の所有する美術品などについては、その後も使用する可能性を考慮して、可能な限り個別の許諾がなくとも、通知や支払いだけで自由に利用できるような付帯条件を付しておくと便利です。

通知や支払いだけで使用できる映像と、そのたびに許諾を得なくてはならない映像とでは、使い勝手の点で価値が全く違います。相手が海外の美術館等である場合にはなおさらです。

いずれにしても、交渉を始める前に、テレビ局として明確な方針を持つことが望ましいといえます。

【1】 Terms and conditions for filming at the British Museum
(https://www.britishmuseum.org/about_this_site/terms_of_use/terms_of_use_for_filming.aspx)

過去に撮影した映像の使用条件が不明な場合

撮影の際に書面を交わしていなかったり、書面を紛失してしまって映像の使用条件が分からなくなってしまった場合、新たに使用する際には、基本的には所蔵している美術館に問い合わせて使用条件について確認するほかありません。この場合、放送直前になってから許諾を求めても、許諾が得られなかったり、高額の使用料を求められることもあります。

先に説明したとおり、撮影時に特に契約を交わした場合でない限り、美術館は、撮影された映像に対しては何ら権利を有さないのが原則ですから、明確な約束が不明である場合は、美術館等の要求を無視して使用するという選択肢も全くないわけではありません。しかし、実際の現場では、担当ディレクターが「この番組でしか使用しません」などと口頭で説明していているようなことがないとも限らず、実際にトラブルになってからそうした事実が明らかになったのでは取り返しがつかなくなることもあります。

撮影時の取り決めが不明確な場合は、美術館と粘り強く交渉をし、いずれにしても十分に余裕を持って対処することが大切です。また、こうした機会に、それ以降に再利用するための利用条件について交渉し、契約を交わしておくことも検討すべきでしょう。

図録などに収録されている絵画の写真の利用

すでに著作権の切れている古美術については、著作権は働きません。また、絵画のようにもともと平面である著作物をそのまま正確に写真撮影した場合、撮影の際に、撮影者が、「どのアングルから撮影するか」というような創作性を発揮するということはありませんので、そうして撮影された写真には、通常は著作権は認められません。したがって、浮世絵や油絵などの写真が掲載されている図録や写真集については、それを接写して番組で使用しても、写真の著作権を侵害することはありません（参考判例②）。これに対して、彫刻のような立体的な著作物を撮影した写真については、「どのアングルから撮影するか」等の点で撮影者が創作性を発揮する余地があるため、その写真に著作権が認められる可能性があります。そのため、そういった写真を無断で使用すると、写真の著作権の侵害となる場合があります。このとおり、被写体となる作品が平面（二次元）か立体（三次元）かによって、著作権法上の扱いが大きく異なりますので注意が必要です。

また、作品が平面か立体かにかかわらず、美術品のオリジナルを所蔵する美術館との間で、写真を利用するたびに、所定の使用料を支払うといった内容の特別な契約を交わしている場合には、契約が優先しますので、それに従う必要があります。番組で使用する際には、そうした契約がないかを著作権担当部署に確認してください。

■建物の外観や内部の映像

こうした問題は、文化財や美術品などの収蔵品の撮影だけでなく、お寺などの建物自体の撮影についても当てはまります。公道上や空から撮影するのであれば撮影の許諾は不要ですが（場所によっては、国や州の許可が必要な場合もあります。）、敷地内で撮影させてもらったり、建物の内部を撮影させてもらったりする場合には、撮影時に交渉して許諾を得ることになります。

寺社が収蔵している古美術品などは、古美術品そのものだけでなく、収蔵している寺社そのものの映像についてもセットで利用に関する契約を交わすことが少なくありません。全体として合理的な契約になるように交渉することが大切です（3-5参照）。

■実際上の対応について

以上が法律上の考え方です。ただし、法的には支払義務がない場合でも、美術館や寺社等との良好な関係の維持や、無用な紛争の回避等を目的として、美術館や寺社等から請求された金額を支払うようなケースも、実際の現場ではあるかもしれません。

そのような対応に、一定の合理性が認められる場合もあるとは思います。ただし、安易にそのような対応を続けて、実例として積み重ねられてしまうと、その後、同様の場面で請求を拒むことが難しくなるおそれもあります。そのような対応の是非については、慎重に判断されるべきでしょう。

参考判例❶

最高裁昭和59年1月20日判決・民集38巻1号1頁、判時1107号127頁、判タ519号129頁、裁判所ウェブサイト（「顔真卿自書建中告身帖」事件・上告審）

中国唐代の著名な書家である顔真卿の「顔真卿自書建中告身帖」を撮影した写真が出版物に掲載されたことについて、その現物を所有する原告が、所有権を侵害されたとして、出版物の販売差止と廃棄を求めた事件。

最高裁は、「著作権の消滅後に第三者が有体物としての美術の著作物の原作品に対する排他的支配権能をおかすことなく原作品の著作物の面を利用したとしても、右行為は、原作品の所有権を侵害するものではない」と判断し、原告の請求を退けた。

参考判例❷

大阪地裁平成17年10月14日判決・LEX/DB25450099（「浅井コレクション」事件）

NHKが、それ自体には著作権の存在しない錦絵の平面写真を出版物から撮影して番組で使用したところ、この錦絵の実物を所有し、その写真等を有償で貸与するなどしていたコレクション側が、無断利用を理由に損害賠償を請求した事件。

コレクション側は、①過去に、自ら作成した利用規約をNHKに送付したがNHKが異議を述べなかったという事実、②過去に、NHKの担当者が利用規約に同意して浮世絵の写真を番組に利用したことがあったという事実、の2つを理由に、NHKが利用規約に同意しているので、利用規約違反であると主張した。

裁判所は、それだけではNHKとコレクションとの間に契約が成立しているとまでは認められないなどとして、コレクションの損害賠償請求を認めなかった。

8-3

書籍を出版する出版社の権利

Q

番組で書籍に含まれている文章をナレーションとして使用します。著者以外に、この書籍を出版している出版社の許諾も得る必要がありますか？

A

法律上は出版社の許諾を得る必要はありません。ただし、出版社自身に著作権の一部や全部が帰属している場合や、著者が交渉の窓口を出版社に依頼しているような場合には出版社の許諾を得る必要があります。

KEY POINT

- 出版されている書籍を番組で使用する際に、原則として出版社の許諾を得る必要はない。
- 出版社に著作権がない場合でも、著作者が出版社に交渉窓口を委託しているような場合には、出版社から許諾を得る必要がある。
- 出版社に対して対価を支払う場合には、それが「著作権使用料」なのか、「放送謝金」など別の名目の金銭なのかを明確にしておく。

書籍をドラマ化するような場合はもちろんですが、そのほかにも、文章の一部を番組の中でナレーションとして使用したり、書籍そのものを番組中で紹介したりと、書籍を番組で利用することは頻繁に行われています。さて、こうした書籍の番組利用に関して、出版社はどのような権利を有しているのでしょうか。

■出版社が出版の際に取得する権利

出版社は、出版社が自ら著作者となる場合（著作権法15条）を除き、書籍や雑誌などを出版する際には、著作者と契約を交わして、一定の権利を取得した上で出版しています。

出版社と著作者の間の契約には、おおまかにいって、①出版許諾契約（債権的契約）、②出版権設定契約（準物権的契約）、③著作権譲渡契約（物権的契約）の3種類があります[1]。

①出版許諾契約とは、契約期間中、当事者間で合意した形態（雑誌、ハードカバー、文庫、電子出版など）について、出版社が原稿を出版する権利の許諾を受けるという契約です。契約期間も1回掲載から10年間といった長期まで自由に決められますし（雑誌原稿などは1回掲載契約が多いです。）、形態も自由に決めることができます。また、独占契約（契約期間中、契約している形態に関して、同じ原稿を他の出版社から出版できません。）にすることも、しないこともどちらも可能です。自由度の高い契約なので、最近はこの形態が増えているようです。

②出版権設定契約とは、著作権法79条に規定されている契約で、特定の出版社に対して、独占的に出版の権利を与えるという権利です。出版権の設定を受けた出版社は、無断で出版している他の出版社に対して自ら直接訴訟を起こすこともできます。設定契約がなされても、それだけでは著作者が著作権を持っていることに変わりはありませんので、ドラマ化やアニメ化など、出版以外の形態での利用については著作権者から許諾を得ることになります。ただし、後述する通り、出版社が交渉窓口を代行してい

【1】 豊田きいち『著作権と編集者・出版者』63頁（日本エディタースクール出版部、2004）

たり、サブライセンサーとして間に入ったりすることもあります。

③著作権譲渡契約とは、文字どおり著作権の一部ないし全部を完全に譲渡してしまう契約です。譲渡された権利については、それ以降は出版社だけが権利者ということになります（著作者人格権は別）。著作権を丸ごと譲渡することもできますし、出版に必要な権利だけを譲渡することもできます。

これらの①から③の契約について、大手出版社は独自の契約書ひな形を用意していて、原則としてこのひな形を用いて契約しているようです。また、中小出版社の場合、独自の契約書ひな形を作るのではなく、日本書籍出版協会が作成して公開している出版契約書ひな形[2]をそのまま使用するなどして作家と契約するケースが多いようです。

■出版社は放送に必要な権利は持っていないのが原則

このように、著作者と出版社との間の契約には大きく3種類ありますが、③著作権譲渡契約で著作権の全部を譲り受けているような場合を除き、出版社が取得しているのは出版に必要な権利だけですので、ドラマ化や映画化、放送番組での朗読といった、出版以外の形態での利用については出版社は権利を取得していないのが普通です。

また、出版社には、著作隣接権のような権利は認められていません。

したがって、書籍を番組で利用する場合には、出版社から許諾を得る必要はないのが原則です。

ただし、以下に説明するように、①出版社自身が著作権者である場合と、②著作権者の代理人である場合には、出版社から許諾を得る必要がありますので、注意が必要です。

■出版社自身に放送に関する著作権が帰属している場合

当然のことですが、放送に関する著作権が、出版社自身に帰属している場合には、出版社から許諾を得る必要があります。

【2】 http://www.jbpa.or.jp/publication/contract.html

まず、出版社の従業員や、契約スタッフのように事実上従業員と同様に働いている者が業務上書いた原稿については、執筆した個人名で発表していたりしない限り、出版社自身が著作者となるため、執筆した時点から著作権は出版社に帰属することになります[3]。

また、先に説明したように、著作者と出版社との間で著作権の譲渡が行われている場合もあります。この場合、番組で利用しようとしている利用形態が、出版社と著作者との間の権利譲渡の対象となっている利用形態（ドラマ化権など）であれば、出版社が著作権者ということになります。

このように、出版社自身に著作権が帰属している場合は、出版社を当事者として交渉する必要があります。

■出版社が著作権交渉の窓口に指定されている場合が多い

出版社は著作権を有していなくとも、著作者が出版社に交渉の窓口を依頼している場合があります。出版社が使用している契約書のひな形には、出版社との契約期間中は、ドラマ化、映画化、翻訳その他の二次利用の権利処理を出版社に委任するという条項が入っていることが多いようです。脚注２に掲載されている日本書籍出版協会のひな形でも、そのような条項が設けられています。そのような場合は、著作者の窓口である出版社を通じて許諾を得ることになります。実際上も、このように出版社が二次利用の窓口とされている場合が多いです。

■交渉ではまずお互いの立場を明確に

このように、出版社が交渉や契約の当事者になる場合としては、①出版社自身が著作権者である場合と、②著作権者の窓口である場合があり、②の場合は、さらに出版社が法的な意味での代理人になる場合とそうではない場合とがあります。それによって、交渉内容、契約書の記載、著作権使用料の源泉徴収対象などが変わってきます。権利処理に関する話をする際には、出版社がどのような立場であるのかを確認することが大切です。

【3】 著作権法15条1項

■いわゆる「著者」以外の著作者

漫画作品などでは、漫画の著者以外に原作者や原案者、プロット担当者など、漫画の著者以外の人間が作品の創作に関わっている場合があります。それらのうち、書籍の表紙や奥付などに氏名が記載されていない人は別として、氏名が記載されている人については、著作権者である場合があります。この場合、放送で使用するにはこれらの人からも許諾を得なくてはなりません。

出版社がその人たちの窓口になっている場合もあり、その場合も出版社から許諾を得ることになります。

■出版社独自の立場

なお、出版社から著作物の利用許諾とは別に、特別の便宜を図ってもらう場合もあります。例えば、撮影用に手書きの原稿を提供してもらったり、当時の担当者に取材をさせてもらったりする場合です。こうした場合、一定の謝礼を支払ったりするケースもありますが、これは、作家の窓口としての出版社ではなく、独立した協力主体としての出版社に着目したものです。

■「著作権」の対価と「便宜」の対価

このように、出版社と契約を交わす際には、出版社の立場は、①作家の代理人ないし窓口としての場合と、②放送に必要な各種の便宜を供与する主体としての場合がありますが、契約や支払いの際には、どちらについてのものなのかを明確にしておく必要があります。

なぜなら、著作権使用料でないものについて著作権使用料を支払えば、監査の際に不正経理になりかねない上、特に、相手が外国法人である場合には、支払いの名目が「著作権使用料」なのか、労力への対価である「放送謝金」なのかによって、租税条約の適用の有無が異なり、源泉徴収の要否や税率が異なる場合もあるためです[4]。必要に応じて経理担当者に確認

【4】 所得税法204条1項1号、所得税法施行令320条1項、所得税基本通達204-6～10

してください。

■引用や報道利用が認められる場合

以上では、著作権者である著者ないし出版社から許諾を得る必要があることを前提に検討してきました。

しかし、「引用」や「報道利用」としての利用が認められる場合など、著作権者からの許諾を得ることなく書籍を利用できる場合もあります。そのような場合については、9-1、9-2 などを参照してください。

8-4

過去の放送番組の映像の入手と権利処理

Q 過去の放送番組の映像の一部を番組で使用しようと思いますが、どのような権利処理が必要でしょうか？

A 使用しようとする過去の番組の、①原作者、②脚本家、③出演者、④番組制作者、について権利処理をするのが原則です。

KEY POINT

- ■ 過去の番組を部分使用するには、①原作者、②脚本家、③出演者、④番組制作者、について権利処理をする必要がある。
- ■ 権利者が所属する権利者団体とテレビ局との間に取決めがある場合は、それに従って処理する。
- ■「引用」や「報道利用」に該当する場合は、著作権法的には権利処理は不要だが、団体間の合意や慣習により権利処理をする場合もある。

過去の放送番組の映像の一部を別の番組で使用することを、放送業界では「部分使用」や「部分利用」と言うことがあります。こうした部分使用は、番組制作の際に頻繁に行われますので、各テレビ局では詳細なマニュアルを作成して手順等が周知されているようです。したがって、基本的にはそうしたマニュアルに従っていただくことが必要となりますが、以下では、各局に共通すると思われる部分について、概要を説明します。過去の番組の部分使用をする際に権利処理をしなくてはならない相手は、①原作者、②脚本家、③出演者、④番組制作者です。

■原作者

部分使用しようとする元番組が、バラエティーや報道番組の場合には基本的に必要ありませんが、原作があるドラマやアニメなどの場合は、原作の権利処理をする必要があります。

原作者が、公益社団法人日本文藝家協会（文芸家協会）の会員である場合には、文芸家協会に対して事前に申請すれば、本人から個別に許諾を得る必要はありません。使用料も文芸家協会と放送するテレビ局との間の事前の取決めに従った金額を、所定の期日までに支払うことになります。

一方、原作者が文芸家協会の会員でない場合には、直接原作者（出版社等に管理を委託している場合は出版社）に連絡をして個別に許諾を得ることになります。使用料については交渉となりますが、各テレビ局ごとに使用料についての内規や目安があるようですので、基本的にはそれを前提に交渉することになるでしょう。

原作者が文芸家協会に所属しているのかどうかについては、文芸家協会のサイトで「委託者一覧」を公開していますので簡単に調べることができます[1]。所属していない場合の連絡先等については、テレビ局自身がデータを管理しているので担当部署に確認してください。

■脚本家

使用する放送番組について、バラエティー番組の放送台本や、ドラマの

【1】 http://www.bungeika.or.jp/procedur.htm

脚本などの脚本家がいる場合、脚本家の権利処理をする必要があります。

脚本家が、日本シナリオ作家協会（シナ協）か日本脚本家連盟（日脚連）の会員である場合には、それらの団体に対して使用申請をして、使用料についてもそれぞれの団体と放送するテレビ局との事前の取決めに従った金額を、所定の期日までに支払うことになります。

一方、脚本家がどちらの団体の会員でもない場合には、直接脚本家に連絡をして個別に許諾を得ることになります。使用料の扱いや所属先の確認については原作者の場合と同じです。

■出演者

出演者には、ドラマの出演者のように著作権法上の「実演家」である場合と、解説者や討論者のように「著作者」である場合があります。脚本に従ってドラマを演じる俳優や、楽譜に従って音楽を演奏したり歌唱したりするミュージシャンは「実演家」に該当します。また、手品や曲芸のような「芸能的性質を有するもの」を演じる者も「実演家」に該当します。これに対して、台詞の決まっていない解説番組の解説者や討論番組の討論者などは、その場で討論という著作物を生み出していますので、「著作者」に該当すると考えられます。1人の出演者が「実演家」かつ「著作者」である場合もありますし、どちらにも該当しないという場合もあり得ます。

また、実演と考えた場合には、実演の固定（録音・録画）についても許諾しているかどうかは、個々のケースによって異なります。著作者である場合も、部分利用する場面だけを切り取っても、なお著作物と言えるだけの発言をしているかと言う問題もあります。しかし、このあたりの厳密な判断は難しいこともあり、実際には、出演者から原則として許諾を得ておくという運用になっているようです。

出演者の所属事務所が、一般社団法人日本音楽事業者協会（音事協）の会員である場合、原則として事前に音事協に対して使用申請をします（ただし、放送局や番組のジャンルによっては、音事協ではなく、直接所属事務所から許諾を得るべき場合もあります。どちらへ申請すべきかは各局の担当部署に確認してください。）。また、出演者が、映像実演権利者合同機構（PRE）

の会員である場合には、事前にPREに対して使用申請をします。どちらの場合も、使用料についてはそれぞれの団体と放送するテレビ局との間の事前の取決めに従った金額を、所定の期日までに支払うことになります。

一方、出演者がどちらの団体とも無関係である場合には、直接出演者やその所属事務所などに連絡をして個別に許諾を得ることになります。使用料の扱いや所属先の確認については原作者の場合と同じです。

■番組制作者

自社で制作した番組であれば何の問題もありませんが、他局で制作・放送した番組については番組制作者の許諾が必要ですし、そもそも映像をそこから入手する必要がある場合もあります。他局で放送した番組については、外部の制作会社が制作した場合も含めて、二次使用の許諾業務は放送局が行うのが通常です。まず、放送した局の窓口に問い合わせてください。

■「引用」や「報道利用」に該当する場合

番組での利用が、著作権法の定める「引用」や「報道利用」に該当する場合には、著作権法上は、各権利者の許諾を得る必要はなく、その範囲で自由に使用することができます（9-1、9-2参照）。

テレビ局間では、仮に「引用」や「報道利用」に該当する場合であっても、事前の許諾を得て使用することが多いようですが、例えば、他局の番組で発生した不祥事を自局のニュースで報じるような場合には無断で使用することもあります。どのような方針で臨むかについては、放送するテレビ局の権利処理担当部署に確認してください。

■映像の利用について契約がある場合

8-2でも触れたとおり、当初の撮影の際に、その後の映像の利用について何らかの契約が交わされている場合もあります。部分使用の際は、そのような制限がある映像でないかも確認していただく必要があります。

8-5

劇場用映画の映像の入手と権利処理

Q 劇場用映画の映像の一部を番組で使用しようと思いますが、どのような権利処理が必要でしょうか？

A 使用しようとする劇場用映画の、①原作者、②脚本家、③映画監督、④映画製作者、について権利処理をする必要があります。なお、公開予定またはロードショー公開中の映画などの場合、処理を一部省略できる場合があります。

KEY POINT

- 過去の劇場用映画を部分使用するには、①原作者、②脚本家、③映画監督、④映画製作者、との間で権利処理をする必要がある。
- 権利者が所属する権利者団体とテレビ局との間に特別な取決めがある場合には、それに従って処理する。
- 公開予定またはロードショー公開中の映画や、発売中のビデオ、DVDを紹介目的で取り上げる場合は、監督協会と監督本人の権利処理は不要。

劇場用映画の部分使用は、番組制作の際に頻繁に行われる素材入手と権利処理です。ここでは、各局に共通すると思われる基本的な点について、概要を説明します。

劇場用映画の部分使用をする際に権利処理をしなくてはならない相手は、①原作者、②脚本家、③映画監督、④映画製作者です。以下、それぞれについて見ていきます。

■原作者と脚本家

原作者や脚本家との間の権利処理は、過去に放送した番組の部分使用をする場合と基本的には同じです（8-4参照）。

なお、ハリウッド映画などの外国映画の場合、原作者と脚本家の権利を別途処理する必要があるのか、また、誰が権利を管理しているのかについて、まずは映画製作会社に確認するのが早道です。

■映画監督

映画監督や演出家などのように、映画の全体的形成に創作的に寄与した者は、映画の著作者となります。著作者ですから本来であれば映画の著作権を有しているのですが、映画の製作に参加することを約束している場合には、著作権は全て映画製作者（映画会社や映画製作委員会など）に帰属するとされています[1]。著作権を映画製作者に一本化することで、映画が流通しやすくするための規定です。もっとも、著作者人格権は映画監督や演出家などの著作者が引き続き持っています。

したがって、本来であれば、劇場用映画を部分使用する際は、ことさら品位を損なう使用方法であるために著作者人格権を損なうおそれがあるような場合でもない限り、原作者と脚本家に加えて映画製作者から許諾を得れば十分なはずです。しかし、日本のテレビ局は、映画監督の団体である協同組合日本映画監督協会（監督協会）との間で特別な取決めを交わしています。具体的には、監督協会に所属する監督の映画を番組で部分使用す

【1】 著作権法29条1項

る際は、映画製作者だけでなく、原則として監督本人（または遺族）からも事前に許諾を得て氏名表示方法について確認するとともに、監督協会に事前に通知して所定の使用料を支払うことなどが取り決められていますので、これに従った権利処理が必要です。手続きの詳細は、各放送局の担当部署に確認してください。

一方、監督協会に所属していない監督との間にはこうした取決めはありませんので、ハリウッド映画をはじめとする海外の映画の監督などについては、こうした手続きは不要です。

■映画製作者

映画製作者は通常は映画会社ですが、日本では、複数の企業が共同で出資をして製作委員会を形成し、製作委員会が著作権を持っていることが多くなっています（正確には製作委員会の構成員の共有）。このような場合でも、製作委員会の構成員の１社が許諾窓口になっていることが通常ですので、そこと交渉をすることになります。

外国映画の場合、日本に映画製作会社のオフィスがあれば、そこと交渉します。ただし、テレビ番組での部分使用については日本オフィスは最終的な決定権を持っていないことが多く、判断に時間がかかることも少なくありません。長期間待たされた挙句に最終的に拒否されるといったケースもあります。どうしても使用したい場合は余裕を持ってスケジュールを組んでおいたほうが安全です。

■公開予定またはロードショー公開中の映画

原則的な手続きは上に述べたとおりですが、公開予定またはロードショー公開中の映画については、上記の手続きが一部簡略化できる場合があります。

まず、邦画の場合、公開予定またはロードショー公開中の映画や、発売中のビデオ、DVDを紹介目的で取り上げる場合は、上記のうち、監督協会や監督本人との手続きは不要とされています。

また、ハリウッド映画については、特に取決めがあるわけではありませんが、公開予定またはロードショー公開中の映画については、プロモーション用に編集された特別映像であれば、テレビ番組での使用許諾について日本での配給会社に許諾権限を与えているのが一般的です。こうしたプロモーション用の映像は原則として使用料が無償な上、使いやすいカットを選んでありますので重宝しますし、本国の判断を待つ必要がないことが多く、急な使用にも対応が可能です。

ただし、こうした映像は日本でのロードショー期間しか使用できなかったり、日本国内での放送にしか使用できなかったりといった制限が加えられていることもありますので、番組自体の再放送や二次展開、ネット配信などを予定している際は、利用条件に反しないかを確認する必要があります。

いずれにしても、こうしたエンターテインメント業界のルールは流動的ですので、必ず利用条件についてよく確認してください。

8-6

海外アーカイブ資料映像の入手と権利処理

Q 番組で、第二次世界大戦やベトナム戦争などの歴史資料映像を使用したいのですが、どのように入手し、権利処理すればよいでしょうか？

A 映像を保管している内外のアーカイブ（保存施設）から入手するのが一般的です。入手の方法や使用条件はアーカイブや映像素材ごとに異なりますので、個別に確認が必要です。

KEY POINT

■ 国営・公営アーカイブの一般的な特徴

・同じアーカイブが収蔵する映像の中でも、パブリックドメインとなっているものと、そうでないものが混在していることがある。

・国営・公営アーカイブの映像であっても、さらに民間業者が放送局向けに編集したものを購入する際は、民間業者との契約に拘束される。

■ 民間アーカイブの一般的な特徴

・窓口業務をグループの他のアーカイブに委託していることがある。

・同じような映像でも、個々に使用条件が異なることがある。

■ 用途の制限、編集の可否、著作者のクレジット表示については様々な条件があるので、個別の条件をよく確認すべきである。

歴史ドキュメンタリー番組を制作する場合や、ニュースで歴史的経緯の説明をインサートする場合など、いわゆる歴史資料映像を使用する場合があります。こうした映像は、世界各地のアーカイブに保存されています。ここでは、こうしたアーカイブの資料映像をどのように入手し、どのように権利処理するかについて概説します。

■国営・公営アーカイブと民間アーカイブ

アーカイブには、大きく分けて、国営・公営のアーカイブと民間のアーカイブがあります。

国営・公営のアーカイブのうち、収蔵量が多く、利用価値の高いものとしては、米国や英国の国立公文書館（National Archive）のほか、米国大統領の名前を冠した各資料館（ルーズベルト記念資料館など）があります。

国営・公営のアーカイブに保存されている映像の多くは、著作権切れや権利放棄などの理由により、パブリックドメイン（公有）として無償で自由に使用することができます。

ただ、国営・公営のアーカイブの映像資料の中には、第三者が寄託しているものもあり、それらの中には寄託者の許諾や料金の支払いを条件としているもの（典型的なものとして、米国公文書館におけるスミソニアン博物館提供の映像や、20世紀フォックス提供の映像など）もあります。こうした映像については、映像記録媒体の貸出しの際に、あらかじめ提供者の承諾を得ることを貸出条件とされたり、所定の料金（著作権使用料ではなく契約に基づく金銭）を支払うように求められたりします。

民間アーカイブのうち、通信社や放送局によって運営されているアーカイブについては、近年、アーカイブ同士のM&Aや業務提携による許諾窓口の一本化などが急速に進み、国境をまたいだいくつかのグループに再編されています。窓口業務が一本化された結果、インターフェイスや検索能力が飛躍的に向上し、以前のように長時間回答を待ったり、アーカイブの倉庫にこもって求めている映像を探したりする手間がずいぶん省けるようになりました。

欧米には、通信社や放送局の運営する大規模なアーカイブのほかに、個人が運営するアーカイブも相当数あります。こうした個人運営のアーカイブは、規模は小さいですが、本当に貴重な映像資料は、むしろこうした個人アーカイブに収蔵されていることも少なくないようです。

■米国国立公文書館

世界中の国営・公営アーカイブで、おそらく最も利用価値が高いのが米国国立公文書館でしょう。「フォード・コレクション」のように、外部から寄贈された映像コレクションも含め、大部分の多くの映像資料・写真資料がパブリックドメインとなっています。ただし、機密を理由に閲覧が制限されている連邦政府の資料や、寄贈コレクションの一部についてはパブリックドメイン化されておらず、閲覧や使用に許可が必要なものもありますので、よく確認してください。

米国で公文書館を運営する国立公文書記録管理局（NARA）は、収蔵する資料を、オンラインで誰もが検索・閲覧できるアーカイブ・リサーチ・カタログ（ARC）のプロジェクトを進行中で、2012年12月時点で、全収蔵物の約81％が登録済みとされています。ただし、実際の収蔵物そのもののデジタル化はまだほとんど進んでおらず、92万2,000点に留まっているそうです。そのため、実際に目当ての資料を自力で発見するには、現在でも大変な労力を要します。短期間で目的の映像を探し当てようとする場合は、特に専門のリサーチャーに依頼したり、すでにリサーチ会社がテーマごとにまとめて編集してある物をパッケージで購入したりするのが一般的なようです。この場合は、リサーチ会社との契約に従うことになりますので、パブリックドメインの映像であっても、リサーチ会社の指定する使用条件には拘束されることになります。

■米国の主要な公営アーカイブ

国立公文書館以外でも、米国大統領の名前を冠した資料館（ルーズベルト記念資料館など）に保管されている映像資料は、基本的に全てパブリックドメインとなっています。また、アメリカ航空宇宙局（NASA）の保有する映像資料で公開されているものについて、NASAは著作権を主張しないことを公表しているため、これらの映像資料も基本的に全てパブリックドメインです（NASAのロゴなど一定のものは除きます）。NASAは、現在観測されている恒星の3Dデータを保有していますが、これもパブリックドメインとされています。

民間アーカイブ

映像素材そのものをアーカイブから入手する場合はもちろん、国内の他の放送局からの入手が可能であったり、自己で保存していた映像を新たな番組で再使用するための使用許諾を得る際にも、現在どこのアーカイブが許諾の窓口になっているかを、まず確認することになります。

すでに当該素材を使った番組を放送した他の放送局から映像や情報の提供を受けられる場合には、アーカイブとの関係では権利処理だけで済むこともあります。この場合、その素材を保管するアーカイブにおけるリファレンスナンバーを教えてもらうと、アーカイブとのやりとりがスムーズにできることが多いようです。ただし、近年はアーカイブの合併や組織改編等により、リファレンスナンバーがリセットされることも多く、元のリファレンスナンバーが分かっていても確認に時間を要することが少なくありません。時間に余裕を持ってコンタクトすることをお勧めします。

映像使用料と使用条件の注意点

使用料は映像によって大きく異なりますが、国によってもある程度の相場があります。一般的には、米国に比べてヨーロッパは若干相場が高い傾向にあるようです。

なお、映像の使用許諾契約では1分相当分をミニマムチャージとする場合が多いですので、数秒だけ使用したい場合には、どうしても割高になってしまいます。番組の予算も考えながら、どういった映像を、どの程度の長さ使用するのかを検討する必要があるでしょう。

もう1つ気をつけなくてはならないのがクレジット表示です。通常は、番組最後のクレジットロールで、映像の権利者ないしは保管するアーカイブの名前を入れることのみが使用条件となっていますが、まれに、最後のクレジットロールだけではなく、まさにその映像に重ねて権利者の名前を表示することが使用条件となっている映像があります。

特に注意が必要なのが、複数の使用条件が混在している場合です。例えば、同じ米国の放送局からベトナム戦争に関する複数の映像の提供を受けた際に、エンドロールにクレジットをすればよい映像と、映像に重ねてクレジットしなくてはならない映像とが混在することがあります。こういったケースでは特に表示条件を見落としがちですので、全ての映像について条件が同一なのかどうかもよく注意すべきです。

■許諾を得ておくべき範囲と二次展開へ向けての注意点

アーカイブに保管されている映像のうち、有名人の映像などについては、ビデオグラム（DVD/BD）化、ビデオクリップ化、ビデオオンデマンド（VOD）などについては、まず許諾が出ないものもあります。番組中でこうした映像を用いた場合、二次展開の際にはこれらを削除して編集し直したものを用意することになると思われますので、念頭に置いていただく必要があります。また、背景で音楽が使用されている映像クリップでは、ビデオグラム化の際に音楽部分の権利処理を別途行う必要があることもありますので、こちらも注意が必要です。

二次展開のための許諾を番組制作の時点でどこまで得ておくかについて、放送局のルールがある場合には、内部制作、外部制作を問わず、こうしたルールに従って許諾を取得するようにしてください。

9章

許諾なく利用できる場合

9-1

権利処理が不要な「引用」の範囲

Q

映画、書籍、絵画などを、紹介、参照、論評したりするために画面に表示させるだけでも、必ず著作権者の許諾を得なくてはならないのでしょうか？

A

一定の条件を満たしている場合には、「引用」として、権利処理をしなくても他人の著作物を利用することができます。

KEY POINT

■ 著作権法における「引用」とは、紹介、参照、論評その他の目的で、自己の作品中に他人の著作物を採録することをいう。

■ これまでの考え方によれば、次の要件を全て満たす場合には、適法な「引用」に該当する。

・引用する著作物が公表されていること

・引用する著作物と、自分の番組とが明瞭に区別できること

・自分の番組が「主」、引用する著作物が「従」といえること

・引用の目的上正当な範囲内であること

■ 近時は、ケースバイケースでより柔軟に「引用」の成立を認める考え方も有力になっている。

■ 引用の際は原則として出所（クレジット）の明示が必要（ただし、要否や表示方法は業界慣行に従う。）。

著作権法は、権利者の許諾がなくとも著作物を利用してもよい例外をいくつか認めています。なかでも、番組制作に重要なものとして、「引用」と「時事の事件の報道のための利用（報道利用）」があります。これらに該当する場合には、著作権者の許諾がなくとも番組で著作物を利用することができます。ここでは、どういった場合に「引用」に該当するのかについて、基本的な点を確認します。

■「引用」が許される理由

番組の中で、他人が著作権を持っている著作物を利用するときには、著作権者から許可をもらって利用するのが原則です。しかし、常に許可が必要ということになると、例えばその著作物に対して批判的な番組を作ろうとする場合には、著作権者から許可がもらえず、番組が作れないことにもなりかねません。そのような事態は、表現の自由の観点からも適当ではありません。また、著作物を無断で使用されたとしても、著作権者が受ける経済的な損失が小さい場合もあります。

そこで著作権法では、他人の著作物を「引用」して使う場合は著作権者の許可は不要としています（32条1項）。

とはいえ、何でもかんでも「引用」という名目で使えるということになれば、他人の著作物は使い放題ということになってしまいます。そこで、著作権法は、一定の要件を満たす場合に限って、適法な「引用」と認められるとしています。具体的にどのような要件を満たすべきかについては様々な見解があるところですが、これまでのところ、旧著作権法の「節録引用」に関する最高裁判決（参考判例①）の示した「明瞭区別性」と「主従関係」を軸にして判断する考え方が主流となってきました。

以下は、ひとまずこの考え方を前提として、「引用」が認められる要件について考えていきたいと思います。

■引用する著作物が公表されていること

まず、著作権法は、「公表された著作物は、引用して利用することができる」と定めていますので、利用しようとする著作物がすでに公表されていることが必要です。著作者には公表権という権利が認められていて、公表されていない著作物を、いつ、どのような形で公表するかは著作者が決定できます。

したがって、例えば幼くして殺害されてしまった子どもが将来の夢を綴っていた日記を番組で紹介することは、「引用」としては認められないことになります。このような日記は、通常は公表されてはいないからです。これに対して、日記ではなく卒業文集であれば、通常はすでに公表されているものですので、「引用」して利用することも可能でしょう。

こういった日記については、その子の遺族として公表権侵害を主張できる立場にあり、かつ相続人として著作権も相続している両親の許諾を得て放送することになるでしょう。

■引用する著作物と、自分の番組とが明瞭に区別できること（明瞭区別性）

次に、これまで主流となっている考え方によれば、適法な引用となるためには、「引用する著作物と、自分の番組とが明瞭に区別できること」（明瞭区別性）が必要です。

明瞭区別性があるとは、番組の中で、どの部分が他人の著作物なのかが視聴者に明確に分かるようになっていることを言います。

例えば、海外のニュース番組の映像を、「海外メディアはこの事件についてこのように報じている」ことを報道するために「引用」として利用するような場合には、その映像を流す際に、映像の周囲を色つきの枠で囲んだり、当該放送局の名称やロゴなどのクレジットを表示するなどして、その部分が他人の映像であることを明らかにしておく必要があります。

一方、本や雑誌の一部を撮影して番組で紹介したりするような場合には、「本」や「雑誌」と「番組」は明確に区別できますので、特段特別なことをしなくとも、明瞭区別性は当然に認められます。

■自分の番組が「主」、引用する著作物が「従」と言えること（主従関係）

また、これまで主流となっている考え方によれば、自分の番組が「主」で、利用する他人の著作物が「従」という主従関係があることも必要です。分量の面でも内容の面でも、あくまで、自分が制作する番組が相対的にメインでなければいけません。他人の著作物を視聴者にしっかり鑑賞させて、その後に一言だけコメントを付け足すというような構成では、他人の著作物が「主」とされてしまい、主従関係の要件を満たさないとされるおそれが高いでしょう（参考判例②）。

■引用の目的上正当な範囲内であること

著作権法は、「引用の目的上正当な範囲内で行われるものでなくてはならない」（32条1項）とも定めていますので、「正当な範囲内」で利用することも必要です。

例えば、他人の著作物の一部だけを引用すれば十分なのに、全部をそのまま引用してしまうと、「正当な範囲」を超えているとされる可能性があります。

もっとも、絵画や写真については、一部だけを引用することは困難ですし、俳句のように短い著作物を引用する場合も、やはり全文を引用せざるを得ないことが多いでしょう。このような場合には著作物の全部を引用することも可能です。ただし、絵画や写真が番組の中で写っている秒数が必要以上に長く、視聴者に絵画や写真を鑑賞させるのが目的だと思われるような場合には、「正当な範囲内」とは言えないでしょう。

■「引用」の要件に関する近時の新しい考え方

以上は、「引用」の要件に関するこれまでの主流となってきた考え方です。しかし、近時は、旧法の判例にとらわれず、現行法の「引用」の文言に忠実に、「公正な慣行」と「引用の目的上正当な範囲」によって判断しようとする学説が有力であり、そのような裁判例（参考判例③）もあらわれています。

この考え方によれば、例えば、従来の考え方における「明瞭区別性」が認められにくいような場合（例えば、パロディやオマージュのように他の作品を自分の作品に取り込んでいるもの）や、形式的な「主従関係」が認められにくいような場合（例えば、情報の少ない緊急報道で、読み原稿に対して引用する映像の分量が多いような場合）であっても、総合的に判断して「公正な慣行」と「引用の目的上正当な範囲」に合致していると言い得る場合には、正当な「引用」に該当すると判断される可能性が出てくると言えそうです。

■出所の明示

他人の著作物を引用して利用する場合は、上に説明したような「引用」の要件を満たすことに加えて、出所を明示する必要があります（著作権法48条1項柱書き）。ただし、「放送」のように「複製以外の方法」で利用する場合は、出所を明示する慣行があるときに限って出所の明示が必要です（48条1項3号）。「表示する慣行」があるかどうかについては、引用する著作物の種類や性質、引用の目的、引用の程度などの条件によって異なりますので一概には言えません。また、「慣行」は時とともに変化していくものです。その都度、ケースバイケースで判断されることになります。

出所を明示する場合に、何をどこまで表示するかは常識的に判断することになりますが、通常は著作物の題号（タイトル）や著作者名が必要でしょう。加えて、書籍の場合は出版社名、新聞の場合は発行日や朝刊・夕刊の区別なども表示することが多いです。なお、著作者名については著作権法に定めがあり、「出所の明示に当たつては、これに伴い著作者名が明らかになる場合及び当該著作物が無名のものである場合を除き、当該著作物につき表示されている著作者名を示さなければならない」（48条2項）とされています。例えば、本や雑誌の一部を撮影して紹介するような場合は、通常、本や雑誌を紹介すること自体から、著作者名は明らかになることが多いと思いますので、そのような場合には、さらに重ねて著作者名を明示する必要はないでしょう。また、ネット上に匿名で公表された写真などで、撮影者が誰だか分からないような場合には、撮影者が誰であるかを明示する必要はありません。

また、明示の方法についてはテロップで表示するのがも確実な方法ですが、必ずしもテロップで表示する必要はなく、映像、スタジオのフリップボード、出演者の台詞、ナレーション、その他の番組の要素によって視聴者に明確に伝わるのであれば、それで有効な明示となります。

なお、他人の映像等を利用する場面で、テロップ等によりきちんと出所の明示をしておくことは、この出所表示の条件を満たすだけでなく、他人の著作物であることを明確にする効果もありますので、「明瞭区別性」の点からも有意義でしょう。

■「禁無断転載」などの表示

新聞、雑誌、書籍などには、奥付や各ページの欄外などに、「禁無断転載」などと記載されていることがあります。こうした記載がある場合は、たとえ「引用」や「報道利用」の要件を満たしていても許諾なく利用できないのかというと、そのようなことはありません。「引用」や「報道利用」の要件を満たす場合は、たとえ著作権者の明示の意思に反していても、許諾を得ずに利用することができます。つまり、「禁無断転載」との記載は、「引用」や「報道利用」との関係では、法的には意味のない記載だということです。

もっとも、放送局が著作権者との間で、あえてこれと異なる合意をした場合には、その合意に拘束されることになります。

ほかにも、過去の新聞記事のデータベースについては、転載しないことがサービスの利用条件として挙げられている場合があります。縮刷版等で同じものが手に入るのであれば、そちらを複写して使用することをお勧めします。

■団体との契約や業界慣行など

以上のルールを守れば、他人の著作物であっても、許諾なく利用することが可能です。

もっとも、実務上は放送局と団体間の契約や業界慣行に基づき、法的には「引用」として無許諾で利用できる場合であっても、許諾を得たり、使用料を支払うこともあります。こうした特別な権利処理については、本書の他の項目を参考にするほか、各局の著作権担当部署に直接確認してください。

参考判例❶

最高裁昭和55年3月28日判決・民集34巻3号244頁、判時967号45頁、判タ415号100頁、裁判所ウェブサイト（パロディ・モンタージュ事件・上告審）

雪の斜面をシュプールを描いて滑降してくる6名のスキーヤーを撮影した写真家の白川義員氏のカラー写真作品について、写真モンタージュ作家のマッド・アマノ氏が、その写真の一部をカットした上、シュプールをタイヤの痕跡に見立てて、シュプールの起点に巨大なスノータイヤの写真を合成して白黒のモンタージュ写真を作成したことが、著作権侵害に当たるかが争われた事件。このような作品の制作手法が旧著作権法（この作品が作成公表された当時はまだ旧著作権法が施行されていたため）の「引用」（旧著作権法30条1項）に該当するかが主な争点となった。

最高裁は、適法な「引用」と認められるためには、「引用を含む著作物の表現形式上、引用して利用する側の著作物と、引用されて利用される側の著作物とを明瞭に区別して認識することができ、かつ、右両著作物の間に前者が主、後者が従の関係があると認められる場合でなければならない」とした上で、この作品では、元の作品が「従たるものとして引用されているということはできない」などとして、適法な引用には当たらないと判断した。

参考判例❷

東京地裁平成12年2月29日判決・判時1715号76頁、判タ1028号232頁、裁判所ウェブサイト（中田英寿文集掲載事件）

プロサッカー選手である中田英寿氏の生い立ちを紹介した書籍の中で、中学校の文集に収録された中田氏の詩を、自筆の原稿のまま当該書籍に掲載したことが中田選手の著作権及び著作者人格権（公表権）を侵害するかが争われた事件。掲載が適法な引用に当たるかが争点の1つとなった。

裁判所は、①詩の全文が掲載されていること、②自筆の原稿が複写されて掲載されていること、③詩の下部に「中学の文集で中田が書いた詩。強い信念を感じさせる」とのコメントがある以外に詩について何ら言及されていないこと、を根拠として、被告が詩を利用したのは詩を紹介すること自体が目的であり、主従関係が認められない（詩が主である）と判断し、適法な引用とは認めなかった。一方、公表権侵害については、文集がその中学校の教諭及び同年度の卒業生に合計300部以上配布されたことなどから公表権の侵害には当たらないと判断した。

参考判例❸

知財高裁平成22年10月13日判決・判時2092号135頁、判タ1340号257頁、裁判所ウェブサイト（美術鑑定書事件・控訴審）

絵画の真贋の鑑定書に、その絵画の縮小カラーコピーを作成して添付したことが、その絵画の著作権を侵害するかが争われた事件。カラーコピーを作成して添付することが適法な「引用」に当たるかが争点の1つとなった。

裁判所は、適法な引用となるための判断基準として「主従関係」や「明瞭区別性」といった要素を示すことなく、「引用して利用する方法や態様が公正な慣行に合致したものであり、かつ、引用の目的との関係で正当な範囲内、すなわち、社会通念に照らして合理的な範囲内のものであることが必要」であるとした上で、その判断においては「他人の著作物を利用する側の利用の目的のほか、その方法や態様、利用される著作物の種類や性質、当該著作物の著作権者に及ぼす影響の有無・程度などが総合考慮されなければならない」とした。そして、鑑定書にカラーコピーを添付する必要性・有用性が認められる一方で、著作権者側の経済的利益を損なうことは考え難いことなどとして、適法な引用であると認めた。

なお、適法な引用に当たるためには、引用して利用する側の作品が「著作物」である必要があるとする見解が伝統的であり、その見解に立つと本件では引用が認められないこととなる（鑑定書自体には著作物性が認められないため）。しかし、本判決は、旧著作権法とは異なり、現著作権法の文言では、引用する側が著作物であることは求められていないなどとして、そのような見解にも立たなかった。

9-2

権利処理が不要な「報道利用」の範囲

Q 事件報道の際に著作物を画面に表示する必要があるのですが、「引用」の要件を満たさない限り、権利者の許諾を得なくてはならないのでしょうか？

A 時事の事件を報道する場合は、「引用」に該当しない場合であっても、一定の要件を満たせば「時事の事件の報道のための利用」として無許諾での利用が認められます。

KEY POINT

■ 「時事の事件の報道のための利用」とは、「時事の事件の報道に伴って、事件を構成する著作物または事件の過程で見られ、もしくは聞かれる著作物を利用すること」をいう。

■ 次の要件を全て満たしている場合には、適法な「報道利用」に該当する。

①時事の事件を報道する場合であること

②利用する著作物が次のどちらかであること

・事件を構成する著作物

・事件の過程で見られ、もしくは聞かれる著作物

③報道の目的上正当な範囲内であること

④出所を明示すること（ただし、要否や表示方法は業界慣行に従う）

著作権法は、権利者の許諾がなくとも著作物を利用してもよい例外をいくつか認めていますが、テレビ局がよく用いるものとしては、「引用」と「時事の事件の報道のための利用」（以下「報道利用」）があります。これらに該当する場合には、著作権者の許諾がなくとも番組で著作物を利用することができます。

ここでは、どういった場合に「報道利用」に該当するかについて、基本的な点を確認します。

■報道利用とは

報道の際には、その性格上、どうしても緊急に第三者の著作物を利用せざるを得ない場合があります。「引用」として説明がつく場合はよいのですが、「引用」に該当しない場合もあります。報道の分野では、特に国民の知る権利を守る必要性が高く、報道の自由が強く保障されます。そのため、報道目的の場合には、「引用」に加えて、一定の条件の下で他人の著作物を無許諾で利用できる場合が定められています。これが「報道利用」です（著作権法41条）。

なお、「報道利用」と認められるために、自分の番組がいわゆる報道番組であることは必須ではありません。例えば放送業界では報道番組と情報番組は区別されていますが、情報番組であっても「報道利用」は問題なく認められます。報道の要素を持ったバラエティ番組などでも同様です。

■「時事の事件」を報道する場合であること

まず、「時事」の事件を報道する場合であることが必要です。何年も前の事件を、特に現在報じる必要もないのに突然取り上げる場合は、通常は「時事」とは言えないことが多いでしょう。いつまでなら「時事」の事件と言えるかについては明確な基準はありませんが、例えば、毎週日曜日に放送している番組であれば、前回の放送から１週間以内に起きた出来事であれば、通常は報道の必要が認められるでしょうから、その程度であれば問題なく「時事」の事件と言えるでしょう。この点、広域暴力団の山口組の五代目組長の継承式の模様を撮影したビデオの一部をニュース番組の中で使用したケースで、裁判所は、この日山口組が一斉摘発を受けたことに加え、「山口組が継承式の様子をビデオに撮影して系列の団体に配布したこと」も「時事」の事件として報じたものだと認定しました（参考判例①）。このケースでは、平成元年7月20日に継承式が実施され、同年8月20日ころにビデオの編集が完了し、その後ビデオの複製物が系列の団体に配布され、同年10月4日に番組の放送というタイミングでしたが、裁判所は、放送日の1か月程度前になされたビデオの配布についても、それが報道当日にあった一斉摘発に関連していることを踏まえて「時事」であると判断しています。

また、時事の「事件を報道」する場合であることも必要です。他人の著作物を利用したいがために、報道の必要もないのに「事件の報道」という体裁を装って利用することはできません。例えば、新聞社が自ら主催する絵画展の入場券の前売り開始を告知する記事の中で、出品される絵画の写真を掲載したというケースで、裁判所は、「当日の出来事の予告ではあるが客観的な報道ではなく、むしろ、好意的に見て主催者からの告知又は挨拶文、とりようによっては被告が主催する本件展覧会の入場券前売り開始の宣伝記事と認められる」などとして、絵画は事件を構成する著作物には当たらないと判断しています（参考判例②）。

■事件を構成する著作物を利用すること

時事の事件を報道する場合には、2通りの利用が許されています。まず1つが、その事件を構成する著作物を利用する場合です。

事件を構成する著作物とは、事件のテーマとなっている著作物のことです。例えば、「ピカソの絵画がオークションで高値で落札されました」というニュースでは、ピカソの絵画はそのニュースのテーマとなっていますので、それがどのような絵画なのかを視聴者に紹介するため、ピカソの絵画の著作権者の許諾がなくとも、その絵画の映像を放送することができます。「映画○○がアカデミー賞を受賞しました」といったニュースの際に、映画の一部を使用する場合もこれに該当すると言えます。

この点に関して裁判所が判断した事例としては、前述の山口組五代目継承式ビデオの事例（参考判例①）があります。このケースで裁判所は、このニュースは「山口組が継承式の様子をビデオに撮影して系列の団体に配布したこと」を時事の事件として報じたものだと認定しています。そして、「ビデオを配布したこと」が事件の内容であるから、そのビデオは事件を構成する著作物であるとしました。

■事件の過程で見られ、もしくは聞かれる著作物を利用すること

時事の事件を報道する場合に、もう１つ許されるのは、「事件の過程において見られ、もしくは聞かれる著作物」を利用する場合です。「事件の過程において見られ、もしくは聞かれる著作物」とは、事件を視聴覚的に報道しようとすれば利用を避けることができない事件中に出現する著作物のことです[1]。

例えば、あるイベントが行われたというニュースを流す際には、イベントの中で音楽隊が演奏した音楽も一緒に放送されてしまいますが、このような場合は、報道に伴ってその音楽も利用することができます。同じように、首相が美術館を訪問したというニュースを流す際には、映像の中に展示されている美術品が写ってしまいますが、そのような美術品も一緒に放送することができます。

いずれも、かすかに聞こえる程度であったり、ちらりと写り込んでいる程度であったりする場合には、そもそも著作物を「利用」しているとは言えませんので、「報道利用」と言うまでもありません。ただ、結果として大きくはっきりと聞こえたり写っていたりする場合であっても、「報道利用」として適法となり得ることを明確にしているのです。

■事件と関連のある著作物

以上で述べた要件を厳密に考えると、例えばある企業について報じる際に、その企業のイメージキャラクターを画面に表示させるような手法は、「報道利用」としては認められないということにもなりそうです。事件報

【1】 加戸守行『著作権法逐条講義［6訂新版］』318頁（著作権情報センター、2013）

道の過程でどうしても写ってしまうというわけではありませんし、キャラクターそのものが報道の対象となっているわけでもないからです。

しかし、少し古い例になりますが、英会話学校 NOVA が経営破たんして各テレビ局が盛んにニュースで取り上げた際にイメージキャラクター「NOVA うさぎ」を盛んに表示させたように、そのキャラクターが企業のイメージと結びついているような場合などでは、報道に際して利用すべき必要性が高いことも多いでしょうし、反面、著作者が受ける経済的損失もないといえます（仮にあっても甘受すべきでしょう。）。したがって、このような場合にも広く「報道利用」の適用を認めるべきではないかと考えます。学説には、ある事件と相当な関連があれば「報道利用」の規定の適用を認めるべきとするものもあります[2]。

■報道の目的上正当な範囲内であること

報道利用として使うことが許されるのは、質・量ともに、報道の目的上正当な範囲内で利用する場合に限られます。著作物を利用する必要性が乏しい場合や、著作物本来の経済的な利用に当たるような形で利用する場合は、「報道の目的上正当な範囲」を超えるとして、適法な報道利用とはみなされなくなってしまいます。

例えば、上で述べたとおり、「ピカソの絵画がオークションで高値で落札された」というニュースの中で、その絵画の映像を放送することは可能ですが、それがどのような絵画なのかを視聴者に紹介するという程度の利用を超えて、あたかも美術番組のように、じっくりと鑑賞できるような長時間の利用をしてしまった場合には、「報道の目的上正当な範囲」を超えているとされる可能性があります。

ただし、「引用」の場合に検討されるような「主従関係」があることまでは不要とされています。参考判例①のケースでは、山口組関連の報道の放送時間は全体で約7分であり、そのうちの約6割を占める4分10数秒の間継承式のビデオが放送されていますが、ビデオの放送中にも出演者が

【2】 中山信弘『著作権法〔第2版〕』355頁（有斐閣、2014）。三村量一「マスメディアによる著作物の利用と著作権法」コピライト594号6頁もこれに賛成している。

継承式についてコメントしていることや、4分10数秒というのはビデオ全体の長さ（約1時間27分）の5%弱にとどまることも考慮された結果、報道の目的上正当な範囲内であると判断されています。

出所の明示

他人の著作物を番組で「報道利用」する場合、出所を明示する慣行があるときは、利用の態様に応じ合理的と認められる方法及び程度により明示する必要があります（48条1項柱書き）。引用の場合（9-1参照）と異なり、報道利用の場合は、「複製」による利用の場合であっても慣行があるときに限り出所の明示が必要です。逆に言えば、出所を明示する慣行がない場合は、明示する必要はありません。

出所明示の慣行があるとは、実情に即して、社会的にそういう出所明示をすることが通常であるような場合をいうなどと説明されています[3]。明確な線引きは難しく、また、社会状況によって変化するものですが、出所明示をしたりしなかったりと言う状況であれば、出所を明示する慣行があるとまでは言えないとの指摘があります[4]。筆者らの認識も基本的に同じです。

ただし、仮に出所明示をする慣行があるとされる場合は、何をどこまで表示するかはケースバイケースで常識的に判断することになります。これについては引用の場合と同じです（9-1参照）。

ちなみに、上記の山口組組長の継承式ビデオの事件（参考判例①）では、山口組製作のビデオ映画の一部を放送する旨のアナウンスをするとともに、〔山口組製作のVTRより〕という字幕を画面下部分に表示しており、これは、ビデオの最後の部分に表示されたクレジットタイトルにある「制作　山口組総本部」という表示に従ったものであるから出所明示も行っていると判断されています。もっとも、この事件ではテレビ局側が出所明示の要否については争点としなかったようであるため、この時に出所

【3】 加戸守行・前掲384頁参照
【4】 三村量一「マスメディアによる著作物の利用と著作権法」コピライト594号10頁において、メディア関係者から聞いた話として紹介されている。

を明示する慣行があったのか否かについては判断されていません。

一方、「事件の過程で見られ、もしくは聞かれる著作物」については、著作物や著作権者を特定することすら必ずしも容易ではなく、表示も困難な場合がほとんどですので、現実的には表示は不可能といえそうです。

■業界慣行等

なお、以上のルールを守れば、他人の著作物であっても許諾なく利用することが可能ですが、実務上は、放送局と団体間の契約に基づき、法的には「引用」や「報道利用」として特に許諾なく利用できる場合であっても、許諾を得たり、使用料を支払ったりすることもあります。

こうした特別な権利処理については、本書の他の項目を参考にするほか、各局の著作権担当部署に直接確認してください。

参考判例 ❶

大阪地裁平成5年3月23日判決・判時1464号139頁（山口組継承式ビデオ事件）

広域暴力団である山口組の組長を襲名したことを示す「山口組五代目継承式」（平成元年7月20日実施）の模様を撮影して編集したビデオの一部を、TBSがニュース番組「筑紫哲也ニュース23」（平成元年10月4日放送）の中で放送したことから、山口組の若頭としてビデオの製作を発注した者が、TBSを相手に著作権の侵害に当たるとして提訴した事件。

裁判所は、報道当日山口組が一斉摘発されたことに加え、「山口組が、新組長の威光を末端組員に対しても周知徹底させるために、継承式の模様を撮影してビデオを作成し、その複製物を系列の団体に配布したこと」も「時事の事件」であるとした上で、このビデオが「事件を構成する著作物」であるとした。さらに、出所の明示についても、「山口組製作のビデオ映画の一部を放送する旨のアナウンスをするとともに、本件放送の冒頭及び中途において、〔山口組製作のVTRより〕という字幕を画面下部分に表示」しており、これは、ビデオの最後の部分に表示されたクレジットタイトルにある「制作　山口組総本部」という表示に従ったものであるから出所の明示も行っているとし、結論として報道利用として著作権を侵害しないと結論付けた。なお、出所を明示する慣行の有無自体は争点とされていないようであり、判断されていない。

参考判例❷

東京地裁平成10年2月20日判決・判時1643号176頁、判タ974号204頁、裁判所ウェブサイト（「バーンズ・コレクション」事件）

読売新聞社が主催するバーンズ・コレクション展の開催に当たって、ピカソの絵画を新聞、入場券・割引引換券、観覧者向け解説書等に複製したことから、ピカソの相続人の代表者が、著作権を侵害されたとして読売新聞社を相手に提訴した事件。

争点は多岐にわたるが、新聞への掲載が報道利用に当たるかについて、裁判所は、展覧会が開催されることが前日までに決まったことを報じる記事の中で、出品予定の絵画の１つとしてピカソの絵画を掲載したことは、「時事の事件」の報道のために「当該事件を構成する著作物」を利用したものに当たるとした。

しかし、その後、前売り開始を告知する記事の中で絵画を掲載したことは、「当日の出来事の予告ではあるが客観的な報道ではなく、むしろ、好意的に見て主催者からの告知又は挨拶文、とりようによっては被告が主催する本件展覧会の入場券前売り開始の宣伝記事と認められる」として、「時事の事件」の報道には当たらないと判断した。

9-3

卒業アルバムやネット上の顔写真の利用

Q 逮捕された被疑者本人のブログで顔写真を見つけたのですが、逮捕を報じるニュース番組の中でこの写真を被疑者の容ぼうとして利用することは可能でしょうか？

A 基本的に可能と考えます。

KEY POINT

- 犯罪報道や災害報道、事故に関する報道などで被疑者や被害者の写真を利用することは、報道を目的とした「引用」または「時事の事件の報道のための利用」として適法に行うことが可能である。
- 現在のところ著作者名（撮影した人の名前）をテロップする慣行があるとはいえないため、著作権法の求める出所明示（著作者名の明示）は必須ではない。

犯罪報道や災害報道、事故に関する報道などでは、テレビでも新聞でも、被疑者や被害者の顔写真を表示することが広く行われています。顔写真は、本人の周囲を取材して卒業アルバムなどを入手してくることが従来から広く行われてきましたが、最近は本人のブログやSNS等に上げられている写真を用いることも少なくありません。すでに広く行われているこうした顔写真の利用ですが、著作権法的にはどのように整理されるのでしょうか。

「引用」(著作権法32条)

まず、テレビ局によるこのような顔写真の利用は、適法な報道目的の「引用」であると説明することができるでしょうか。

適法な「引用」かどうかの判断について、これまでの一般的な考え方は、「明瞭区別性」と「主従関係」によって判断しようとするものです(引用の要件について詳しくは9-1参照)。この考え方に従ってみると、まず、引用元である顔写真と、引用先である報道番組とは容易に別の著作物と区別することができますし、報道番組が「主」で、顔写真が「従」であることも明らかです。また、このような報道に伴う顔写真の利用を認めても、通常は、著作権者に生じる経済的損失はほとんどないといえそうです。他方で、広く国民に被疑者や被害者の容ぼうを知らせることは、できる限り多くの情報を国民に知らせるという報道の使命として必要なことといえます。

したがって、事件事故報道等における顔写真の利用は、これまでの一般的な考え方に立ったとしても、「引用」の要件を満たすと考えます。

また、9-1で述べたとおり、近時は、「引用」の文言に忠実に「公正な慣行」と「引用の目的上正当な範囲」によって判断しようとする学説や裁判例が有力となってきていますが、こちらの考え方によっても、卒業アルバムなどの顔写真を利用することは、報道機関の慣行として従前から広く行われてきており、また、ブログやSNS等から写真を入手することも最近では広く行われており、いずれも「公正な慣行」として確立していると言えそうですので、いずれにしても「引用」の要件を満たすと考えます。

■「報道利用」（著作権法41条）

テレビ局によるこのような顔写真の利用が、適法な「時事の事件の報道のための利用（報道利用）」（著作権法41条）に該当するかどうかについては、どの学説に立つかによって結論が異なってきます（報道利用の要件について詳しくは9-2参照）。

41条が求める「事件を構成する著作物」又は「事件の過程で見られ、もしくは聞かれる著作物」の要件について、この要件を条文の文言に忠実に解釈する見解に立つと、写真に写っている人物は事件を構成しているといえても、写真自体が事件を構成するものとは言えませんし、事件現場でその写真が目に入る訳でもありませんので、どちらにも該当しないと言うことになります。この見解を唱える加戸守行氏は、「本条では、報道用の写真は、利用できる著作物とはなりません。といいますのは、事件現場を撮影した写真自体は、その事件を構成する著作物でもないし、その事件の過程において見られ聞かれる著作物でもないからであります」と端的に解説しています[1]。

これに対して、この要件を緩やかに解釈する見解は、「ある事件と相当な関連性があれば41条の適用を認めるべき」などと考えますので、この見解に立てば、卒業アルバムや、ブログやSNS等に掲載されている被疑者や被害者の写真についても、他の要件を満たせば41条に該当することになります。こちらの見解に立つ三村量一氏は、「報道対象となる客体が写っていれば41条の対象としてもよいのではないかと思います」と端的に解説しています[2]。

■出所の明示（著作権法48条）

放送で利用する場合は「複製」による利用と異なり、「引用」の際に必ずしも常に出所を明示する必要はなく、「明示する慣行」がある場合に限って表示すれば足ります（9-1参照）。また、報道利用（著作権法41条）については、「複製」による利用かどうかを問わず、「明示する慣行」があ

【1】 加戸守行『著作権法逐条講義［6訂新版］』319頁（著作権情報センター、2013）
【2】 三村量一「マスメディアによる著作物の利用と著作権法」コピライト594号9頁

る場合に限って表示すれば足ります（9-2参照）。結局、テレビ報道に関して言えば、「引用」と構成しようと、「報道利用」と構成しようと、いずれにしても、「明示する慣行」がある場合に限って出所を表示する必要があるということになります。

そこで、実際の慣行がどうなっているかですが、現在のテレビ業界の慣行としては、被疑者や被害者の容ぼうを紹介するために顔写真を表示するような場合には、出所を明示する慣行があるとまでは言えない状況と思われます（9-2参照）。これは、テレビメディアの特色として、表示するスペースや視聴者が読み取れる情報量が限られており、顔写真と氏名と並列して出所まで表示することが実際上困難であること、一般の方が撮影した写真など商業的に利用されてはいない写真も多く、出所を明示すべき必要性が類型的に高いとは必ずしも言えないことなどに由来すると思われます。

最近は、顔写真を比較的大きなサイズで利用する際などに、画面に「ツイッターより」「フェイスブックより」「卒業アルバムより」などと、取得したSNSの名称やアルバムの種類を表示するケースも目にします。そのような場合には、慣行の有無はともかく、著作権法上の出所明示を行っていると解釈できる場合もあるでしょう。ただし、報道機関としては、ニュースソースの明示という観点から素材の入手元を示すべき場合もありますので、主としてそのような観点から入手元を表示している場合も多いと思われます。そのような表示を行っているケースがあるからといって、直ちに出所を明示する慣行があるとまでは言えないように思われます。

なお、ツイッターに投稿されている写真を利用する際には9-5を、フェイスブックに投稿されている写真を利用する際には9-6を、それぞれ併せて参照してください。

9-4

ネット上に投稿されている事件写真・災害写真の利用

Q 一般の方がツイッターやユーチューブに事件や災害の現場の様子を撮影した写真や動画を投稿しています。これらをニュース番組で使用することはできますか？

A 一定の条件を満たせば可能と考えます。ただし、法律の専門家の間でも判断が分かれる問題であり、前提条件が少し変化するだけでも結論が変わり得る利用例ですので、その都度慎重に判断することが望ましいと考えます。

KEY POINT

- 犯罪報道や災害報道、事故に関する報道などで、現場の様子を撮影した写真を利用することは、一定の条件を満たせば、報道を目的とした「引用」（32条）又は「時事の事件の報道のための利用」（41条）として、著作権法との関係では適法に行うことが可能と考えられる。
- どのような場合に許されるか、また、「引用」と「時事の事件の報道のための利用」のどちらを根拠とできるかについては、専門家でも意見が分かれている。
- 専門家の間でも判断が分かれる問題であり、前提条件が少し変化するだけでも結論が変わり得るため、担当部署等に相談を。

2014年の御嶽山の噴火では、登山客らが噴火の様子を撮影した写真や動画をSNSにアップロードし、報道機関がそれらをニュース番組等で使用する例が多く見られました。撮影者と連絡が取れて承諾が得られる場合はよいのですが、撮影者と連絡が取れないことも少なくありません。こうした場合、撮影者の許諾が無くとも写真や動画を報道番組等で使用することができるのでしょうか。

■「引用」（著作権法32条）

まず、テレビ局によるこのような現場の映像や写真の利用は、適法な「引用」（著作権法32条1項）であると説明することができるでしょうか。

「引用」に関しては、従来からの「明瞭区別性」と「主従関係」を軸に判断しようとする伝統的見解に対して、条文の文言に忠実に「公正な慣行」と「引用の目的上正当な範囲」によって決しようとする見解が有力となってきています（9-1参照）。

設例のように、事件や事故の決定的瞬間を捉えた利用価値が高い映像を利用する場合は、ネットに投稿されたインパクトのある映像を見せること自体が主目的ではないかと疑われる場合もあるかもしれません。そのようなケースでは、上記のどちらの見解を前提にしても、「主従関係」が逆転しているのではないか、「引用の目的上正当な範囲内」とはいえないのではないか、というような点から議論されることになりそうです。専門家からは「報道目的の引用の場合には、分量的には引用される著作物のほうが多くとも正当引用と判断されることもあり得よう」との指摘もなされており[1]、筆者らとしても、「主従関係」をあまり厳しく捉えることは適切でないと考えますが、「引用」を前提に利用する場合は、このような議論があることを意識して、利用する分量や番組の構成に配慮する必要があると言えそうです。

なお、他の報道機関のスクープ映像でも「引用」で利用できてしまうのではないかという疑問を持つ方もいるかもしれません。しかし、そのような利用は明らかに報道現場の慣行に反し、「公正な慣行に合致」している

【1】　中山信弘『著作権法［第2版］』323頁（有斐閣、2014）

ということは難しいので、例えば他社の報道が誤報であることを報じる場合のように正当な理由がある場合を除いて、適法な「引用」と認められることはまずないと考えます。あくまで個別の判断となりますが、筆者らとしては、誰でも無料で閲覧可能な投稿サイトやSNS上に、非商業的な目的で公開されたような映像については、比較的広く「引用」の成立を認めてもよいのではないかと考えます。

また、前後の編集や見せ方によっては、その映像や写真をテレビ局が自ら撮影したものと視聴者が誤解する可能性があります。そうすると、引用される作品（ネット上の写真や動画）と引用する作品（テレビ番組）が明確に区別できず、「明瞭区別性」を欠いているということにもなりかねません。編集で工夫するとともに、「登山客が撮影」「現場に居合わせた人が撮影した映像」のように、テレビ局が撮影した映像ではない旨が分かるような表示やナレーションでの説明を付しておくべきでしょう。

■「報道利用」（著作権法41条）

「時事の事件の報道のための利用」（報道利用）に該当するかどうかについては、どの学説に立つかによって結論が異なってきます（9-2参照）。

この要件を厳しく解釈する見解に立つと、事件現場を撮影した写真や映像については、基本的に報道利用には該当しないということになります。

ただし、こちらの見解に立ったとしても、なお報道利用として利用できる場合もあります。それは、「事件発生直後に登山客が噴火の模様を撮影して動画をネットに投稿していた」こと自体に報道価値があり、そのことを報道するような場合です。この場合は、その「動画」自体が「事件を構成」していますので、それほど困難なく報道利用に該当するとの結論を導くことができます。実際、このような理屈でテレビ局による適法な報道利用と認めた判例が存在します（9-2の参考判例①）。また、いわゆる尖閣ビデオ流出事件は、「流出事件」というネーミングからも分かるとおり、動画がYouTubeに公開されて流出したことそれ自体に高い報道価値がありました。よって、流出した「動画」自体が「事件を構成」しているといえ、報道利用を根拠に利用することが可能であったケースと言えます。

他方、「事件を構成」「事件の過程で見られ聞かれる」の要件を緩やかに解釈する見解を前提とするならば、このような場合に限らず、事件と相当の関連があればよいなどとされますので、例えば御岳山噴火のニュース報道であれば、「動画」自体が事件を構成しているかどうかにかかわらず、他の要件を満たしていれば、報道利用を根拠に登山客が噴火の模様を撮影した写真や動画を使用することも可能となります。

なお、報道利用は、「報道の目的上正当な範囲内」であることを要件としていますが、他のテレビ局が放送したり配信したりした映像をそのまま利用するような行為は、通常はこの要件を満たさないと言うべきでしょう。報道利用の成立を比較的緩やかに認める立場からも、「他の新聞社が掲載した写真をそのままコピーして自社の新聞に掲載するような場合」には、報道の目的上正当な範囲内とは言えないと指摘されています[2]。

■出所の明示（著作権法48条）

出所の明示については基本的に9-3と同様です。なお、実名やアカウント名を明示してSNS上に公開された決定的瞬間の映像などの場合は、アカウント名まで明示する方が望ましい場合も、中にはあるかもしれません。しかし、それをきっかけに「炎上」する場合も考えられ、常に出所明示が望ましいとは一概には言えないと思われます。また、ネット上のコンテンツは、往々にして転載が繰り返されることが多く、そのアカウントが真実の著作者の名義であるかの判断が困難なケースも多いです。出所明示の有無及び態様についても、事案ごとの対応が望まれると言えそうです。

■映像の真実性の確認

以上は著作権の観点からの議論です。報道機関である放送局としては、投稿されている映像が真実現場を映したものか、不適切な加工等が加えられたりしていないか等についての確認は、別途必要となるでしょう。

【2】 三村量一「マスメディアによる著作物の利用と著作権法」コピライト594号9頁。もっとも北朝鮮や中国などの事件で地元の特定のメディアにしか撮影が許可されていないようなケースについては、国民の知る権利の観点から別異に解すべき場合もあるだろうとされている。

9-5

ツイートの紹介

Q ツイートを番組で紹介するには、つぶやいた人の承諾を得なくてはならないのでしょうか？

A 承諾を得ることが可能であれば承諾を得ることが望ましいですが、ツイートが著作物といえない場合や、著作権法の制限規定に該当する場合であれば、承諾なく紹介することもできます。

KEY POINT

- ■ 短文でありふれた表現のツイートであれば、そもそも著作物には当たらないため、許諾を得ずに利用することが可能。
- ■ 著作物と言えるツイートであっても、承諾を得た場合のほか、著作権法の「引用」や「報道利用」の要件を満たすことにより紹介することができる。
- ■ ツイートしたユーザーにコンタクトを取る場合は、コンタクトを取る行動自体によって取材の事実が明らかになってしまうおそれがあるため、慎重な対応が必要。

ツイッターは、SNSではあるものの、広く公衆に対する情報発信にも用いられる点に特徴があります。そこでつぶやかれるツイートは、一般市民の関心や流行を直接反映し、ビッグデータとして分析されデータジャーナリズムで用いられたり、災害時のインフラとして機能したりと、社会生活に重要な役割を果たすようになっています。ここでは、このようなツイートを番組で紹介することの法的整理について解説します。

■ツイートは著作物か

ツイートは140文字以内で構成される文字列です。このため、選択できる表現の幅が限られ、著作物として保護されるのに必要な創作性が認められないようにも思われます。

たしかに、一般的には、ごく短い表現であれば、著作物性が認められないことが大半です。例えば、オリンピックやワールドカップなどの期間中に、「日本がんばれ！」「真央ちゃんがんばれ」といったツイートが多数あった場合、この程度の表現であれば、ありふれた表現であり、著作物性はないと言えます。したがって、投稿者の許諾を得ずに、これらを読み上げたり、テロップで表示したりしたとしても、著作権侵害とはなりません。

もっとも、俳句はわずか17文字しかありませんが、短い文字数の中で表現を凝らすという性格もあり、著作物性が認められることが多いとされています。同程度の文字数のキャッチフレーズについて著作物と認められた裁判例もあります。

また、インターネット掲示板（BBS）への投稿が著作物と認められるかが争われた裁判例では「決まり文句による時候のあいさつなど、創作性がないことが明らかである場合を除いては、著作物性を認める方向で判断するのが相当である」などと述べて、広く創作性を肯定しています（参考判例①）。

したがって、ツイートについても、「決まり文句による時候のあいさつ」のように明らかに創作性がないものを除いては、著作物であるという前提で考えておくことが現実的でしょう。

なお、ツイッターには文字だけでなく写真や動画も投稿できますが、写真や動画については、監視カメラの映像のように明らかに創作性がないものを除き、著作物性であると考えるのが適切です。

■ツイートの著作権は誰に帰属しているか

ツイッター社が公表している日本語版の「Twitterサービス利用規約(発効日2016年1月27日)」によれば、投稿されたコンテンツ（ツイートのほか添付写真などを含みます。）の著作権は投稿者に帰属するとされています。また、ツイッター社は、投稿者から、投稿されたコンテンツを自由に使用したり第三者に許諾したりする排他的なライセンスを取得すると定められています（5. ユーザーの権利）。

したがって、ツイートを無断で利用した場合、著作権侵害になるかどうかは、ツイッター社との関係ではなく、利用者との関係で問題となります。

■著作権法の制限規定に基づいて利用する

「日本がんばれ！」程度を超えて、一定の創作性があるツイートを紹介する場合は、著作物の利用に該当することになります。

もっとも、この場合でも、著作権法の制限規定に当てはまる場合であれば、著作権者の許諾を得ずに利用することができます。具体的には、例えば「引用」(32条）または「報道利用」(41条）の要件を満たしていれば、著作権者の許諾がなくとも、ツイートを読み上げたり、テロップに表示するなどして、番組で利用することができます。

例えば、政治家がツイッターで不適切な投稿をして問題になっているというニュースを報じる場合は、そのツイートは、まさに事件を「構成」する著作物に当たります。そして、ツイートは140文字以内と比較的短い文章であり、全文を紹介しても「報道の目的上正当な範囲内」と言えるでしょうから、「報道利用」(41条）の要件を満たしていると考えられます。また、ツイートは不特定多数に対して発信されるものであるから「公表」された著作物であり、このような趣旨での紹介は、公正な慣行に合致していて、「引用の目的上正当な範囲内」とも言えるでしょうから、「引用」(32条）の要件も満たしていると考えられます。

出所明示については、表示する慣行の有無を検討するまでもなく、当該政治家のツイートであるとして紹介しているのですから、出所も明示しています。

このように、制限規定に当てはまる場合には、許諾を得ずにツイートを番組で紹介することができるのです。

なお、ツイートに添付された画像やプロフィール写真等の利用については、9-3、9-4をご参照ください。

■ツイッター社のガイドラインの考え方

ツイッター社は、ツイートの望ましい利用に関して様々なガイドラインを公表しています。その中の1つに「放送メディアに関するガイドライン」があり、放送メディアがツイートを表示する場合に「すべきこと」として、①フルネーム、@ユーザー名、タイムスタンプ、ツイートテキスト、およびプロフィール画像を表示すること、②ツイートが放送内に表示されている間はツイートのすぐ近くに「Twitterバード」を含めること、③ツイートのフルテキストを使用すること、を挙げています。

では、このガイドラインのいう「すべきこと」を満たさなかった場合、著作権法の「引用」や「報道利用」の要件を満たしていたとしても、違法な著作権侵害となってしまうのでしょうか。これについては、必ずしもそうではないと考えます。なぜなら、著作権侵害の成否は、あくまで著作権法の条文に沿って検討されるものであるためです。なお、ガイドラインの内容が著作権保護の観点から合理的で、かつ、実際にもガイドラインに沿った利用が広く行われるに至った場合は、それが「公正な慣行」(32条1項)や「出所を明示する慣行」(48条1項3号)の解釈に影響する余地はあるかもしれません。ただし、少なくとも本書執筆時点では、必ずしも上記ガイドラインに沿った利用が「慣行」になっていると言えるような状況にはないと思われます。

■番組指定のハッシュタグのあるツイート

番組で特定のハッシュタグを指定して、そのハッシュタグを付してツイートの投稿を呼びかけることがよく行われています。これについてはどのように考えれば良いのでしょうか。

ハッシュタグは、番組で呼びかけた場合でなくても、ユーザーの間で自然発生的に使用されることもあります。したがって、ハッシュタグがあるというだけで、常に番組への投稿の意思があると断定することはできないかもしれません。

とはいえ、番組指定のハッシュタグが付されたツイートについては、番組への投稿である可能性が高いとは言えそうです。特に、生放送の最中に、明らかに番組を視聴していると思われる内容の投稿があった場合は、当該ユーザーは、番組がハッシュタグを用いた投稿を呼びかけていることや、そうしたツイートの一部が番組で紹介されていることをも認識した上で投稿している可能性が高いと言えます。このように、ハッシュタグでヒットしたツイートについて、内容、投稿タイミング、添付画像の有無とその内容、単なるリツイートではないか、などを総合的に判断して、番組からの呼びかけに応じた投稿であると合理的に推認される場合には、番組への投稿、つまり、当該ツイートや添付画像を番組で紹介することについて許諾があるとして取り扱っても差し支えないものと考えます。

■ユーザーとのコンタクトの取り方

実際に投稿したユーザーにコンタクトを取って明確な許諾を得ることができれば、問題なく利用することができます。

ただし、ツイッターでは、外部に公開されない形で特定の相手にダイレクトメッセージ（DM）を送れるのは、①相手が自分を「フォロー」してくれている場合と、②相手が「全てのユーザーからDMを受け取る」に設定してる場合に限られます。多くのユーザーは、不特定多数からメッセージが来ることを望まず、「全てのユーザーからDMを受け取る」に設定していませんので、報道関係者がツイートを投稿したユーザーに連絡を取って許諾を得ることが、必ずしも容易ではありません。相互にフォローしてもらうまでは、公開の場でコンタクトを取るしかありませんので、取材をしていることが知られてしまいます。また、依頼の仕方が礼を失したりする場合は非難が寄せられ「炎上」することも考えられます。したがって、コンタクトの取り方には十分に注意する必要があります。最近は、注意喚起をしたりガイドラインを設けているところもあるようです。こうしたガイドラインや社内規程がある場合は、必ずそれに従ってください。

参考判例❶

東京高裁平成14年10月29日判決・裁判所ウェブサイト（ホテル・ジャンキーズ事件）

ホテル情報関連サイト「ホテル・ジャンキーズ・クラブ」に設置されていた情報交換用のインターネット掲示板（BBS）への多数の書き込みを、掲示板の主催者が整理、編集し、書き込みを行った人たちに無断で、書籍『世界極上ホテル術』（光文社）として出版したことから、書き込みを行った人たちが集団で原告となり、著作権侵害を理由に、出版差止と損害賠償を求めて提訴した事件。

1審判決（東京地裁平成14年4月15日判決・判時1792号129頁、判タ1098号213頁）は、書き込みのうち、「私は先月アマンダリに滞在してきたばかりです」「広島在住のMIWAと申します」などを含むほとんどの書き込みについては創作性を認めて著作権侵害を肯定した一方で、「晶華に先々週2泊してきました」「シンガポールのどきんです」などの書き込みについては、「①文章が比較的短く、表現方法に創意工夫をする余地がないもの、②ただ単に事実を説明、紹介したものであって、他の表現が想定できないもの、③具体的な表現が極めてありふれたもの、として筆者の個性が発揮されていない」ことを理由に創作性を否定した。

これに対して本判決は、「著作物性が認められるための創作性の要件は厳格に解釈すべきではなく、むしろ、表現者の個性が何らかの形で発揮されていれば足りるという程度に、緩やかに解釈し、具体的な著作物性の判断に当たっては、決まり文句による時候のあいさつなど、創作性がないことが明らかである場合を除いては、著作物性を認める方向で判断するのが相当である」と述べ、1審判決が創作性を否定した書き込みも含めて創作性を肯定した。

9-6

フェイスブックに投稿された文章や写真などの紹介

Q フェイスブックに投稿された文章や写真などを番組で紹介するには、本人の承諾を得なくてはならないのでしょうか？

A 著作権法との関係では、権利制限規定の条件を満たしていれば、承諾なく紹介することもできます。ただし、閲覧範囲を限定して投稿されたものについてはプライバシーにも配慮する必要があります。

KEY POINT

- フェイスブックに投稿された文章、写真、動画の多くは著作物ではあるが、承諾を得た場合のほか、著作権法の「引用」や「報道利用」の要件を満たすことにより、承諾を得ずに紹介することもできる。
- 適法な「引用」と認められるためには著作物が「公表」されている必要があるが、閲覧範囲を限定した投稿については公表されていないとされる可能性がある。
- 閲覧範囲を限定した投稿については、投稿者に無断で紹介すると、内容によってはプライバシー侵害になるおそれもある。

フェイスブックは、日本でも多くのユーザーが実名で利用しています。そして、ユーザーの生活状況や写真などが投稿されていることも多いため、取材や報道に役立つ様々な情報を得ることができる重要なツールとなってきています。このようなフェイスブック上の文章や写真などを紹介する際に特に注意すべき点について解説します。

■フェイスブックへの投稿は著作物か

まず、タイムラインに投稿された文章については、ツイート同様、「決まり文句による時候のあいさつ」程度を超えるものについては創作性があり、著作物であるという前提で考えておく必要があります（詳しくは9-5参照）。

次に、フェイスブックに投稿された写真や動画については、監視カメラの映像のように明らかに創作性がないものを除き、基本的にはいずれも著作物ですので、これらを撮影したりして番組中に登場させる際には、これらの著作権について考慮する必要があります。

■利用者が投稿したコンテンツの著作権は誰に帰属しているか

フェイスブック社が公表している日本語版の「利用規約（Statement of Rights and Responsibilities）」（最終更新日：2015年1月30日）によれば、投稿されたコンテンツの著作権は、投稿者に帰属するとされています。一方、フェイスブック社は、投稿者から、投稿されたコンテンツを使用する非専属的、譲渡可能、再許諾権付き、かつ無償の世界的使用許諾を取得すると定められており（2. コンテンツと情報の共有）、著作権や独占的ライセンスを有する立場にありません。

したがって、フェイスブック上のコンテンツを無断で利用した場合に著作権侵害になるかは、フェイスブック社との関係ではなく、投稿した利用者との関係で問題となります[1]。

【1】 ただし、第三者が権利を有する著作物を投稿者が無断で投稿した場合は、投稿者ではなく真の権利者との関係で問題となる。

■フェイスブック社のガイドラインの考え方

フェイスブック社は、フェイスブックの利用に関して様々なガイドラインを公表しています。その中の1つに「Facebook Broadcast Brand Guidelines」があり、放送メディアがフェイスブックを放送に使用する場合に「すべきこと」として、①フェイスブックのブランド資産を利用するにはあらゆるガイドラインを遵守すること、②投稿コンテンツ、個人情報、非公開情報、第三者のロゴや商標、第三者の素材を利用するには必要な許諾を得ること、③フェイスブックや創作者について所定の出所明示をすること、④フェイスブックのロゴを所定の隙間を空けて表示すること、⑤その他あらゆる規約や条件に従うこと、を挙げています（原文は英語）。

では、このガイドラインのいう「すべきこと」を満たさなかった場合、著作権法の「引用」や「報道利用」の要件を満たしていたとしても、違法な著作権侵害となってしまうのかというと、必ずしもそうではないと考えます。ツイッターのガイドラインと考え方は同じですので、詳しくは9-5を参照してください。

■「引用」や「報道利用」

フェイスブックに投稿された文章や写真なども、新聞、雑誌、通常のウェブサイト、ツイートなどと同様に、「引用」(32条) や「報道利用」(41条) などの著作権法の制限規定の要件を満たせば、著作権者の許諾を得ずに無断で利用することが可能です。

ただし、フェイスブックについて注意すべき点の1つに、フェイスブックは個別に投稿の公開範囲を制限できるという点があります。

「報道利用」については、利用する著作物が公表済みであることは求められていませんが、「引用」については、利用する著作物が公表済みであることが要件とされているためです[2]。

一般に、著作権者または著作権者から許諾を得た者がネット上に投稿したコンテンツについては、不特定又は多数の人が閲覧可能な状態に置かれ

【2】 ただし、「報道利用」の場合も公表権侵害の問題は残る。中山信弘『著作権法［第2版］』357頁参照。

た場合に公表済みとなります。不特定又は多数の人が実際に閲覧したことまでは必要ありません。

ここでいう「多数」が何人かについて一律の基準はありません。著作権法の所管官庁である文化庁の登録実務では、50人を一応の目安にしていますが、著作物の種類や公表の形態等によっては、それより少ない場合でも多数に該当する場合があるとしていることが参考になります[3]。

したがって、紹介する投稿が公開範囲を制限していても、その範囲が50人以上である場合には、公表済みの著作物ということができ、「引用」を根拠に利用することも可能と言えそうです。

■「友達」のプライバシー

フェイスブックは、公開範囲が制限できることとの関係で、著作権とは別に、プライバシー上の考慮も必要となります。

例えば、「フェイスブックを自分のビジネスに活用している人」を紹介する際に、取材対象者が実際にフェイスブックを操作している様子を撮影させてもらうとします。この場合、取材対象者自身は、自分のIDでログインしてその画面をテレビ局に撮影させることについて同意していますが、そこに表示されているタイムラインには、取材対象者の「友達」が投稿したものが混ざっており、この人たちは必ずしも取材や放送に同意しているわけではない点には注意が必要です。「友達」たちは、取材対象者を含めたごく限られた人たちだけが閲覧できる条件で投稿したのかもしれず、それを撮影して放送してしまうと、内容によってはプライバシー侵害になるおそれもあります。

特定のIDでログインした状態で画面を撮影して番組で紹介する場合には、こうした、公開範囲を制限した投稿もタイムライン上に含まれている可能性についても考慮し、撮影方法を工夫するか、事後にタイムラインの公開範囲を個別に確認して、プライバシーに関わる内容が読みとれるようなカットについては、ぼかし加工するなどして読み取れなくするなどの配

【3】 文化庁長官官房著作権課「登録の手引き」(平成27年1月) 25頁における「⑤第一発行(公表) 年月日を証明する資料」

慮も検討すべきでしょう。

なお、ツイッターでも公開範囲をフォロワーに限定することができる「非公開モード」を選択できるようになっていますので、同じ問題が生じる可能性があります。仮に同じような紹介をする場合には同様の点に注意してください。

■ユーザーとのコンタクトの取り方

フェイスブックでは、番組制作スタッフが自らのアカウントを使って取材対象者と直接「友達」となれば、取材対象者が「友達」限定で投稿したタイムラインも読めるようになります。

しかし、番組制作スタッフであることや番組の取材目的であることを隠して、あるいは偽って取材対象者に近づいて「友達」になり、それによって閲覧できたタイムラインを番組で使用するという手法は、取材手法に問題があり、そのような事情も考慮した結果、プライバシー侵害と判断されるおそれもあります。自らのアカウントを使用しての取材対象者に対する「友達」申請については、慎重な対応が必要です（なお、身分を隠しての取材行為の問題点について詳しくは、2-4を参照してください。）。

ツイートの投稿者に対する取材と同様、フェイスブックの投稿者に対する取材におけるコンタクトの取り方についても、テレビ局で指針やガイドラインを設けている場合がありますので、その場合はそれらに従うようにしてください。

10章

名誉・プライバシーの保護

10-1

被疑者・被告人の実名報道

Q 犯罪報道で、被疑者や被告人を実名で報道しても問題ないでしょうか？

A 通常は問題ありませんが、一般人による軽微な事件など、実名で報じる必要が乏しいような場合にはプライバシー侵害とされる可能性もあります。

KEY POINT

- 真実性・真実相当性の抗弁が認められる場合には、実名で報じたことだけを理由に名誉毀損とされることはない。
- 一般人による軽微な事件など、実名で報じる必要が乏しい場合には、実名で報じるとプライバシー侵害となる余地がある。
- 基本的には、業界の慣行に従い、かつ、判例の動向にも注意しながら判断する。

犯罪報道においては、その事件がどのようなものであったかという情報とともに、その事件を起こしたのが何者なのかという情報は、報道の根幹をなす重要な要素です。しかしその一方で、刑事事件にはえん罪事件もあれば、極めて軽微な犯罪もあり、実名報道の原則を見直そうという議論もあるところです。ここでは被疑者・被告人の実名報道について解説します。

■実名報道の重要性

実名による犯罪報道は、①報道内容の真実性や正確性の担保、②捜査機関の捜査の適正や恣意的な情報操作がないかの監視、③周辺地域内での無用な犯人捜し等の防止、などの点で重要な意義を有しており、古今東西を問わず報道の基本原則とされています。

最近の裁判例も、「犯罪報道における被疑者の特定は、犯罪報道の基本的要素であって、犯罪事実自体と並んで公共の重要な関心事であり、被疑者の氏名、年齢、職業、住所の一部等の個人情報とともに、逮捕された事実を報道することは、報道内容の真実性や正確性の担保のために一般的に必要であり、これによって報道内容の真実性を担保することで、捜査機関の捜査が適正にされているかや、恣意的な情報操作がないかなどを監視し、また、周辺地域内での無用な犯人捜し等を防止する役割を果たす側面があることを否定することはできない」として、実名報道の意義を明確に認めています（参考判例①）。

■実名報道と名誉毀損

ある人が逮捕、送検または起訴されたという報道は、一般に、その人の社会的評価を低下させるものと言えます。したがって、名誉毀損の問題となりますが、その報道について、①事実の公共性、②公益目的、③真実性または真実相当性、が認められれば名誉毀損は成立しません。これについては10-4、14-1も参照してください。

もっとも、近時の裁判例では、実名で報じたこと自体の適法性は、名誉毀損の問題というより、主としてプライバシー侵害の問題として論じる傾向にあるようです（参考判例①、参考判例②）。

なお、匿名報道の場合、報道全体からも対象者が誰だか全く分からないような場合は、名誉毀損もプライバシー侵害も問題となりません。この点については、10-3を参照してください。

■実名報道とプライバシー侵害

刑事事件で逮捕、送検、起訴などされることは、その人物の私生活上の情報であるといえ、一般的に、プライバシーとして保護されます。

この点、近時の裁判例でも、「逮捕されたという事実は人の社会的評価に直接かかわる私生活上の情報であるから、これを実名をもってみだりに公表されないことは、プライバシーの一環として法的保護を受ける」と端的に述べているものがあります（参考判例②）。

もっとも、プライバシー侵害の有無は、いわゆる比較衡量によって判断されますので、実名で事実を公表する利益が公表されない利益を上回る場合にはプライバシー侵害は成立しません。

これまでの裁判例で、刑事事件に関する逮捕、送検、起訴などに伴う一般的な報道について、実名で報じたことを理由にプライバシー侵害が成立すると判断された裁判例は見当たりません。一方、プライバシー侵害に該当しないと判断された裁判例としては、①会社経営者が裁判所に偽装証拠を提出したとして偽造有印私文書行使罪で逮捕された事実（参考判例①）、②中学教師が青少年保護育成条例違反で逮捕された事実（参考判例②）、③経営者が業務上過失致死で送検された事実（参考判例③）、などがあります。いずれもケースバイケースですので一概には言えませんが参考になります。

■実務上の対応

プライバシー侵害は、比較衡量論によるケースバイケースの判断となるため、明確な線引きが難しく、あらかじめ、このような場合は絶対に安全と言い切ることが困難です。したがって、業界の慣行を踏まえた取扱いをしつつ、新しい判例が出た場合にはそれらも考慮して必要に応じて修正するというのが、現時点では妥当な対応と考えます。

業界の慣行も完全に確立しているわけではありませんが、少年法の適用のある未成年の被疑者や、犯行時に心神喪失である可能性が高い被疑者などは、匿名とするのが原則と言えます（未成年者については5-1参照）。また、ごく少額の窃盗のようないわゆる微罪については、被疑者が公務員やこれに準ずる者、著名人などの場合を除いて、原則匿名としたり、そもそも報道することを控えたりといった配慮をするメディアが見られます。また、痴漢のようにえん罪事件が頻発している犯罪類型もあり、こうした犯罪については、公務員等の場合や悪質で容疑が確実なケースを除いて実名報道を控えるといった対応を取るメディアもあるようです[1]。

なお、警察が匿名で発表した被疑者やそもそも発表していない被疑者であっても、実名報道が一切許されないわけではありませんが、実名で報じる必要性について、より慎重に検討することは必要でしょう。

また、逮捕や起訴から間もない時期には実名で報じることが許されるとしても、時間の経過によって、報道の必要性よりプライバシー保護の必要性が高まることも考えられます。最近は、多くのテレビ局がインターネットでもニュース映像を配信していますが、実名を含む映像の配信を長期にわたって継続した場合は、特に一般人による比較的軽微な事件については権利侵害の主張を招くおそれもありそうです。配信期間について一定の内規を設けて運用するなど、適切に対応することが望ましいと言えそうです。

参考判例 ❶

東京地裁平成27年9月30日判決・LEX/DB25541496（偽造証拠提出報道事件）（10-4参考判例④参照）

経営コンサルタント会社の経営者が裁判所に偽造の証拠を提出したとして偽造有印私文書行使の容疑で逮捕されたことから、朝日新聞、毎日新聞および中日新聞がこれを実名で報じたところ、経営者が、名誉毀損およびプライバシー侵害を理由として提訴した事案。

裁判所は、名誉毀損については、朝日新聞および中日新聞の記事は真実

【1】 日本新聞協会編集委員会『実名と報道［初版］』49頁（日本新聞協会、2006）

であるとして真実性の抗弁を認めたが、毎日新聞の記事については、逮捕容疑に「有印私文書偽造」を挙げている点で誤りがあるとして、その限度で名誉毀損の成立を認めた。

続いて、名誉毀損とプライバシー侵害はそれぞれ別個に判断されるべきとの原則を示した上で、実名報道によるプライバシー侵害の有無については、比較衡量論により判断するとした上で、決して軽微な事件とは言えないことなどを踏まえ、いずれの記事も違法なプライバシー侵害はないとした。その際に、実名報道の必要性について、「確かに、犯罪報道のあり方に関し、日本においても実名報道の原則を見直すべきであるとの議論がされてはいるものの、なお現在においても、犯罪報道における被疑者の特定は、犯罪報道の基本的要素であって、犯罪事実自体と並んで公共の重要な関心事であり、被疑者の氏名、年齢、職業、住所の一部等の個人情報とともに、逮捕された事実を報道することは、報道内容の真実性や正確性の担保のために一般的に必要であり、これによって報道内容の真実性を担保することで、捜査機関の捜査が適正にされているかや、恣意的な情報操作がないかなどを監視し、また、周辺地域内での無用な犯人捜し等を防止する役割を果たす側面があることを否定することはできない」と述べて、実名報道の意義を認めた。

参考判例❷

福岡高裁那覇支部平成20年10月28日判決・判時2035号48頁（公立中学校教師実名報道事件・控訴審）

NHKおよび沖縄県の民放3社が、精神疾患で休職中の公立中学校教師が女子中学生に対する青少年保護育成条例違反容疑で逮捕（後に処分保留で釈放・起訴猶予）されたことを、沖縄県警の記者会見に基づいて実名で報じたことが、名誉毀損に該当するかなどが争われた事件。

実名報道の違法性に関して原審は、原告の主張に基づき名誉毀損の有無の問題としてのみ整理して真実相当性の法理により適法と結論付けたが、控訴審は、「逮捕されたという事実は人の社会的評価に直接かかわる私生活上の情報であるから、これを実名をもってみだりに公表されないことは、プライバシーの一環として法的保護を受けるものであり、逮捕された事実を正当な理由なく実名で報道されないという利益は、不法行為法による保護の対象となると解される。」と述べて、プライバシー侵害の有無として別途の検討を要すると整理し直した。

その上で、比較衡量論を適用し、結論としては、「青少年を教育指導すべき立場にある中学校教員が女子中学生とみだらな行為をしたという本件被疑事実の内容からすれば、被疑者の特定は被疑事実の内容と並んで公共の重大な関心事であると考えられる」などとして、プライバシー侵害を否定した。

参考判例❸

名古屋高裁平成2年12月13日判決・判時1381号51頁、判タ758号228頁（塵芥収集業者実名報道事件・控訴審）

塵芥収集車の蓋が落下して従業員2人が死亡した事件で、安全配慮を欠いた業務上過失致死の疑いで書類送検された経営者について、新聞各紙が実名で報じたことが名誉毀損に当たるかどうかが問題とされた事件。

裁判所は、「社会一般の意識からみて右報道における被疑者の特定は、犯罪ニュースの基本的要素であって、犯罪事実自体と並んで公共の重要な関心事であると観念されている」として実名報道の意義を認めつつ、「被疑者を実名にするかどうかを含めてその特定の方法、程度の問題は、一義的には決められず、結局は犯罪事実の態様、程度及び被疑者の社会的地位、特質（公人たる性格を有しているか）、被害者側の被害の心情、読者の意識、感情等を比較考量し、かつ、人権の尊重と報道の自由ないし知る権利の擁護とのバランスを勘案しつつ、慎重に決定していくほかない」として、実名報道が違法となり得る場合があることを示唆した。

結論としては、①2人が死亡しており重大な事件であること、②塵芥収集車による特異な事件であること、③記事がいずれも大きな扱いではないこと、④内容が送検事実の範囲にとどまっていること、などを理由に実名報道は違法ではないとした。

10-2

犯罪被害者の実名報道

Q 犯罪被害者を実名で報じるとプライバシー侵害になるのでしょうか？　警察の発表が匿名の場合と実名の場合で違いはありますか？

A 犯罪の性質や報じた内容によってはプライバシー侵害とされる場合があります。警察の発表が実名か匿名かは報道機関の判断材料の１つとはなりますが、それによりプライバシー侵害の有無が変わるわけではありません。

KEY POINT

■ 犯罪被害者を実名で報じた場合にプライバシー侵害になるか否かは犯罪の性質などの事情によって異なる。
■ 最終的に実名で報じるか匿名で報じるかは、十分な取材を尽くした上で、各放送局が自らの責任で判断する。

犯罪被害者についても、事実を正確に伝える報道の必要性からは、実名で報じる必要性は否定できませんが、一方で、そのプライバシーに十分な配慮をすることが必要です。以下では、どのような配慮が必要かについて見ていきます。なお、以下では主に被害者が生存している場合について述べています。被害者が死亡している場合については10-9も参照してください。

■実名で報道するとプライバシー侵害となるおそれのある場合

性犯罪のように、被害に遭ったこと自体が「他人に知られたくない私生活上の事実」に該当することが明らかであり、かつ、その保護が強く求められる犯罪については、被害者を実名で報じると、それだけでプライバシー侵害とされる可能性が高いと言えます。

特に児童買春や児童ポルノ等の犯罪の被害者が児童（18歳未満）の場合は、被害者を推知できる報道を行うこと自体が児童買春・児童ポルノ等禁止法によって禁止されています[1]。

■実名で報道してもプライバシー侵害とはなりにくい場合

これに対して、交通事故や空き巣など、通常の交通犯罪や窃盗犯罪などについては、性犯罪のようなケースに比べれば、高いプライバシー性があるとまでは必ずしも言えないことが多いでしょう。

また、仮に一定のプライバシー性が認められる場合であっても、他方において、事件報道において被害者の実名を報道することは、一般的に、国民に真実を伝えるとともに、それがねつ造や憶測でないことを明確に示すことで、責任ある報道として送り届けるために必要な要素と言えます。人の命に関わるような重大事件であって、報道の必要が高い場合は、特に実名を報じる必要性も高くなると言えるでしょう。

したがって、比較衡量の結果、違法なプライバシー侵害とはならない場合も多いと考えます。

【1】 児童買春、児童ポルノに係る行為等の規制及び処罰並びに児童の保護等に関する法律13条

もっとも、犯罪被害に遭ったことと併せて報じる事実関係の中に、その被害者の「他人に知られたくない私生活上の事実」に該当するものがあり、それらの事実を報じる必要性が低い場合には、プライバシー侵害となる可能性が高くなります。例えば、「被害者のプライバシー情報をネタにして『公表されたくなかったら金を払え』と恐喝していた男が逮捕されました」という事件を報じる際に、被害者の実名とともに、そのプライバシー情報まで報じてしまうと、プライバシー侵害となる可能性が高いと言えそうです。また、そのような事案では、たとえプライバシー情報の詳細は伏せて報じたとしても、視聴者は「世間に言えないような秘密があるんだな」と感じたりするでしょうから、そもそも被害者の実名を出すこと自体が必要なのか、被疑事実の内容をどこまで詳細に報じるべきかについて、慎重に検討する必要がありそうです。

また、悪徳商法の被害者のように、被害者が特定されることによって二次被害のおそれを生むような場合にも注意が必要でしょう。

さらに、被害者側から匿名とするよう申出があったような場合は、実名で報じることの是非について、より慎重な判断が必要とされるでしょう。

■犯罪被害者等基本法と基本計画

平成16年に成立した犯罪被害者等基本法は、犯罪被害者等（犯罪やこれに準ずる心身に有害な影響を及ぼす行為の被害者及びその家族または遺族）のための施策を総合的かつ計画的に推進することによって、犯罪被害者等の権利利益の保護を図ることを目的として制定された法律です。そして、この法律はその目的を実現するための「犯罪被害者等基本計画」の策定を政府に義務付けています。被害者保護の見地から重要な法律であることは間違いありません。

しかしその一方で、実際に策定された「犯罪被害者等基本計画」では、警察が事件をマスコミ等に公表する際に、被害者を実名とするか匿名とするかは、公表する警察自らが判断することが明記されました（参考資料①）[2]。

【2】 平成28年4月1日に閣議決定された「第3次犯罪被害者等基本計画」でも、この記載は維持されている。

このように警察が判断するとされた点については、匿名発表では被害者やその周辺取材が困難になり、警察に都合の悪いことが隠されるおそれもあるなどの懸念があるため、日本新聞協会（NHKや、在京キー局などの民放局も加盟）と日本民間放送連盟が共同声明で遺憾の意を示しています（参考資料②）。

なお、基本計画の検討会において警察側担当者は「従来の私どもの考え方を何ら変更するものではございません」と答弁しています[3]。

いずれにしても、犯罪被害者等基本法は、被害者を独自取材することや、被害者を実名で報道することまで制限するものではありません。仮に警察が匿名で発表した場合であっても、報道機関の判断で独自取材を行い、それに基づいて実名で報じることは制限されていません。

■匿名発表された被害者の実名報道と報道機関の法的責任

捜査機関が被害者の氏名を実名で発表した場合であっても、それをそのまま実名で報道した場合に報道機関がプライバシー侵害の法的責任を負うことはあり得ます。逆に、捜査機関が匿名で発表したからといって、独自取材に基づいて実名で報道した場合に常にプライバシー侵害となるとも限りません。

つまり、捜査機関も報道機関も、実名で公表・報道するかどうかはそれぞれの自主的な判断に基づくものであって、その法的責任についても個別に判断されると言うことです。

これは、日本新聞協会も、声明で「実名発表はただちに実名報道を意味しない。私たちは、被害者への配慮を優先に実名報道か匿名報道かを自律的に判断し、その結果生じる責任は正面から引き受ける」（参考資料②）と述べ、自ら認めているところです。

■匿名にするだけでは不十分な場合も

被害者を匿名にしておけばプライバシー侵害の責任を負わないかと言う

【3】 犯罪被害者等基本計画検討会（第9回）における片桐裕警察庁長官官房総括審議官の答弁

と、そうでもありません。たとえ匿名で報じても、報道全体から誰であるかが推知できる場合は、プライバシー侵害の責任を問われる場合もあります。

この点については、次項（10-3）で詳しく解説します。

参考資料❶

犯罪被害者等基本計画（抜粋）

平成17年12月27日閣議決定

警察による被害者の実名発表、匿名発表については、犯罪被害者等の匿名発表を望む意見と、マスコミによる報道の自由、国民の知る権利を理由とする実名発表に対する要望を踏まえ、プライバシーの保護、発表することの公益性等の事情を総合的に勘案しつつ、個別具体的な案件ごとに適切な発表内容となるよう配慮していく。（V-第2-2-(2)-エ[4]）

参考資料❷

犯罪被害者等基本計画に対する共同声明

平成17年12月27日

社団法人日本新聞協会

社団法人日本民間放送連盟

犯罪被害者等基本法の施行を受けた犯罪被害者等基本計画が27日、策定された。わが国では、これまで犯罪被害者の権利が顧みられることは少なく、十分な支援も受けてこられなかった。この基本計画は、遅まきながら、犯罪被害者のための総合的施策のスタート台となるもので、私たちも評価する。

ただ、その中で、被害者名の発表を実名でするか匿名でするかを警察が判断するとしている項目については、容認できない。匿名発表では、被害者やその周辺取材が困難になり、警察に都合の悪いことが隠される恐れも

【4】 第3次犯罪被害者等基本計画（平成28年4月1日閣議決定）でも、V-第2-2-(7)-オで、ほぼ同様の表現のまま維持されている。

ある。私たちは、正確で客観的な取材、検証、報道で、国民の知る権利に応えるという使命を果たすため、被害者の発表は実名でなければならないと考える。

実名発表はただちに実名報道を意味しない。私たちは、被害者への配慮を優先に実名報道か匿名報道かを自律的に判断し、その結果生じる責任は正面から引き受ける。これまでもそう努めてきたし、今後も最大限の努力をしたいと考えている。私たちはこれまで、この被害者名発表に関する項目に異議を唱えて改善を求めてきたが、それは、被害者対策と国民の知る権利という、いずれも大切な公益をいたずらに対立させるのではなく、調和させる道があると信じたからである。私たちの再三の求めが容れられなかったのは極めて残念で、ここに改めて遺憾の意を表明する。

基本計画の策定にあたった内閣府の犯罪被害者等基本計画検討会で、この項目への私たちの危惧に対し、警察側構成員は「従来の私どもの考え方を何ら変更するものではない」と答えている。計画にこの項目が盛り込まれたとしても匿名発表が現在以上に増えることはない。そう確約したものと、私たちは受け止める。警察現場で、この項目が恣意的に運用されることのないよう、私たちは国民とともに厳しく監視したい。

10-3

匿名で報じても法的責任が生じる場合

Q 対象者に配慮して匿名で報じても名誉毀損やプライバシー侵害などの法的責任を問われることがあるのでしょうか？

A 放送全体から対象者が特定できる場合には法的責任を問われる場合があります。ただし、実名で報じた場合よりは、その可能性は低くなります。

KEY POINT

- 匿名で報じた場合でも、番組全体から本人を推知し得る場合には、本人に対する名誉毀損やプライバシー侵害とされることがある。
- 本人を推知し得るかどうかはかなり緩やかに認められる。一般の視聴者には特定できなくても、本人と親しい友人知人が分かるような場合には、推知性は認められる。
- ただし、匿名にしておけば、最終的にプライバシー侵害（比較衡量の問題）になるかどうかの判断の際に有利に働く可能性もある。

事件や事故を扱う報道やドキュメンタリーなどでは、関係者の氏名を実名にするか匿名にするかで迷うことも少なくありません。では、実際のところ、実名にするか匿名にするかによって、名誉毀損やプライバシー侵害の成否や責任の範囲にどのような影響があるのでしょうか。

■名誉毀損やプライバシー侵害と本人の特定可能性

名誉毀損やプライバシー侵害などの人格権侵害は、対象者の社会的評価を低下させたり、その人が知られたくない事実が他人に知られたりすることによって生じるものですから、番組を見ても対象者が誰だか全く分からないような場合には、権利侵害とはなりません。

では、匿名にしておけば常に大丈夫かというと、そうでもありません。年齢や職業、イニシャルなどだけでも、見る人が見れば分かるような内容であれば、それは実質的に実名で報じたのと変わらないものと言えます。

また、判例は、いわゆる長良川リンチ殺人報道事件で、対象者と「面識がある者」や「情報を知る者」がその報道に接していた可能性がある場合には、当該報道において特定可能性は満たされているとしています（参考判例①）。つまり、「これだけの情報では、たとえ本人を知っている者でも、それが本人に関する報道であることが分からない」と言える程度まで匿名性を高めなければ、権利侵害とされる可能性は残ると言うことです。

■実名にするか匿名にするかの判断

そうすると、対象者に非常に近しい人物など、視聴する人によっては誰であるか分かる程度の匿名化（実名は伏せ、顔は見せないが、声や顔から下の映像はそのままといった程度の匿名化）というのは中途半端で、そのようにする実益はおよそないと考える方もいるかもしれません。

しかし、実際には匿名にしておくと、①プライバシー侵害との関係では対象者が受忍すべきかどうかの判断では有利に働く場合もあること（参考判例②）、②名誉毀損・プライバシー侵害いずれについても万一敗訴した場合の損害額が低く算定されること、③そもそも紛争になる可能性が低くなること、などの利点があります。

実際には、番組の性質や内容、取材協力者自身の意向など、諸事情を踏まえて、最終的にどうするかの判断をすべきでしょう。例えば、取材協力者の意向で取材源を絶対に秘匿する必要がある場合は、中途半端な匿名化では不十分であり、たとえ取材協力者と面識がある者であっても本人を特定できない程度にまで十分に匿名性を確保する必要があるでしょう。

また、報道番組に比べて、速報性の比較的低いドキュメンタリー番組等では、実名で報じる必要性が低下している場合もありますので、報道番組で実名を用いたからといって、安易に他の番組でもそれにならうのではなく、番組ごとにその必要性を検討するという視点も必要です。

■モザイク処理・ボカシ処理

匿名化の手段の1つとして、モザイク処理・ボカシ処理があります。これらの処理の注意点については、11-4も参照してください。

参考判例❶

最高裁平成15年3月14日判決・民集57巻3号229頁、判時1825号63頁、判タ1126号97頁、裁判所ウェブサイト（長良川リンチ殺人報道事件・上告審）（5-1参考判例①参照）

いわゆる長良川リンチ殺人事件の被告人である事件当時の少年（被上告人）について、氏名については匿名としたものの、法廷での様子、犯行態様の一部、非行歴、職歴、交友関係などを含んだ記事を週刊誌が掲載したところ、これによりプライバシー、名誉権などが侵害されたとして、出版社に対して損害賠償を求めた事案。記事が匿名であることから、そもそも名誉毀損やプライバシー侵害は成立の余地がないのではないかなどが争点となった。

最高裁は、たとえ匿名の記事であっても、「被上告人と面識があり、又は犯人情報（筆者注：本人が犯人であることに関する情報）あるいは被上告人の履歴情報（筆者注：本人の経歴や交友関係等の詳細な情報）を知る者は、その知識を手がかりに本件記事が被上告人に関する記事であると推知することが可能であり、本件記事の読者の中にこれらの者が存在した可能性を否定することはできない。そして、これらの読者の中に、本件記事を読んで初めて、被上告人についてのそれまで知っていた以上の犯人情報や履歴情報を知った者がいた可能性も否定することはできない」として、この程度の推知可能性があればプライバシー侵害や名誉毀損となり得ることを認めた。

ただし、結論としては、違法性阻却事由の検討が不十分であるとして審理を高裁に差し戻した。

参考判例❷

東京高裁平成13年7月18日判決・判時1751号75頁（「あしながおじさん」公益法人理事事件・控訴審）

財団法人の常任理事について、週刊文春が、本人の収入、家計における教育費、住宅ローン・カードローンの返済額、生命保険料などの具体的な金額を含む記事を掲載したことが、この常任理事のプライバシーを侵害したのではないかが争われた事件。

記事では匿名で報じられていたが、少し調査をすれば、あるいは財団法人の内部事情を多少知る者であれば直ちに、その常任理事が誰を指すかが判明するケースであった。しかし、裁判所は、匿名であることも考慮して、結論としてはプライバシー侵害には当たらないとした。その上で、補足的に、「ちなみに、仮に本件記事において、仮名ではなく被控訴人の実名が用いられていたとすれば、比較衡量の結果、違法性の有無について上記とは異なる結論に達するであろう」と述べ、実名か匿名かが重要な判断要素となったことを明示した。

10-4

刑事事件報道と名誉毀損責任

Q 被疑者が逮捕された際に、捜査機関の公式発表を事実と信じて報道しましたが、その後に不起訴や無罪となった場合に、名誉毀損に問われることはないのでしょうか？

A 報じた内容が公式発表の範囲を逸脱していなければ、公式発表の内容に疑問を生じさせるような特段の事情がない限り、名誉毀損の責任は問われないと考えます。

KEY POINT

- 第１審の有罪判決の内容を事実と信じて、その範囲内で報道を行った場合は、判決の認定に疑いを入れるべき特段の事情がない限り、その後の上級審で無罪となった場合でも、名誉毀損の責任は問われない。
- 同様に、被疑者が逮捕された際に、捜査機関の公式発表を事実と信じて、その範囲内で報道を行った場合は、捜査機関の発表に疑問を抱かせる特段の事情等がない限り、その後に不起訴や無罪となった場合でも、名誉毀損の責任は問われないと考えられる。
- 捜査機関の公式発表に基づいて、その範囲内で報道を行ったことは、テレビ局側で立証する必要があるので、それに必要な配布資料や記者メモをきちんと保存しておく。
- 判決が確定するまでは、「警察の調べでは」「起訴状によると」「疑いがもたれています」などと断定を避ける表現を用い、テロップ、リポーターや出演者のコメントなども断定的な表現にならないように注意する。一方的に社会的制裁を加えるような表現も避ける。

刑事事件は、国民の重大な関心事であり、刑事事件に関する報道は、報道機関にとって最も重要な報道の１つです。そして、報道機関は、それぞれが独自の取材活動を行いつつも、捜査機関の公式発表を主要な情報源として事件を報道することが一般的です。ここでは、このような刑事事件報道における名誉毀損の成否について検討します。

■摘示事実は何か

ある人物が逮捕されたことを受けて、実名で詳細に事件を報じたとします。この場合、その放送局は、単に「その人物が逮捕された」とだけ報じたことになるのでしょうか、それとも「その人物が実際に罪を犯した」とまで報じたことになるのでしょうか。仮に前者であれば、放送局が真実であると証明すべき対象事実は「その人物が逮捕されたこと」になるため、その立証は容易です。これに対して後者であれば、「その人物が実際に罪を犯したこと」まで立証しなければならなくなる（少なくとも、そのように信じる相当な理由があったことまで立証しなければならなくなる）ため、立証のハードルは上がることになります。

多くの事件報道では、「警察の調べでは」「疑いがもたれています」「本人は容疑を否認しています」などと、断定を避ける表現を用いながら報じるのが通常です。このように、表現に一定の留意をして報じていれば、前者、すなわち「その人物が逮捕された」とだけ報じたことになるようにも思われます。しかし、必ずしもそうとは言えません。

テレビの報道番組の内容が人の社会的評価を低下させるか否か、また、報道番組によって摘示された事実がどのようなものであるかは、「一般の視聴者の普通の注意と視聴の仕方」を基準として判断するとされています（14-1 中の「テレビ放送の場合の判断基準」参照）。この判断は、個々の事案ごとに行われるものであるため一般化はできませんが、近時の裁判例には、テレビのニュースやワイドショーで、断定を避ける表現も用いながら報道していても、後者と判断されたものもあります（参考判例①、②、③）。これは、いくら「警察の調べでは」といった表現を用いていたとしても、コメンテーターの発言、関係者等のインタビュー内容、テロップの表記、

CG 等の映像表現などを含む番組全体の印象としては、一般の視聴者が、その被疑者・被告人が実際に罪を犯したとの印象まで受けてしまうと判断されるケースがあると言うことです。

もっとも、いわゆるストレートニュースのように、「逮捕されました」「警察の調べでは」「疑いがもたれています」「本人は容疑を否認しています」というような表現を中心として、簡潔に報道を行った場合には、一般の視聴者の印象を基準としても、前者、すなわち「まだ逮捕された段階にすぎない」と受け取るのが通常ではないかと考えます。新聞に関する事案ではあるものの、近時もそのような判断を示した裁判例があります（参考判例④）。

■真実相当性の有無

報道機関が真実性を立証すべき対象が「原告がその犯罪を実際に行ったこと」だとすると、例えば、逮捕や強制捜査を報じた後に不起訴や無罪となった場合、報道機関が自ら真実性を立証することは困難ですので、実際には「真実相当性」の有無だけが争点として残ることが多いと言えます。

それでは、実際の裁判では、真実相当性の有無はどのように判断されるのでしょうか。

まず、第1審で有罪判決が出された後の報道については、最高裁は、1審判決が認定した事実を真実と信じてその範囲で報道を行った場合は、1審判決の認定に疑いを入れるべき「特段の事情」が認められない限り、後に控訴審でこれと異なる認定がされたとしても、真実相当性が認められるとしています（参考判例⑤）。

これに対して、捜査段階において、捜査機関の公式発表を事実と信じて報じた場合についても同様と言えるかとなると、そうとも言い切れません。なぜなら、「捜査機関の広報担当者が発表した被疑事件の事実について、取材記者及び編集者が、これを被疑事実としてではなく、客観的真実であるかのように報道したことにより他人の名誉を毀損したときは、取材記者及び編集者は、発表された事実を真実であると信じたことに相当な理由があつたとして過失の責任を免れることはできない」とする最高裁判決があるためです[1]。その後も参考判例③が、この最高裁判決に言及した上で真実相当性を否定しています。

もっとも、近時の裁判例には、第1審判決の内容を信じて報道を行った事案に関する上記最高裁判決（参考判例⑤）の判断枠組みと同様に、捜査機関の公式発表の内容を信じて報道した場合には、捜査機関の発表内容に疑問を生じさせる「特段の事情」が認められない限り、真実相当性を認めるという判断枠組みを明示的に採用して報道機関の責任を否定するものも見られます（参考判例①、参考判例②）。

脚注1の判決は最高裁判決ではあるものの、その後にも参考判例①、②のような複数の高裁の裁判例があらわれており、この点に関する裁判所の判断は流動的と言えそうです。

■逮捕状の発布と真実相当性

逮捕（現行犯逮捕を除く。以下同じ。）や勾留は、裁判官が「罪を犯したことを疑うに足りる相当な理由がある」と判断した場合に限って認められる手続きです。したがって、逮捕や勾留手続きを経ている事案については、単に捜査機関の公式発表であるということだけでなく、逮捕や勾留手続きを経ているという事実も、被疑事実が真実であると信じるべき事情となると言えそうです[2]。

この点、参考判例①は逮捕報道に真実相当性が認められる根拠の1つとして「被疑者が罪を犯したことを疑うに足りる相当な理由があるとして裁判官から逮捕状を得た上で行うものである」ことを挙げ、また、参考判例②も、「裁判官が逮捕状を発するためには、被疑者が罪を犯したことを疑うに足りる相当な理由があると認めることが必要であるから（刑事訴訟法199条）、この点からも、被告らが本件被疑事実が真実であると信ずるについて相当の理由があるということができる」と述べて、裁判官による逮

【1】 最高裁昭和49年3月29日判決・集民111号493頁（被疑事実断定報道事件）
【2】 緊急逮捕の場合、逮捕の時点では逮捕状が発せられていないが、その後直ちに逮捕状を求める手続きが必要とされているため（刑事訴訟法210条）、警察発表や報道の時点では事後的に逮捕状が発せられていることも多いだろう。その場合は、真実相当性についても、通常逮捕の場合と同様に理解することができる。

捕状発布の事実の認識が真実相当性を根拠付ける事情となることを認めています。

■まとめ

上述のとおり、ストレートニュースのようにごく簡潔に報道を行った場合には、前者、すなわち「まだ逮捕された段階にすぎない」と受け取るのが通常であると思われます。したがって、名誉毀損に問われるリスクは低いと言えます。

他方で、時間を割いて詳細に報じる際は、後者、すなわち「実際に罪を犯した」との印象を与えるとされる可能性が、どうしても出てきますが、過度な演出や、コメンテーターによる断定的なコメントなどに留意して、できるだけ前者と受け取られるように配慮することが望ましいと言えるでしょう。

その上で、仮に後者とされた場合でも適法となるよう、捜査機関が正式に発表した情報、特に逮捕事実や勾留事実の範囲や、自らの取材を通じて十分に裏付けが取れている範囲内で報じるよう心掛けることになると言えそうです。

加えて、少なくとも、捜査機関の発表に基づいて、その範囲内で報道を行ったことは、テレビ局側で立証する必要がありますので、立証に必要な配布資料や記者メモをきちんと保存しておくことが大切です。適切なメモの取り方や保存すべき資料については、2-2を参照してください。

なお、いわゆる「犯人視報道」については、それが行き過ぎると、名誉毀損とは別に、放送倫理の観点からも問題となるおそれもあります[3]。そのような観点からも、過度に断定的な表現や構成とならないような配慮が必要と言えます。

【3】 参考判例③は、提訴前にBRO（現BPO）への申立てがなされている。その決定は「本件報道の基本的な事実関係は、警察発表に基づいたものであり、本件報道の主要部分に事実誤認があったとはいえない。」としながらも、「犯人としての断定的な報道につながりかねない表現や顔写真の繰り返し使用などがみられ、申立人の名誉を毀損したとまではいえないが、放送倫理上問題があったと判断する」としている（人権委平成11年3月17日決定「大学ラグビー部員 暴行容疑事件報道」（決定8号））。

参考判例❶

東京高裁平成 19 年 8 月 22 日判決・判時 1995 号 88 頁、判タ 1253 号 183 頁（元東京女子医大医師 NHK 事件）（3-3 参考判例③参照）

NHK が、医療事故による患者の死亡事件に関して、人工心肺装置の操作を誤って患者を死亡させた業務上過失致死の容疑で担当医が逮捕（後に刑事裁判で無罪が確定）されたことを、警視庁の記者会見に基づいて実名で報道したことが、名誉毀損に該当するかなどが争われた事件。

裁判所は、まず社会的評価の低下の有無について、報道ではコンピューターグラフィックスでミスの内容が詳しく説明されている点などを指摘して、「一般の視聴者の普通の注意と視聴の仕方」とを基準とすると、「全体としては、『原告が本件手術において人工心肺装置の操作を誤り、トラブルへの対処法を知らなかったため本件患者を死亡させ、逮捕された』との事実自体が存在したとの印象を視聴者に与えるものであるというべきである」とした１審判決の認定を追認した。

その上で、真実相当性について、「取材源が少数に留まる場合であっても、当該取材源の信頼性が一般的に高く、取材によって得られた内容について疑念を差し挟むような特段の事情がない場合には、仮に当該取材結果に基づいて報道した内容が事後的に真実でないことが判明したとしても、報道機関には報道内容を真実と信じたことについて相当な理由があるというべきである」という判断基準を示した上で、結論として、「本件では、直接的には、控訴人逮捕に際して警視庁で持たれた会見の結果を踏まえて報道内容が作成されたのであるが、犯罪被疑者が通常逮捕された場合の警察側の発表は、警察がその有する権限を行使して様々な証拠を収集分析し、被疑者が罪を犯したことを疑うに足りる相当な理由があるとして裁判官から逮捕状を得た上で行うものであるから、後に述べるように発表内容に疑念を抱かせる特段の事情もなかった本件においては、発表された内容を被控訴人が信頼したとしてもやむを得なかったというべきである」などとして請求を棄却した。

参考判例❷

那覇地裁平成20年3月4日判決・判時2035号51頁（公立中学校教師実名報道事件・第1審）

NHK及び沖縄県の民放3社が、精神疾患で休職中の公立中学校教師が女子中学生に対する青少年保護育成条例違反容疑で逮捕（後に処分保留で釈放・起訴猶予）されたことを、沖縄県警の記者会見に基づいて実名で報じたことが、名誉毀損に該当するかなどが争われた事件。

裁判所は、まず、一般の視聴者の普通の注意と視聴の仕方とを基準として判断すれば、本件各報道は、逮捕の事実にとどまらず、原告が条例違反の罪を犯し、このため、被疑者として警察に逮捕されるに至ったとの印象を受ける事実を摘示したものと認めることができるとして、原告の社会的評価を低下させるものであり、その名誉を毀損するものであると判断した。

その上で、真実相当性の有無について、「犯罪捜査に当たる警察の担当者が、捜査結果に基づいて判明した事実を記者発表の場などで公式発表した場合には、その発表内容が真実であるかについて疑問を生じさせるような具体的な事情がない限り、上記発表に係る事実を真実と信ずるについて相当の理由があるというべきである。なぜなら、捜査機関は、社会正義の実現という公共的見地から、強制捜査権等の広範な権限を駆使して捜査活動を行い、証拠資料など十分な根拠に基づき当該事実について確信を得て発表を行うのが通常と考えられるのであり、取材に当たる報道機関が、警察の公式発表を信頼することには相当の理由があるいうことができるからである」という判断基準を示した上で、結論としても、「本件被疑事実が真実であるかについて疑問を生じさせるような具体的事情があることを認めるに足りる証拠はない」として請求を棄却した。

控訴審（福岡高裁那覇支部平成20年10月28日判決・判時2035号48頁）もこの判断を維持している。

参考判例❸

東京地裁平成13年9月26日判決・判時1784号90頁、判タ1101号210頁（ラグビー部員集団レイプ報道事件・第1審）

フジテレビが、帝京大学ラグビー部員による集団強姦被疑事件に関して、5人のラグビー部員が強姦容疑で逮捕されたこと、および、5人とも被疑事実を認めていることを、警視庁の記者会見に基づいて、ワイドショーの中で2度にわたり、実名で詳細に報道したことについて、後に示談が成立して起訴猶予処分となった被疑者の1人が名誉を棄損されたとして損害賠償を求めて提訴した事件。

裁判所は、リポーターや司会者らが「何とも卑劣な犯行が明らかになりました」「非常に衝撃的な許せない事件ですからね」「許せないのもさることながら、スポーツマンシップに則ってやるラガーマンてのが信じられないことですよね」などと繰り返し断定的な発言をしていることや、「"未成年OLをレイプ" 帝京大ラグビー部5人集団暴行容疑で逮捕」というテロップが繰り返し用いられていることなどの点を指摘し、一般の視聴者を基準とすれば、集団強姦事件を実行したことまでが摘示事実であるとした。

その上で、「いまだ犯行が確定的でない段階において、捜査の初期段階における警察発表という限定された情報のみに依拠し、その情報の限度を超えて、本件各放送において、視聴者に対し、未成年の女性を集団で強姦したとの犯罪行為が実際に存在し、かつ、原告ら5人が上記の犯罪行為を実際に犯したとの印象を与えるような報道をしたのであるから、本件各放送は、その構成、演出方法等に相当性を欠く点があったといわざるを得ず、被告はその責任を免れない」と判示して、真実相当性の抗弁を排斥し、名誉毀損の成立を認めた。

控訴審（東京高裁平成14年2月27日判決・判時1784号87頁、判タ1101号207頁）もこの判断を維持している。

参考判例④

東京地裁平成27年9月30日判決・LEX/DB25541496（偽造証拠提出報道事件）（10-1 参考判例①）

経営コンサルタント会社の経営者が裁判所に偽造の証拠を提出したとして偽造有印私文書行使の容疑で逮捕されたことから、朝日新聞、毎日新聞および中日新聞がこれを実名で報じたところ、経営者が、名誉毀損およびプライバシー侵害を理由として提訴した事案。

名誉毀損に関し、原告は、各社の記事は原告が犯罪行為をした事実まで摘示しているなどと主張した。しかし、裁判所は、記事は「愛知県警察は……逮捕し、発表した。」「中署によると……疑いがある」などと、断定を避ける記載となっていることなどから、「一般の読者としては、警察発表を基にした記事であると読むことができ、原告が偽造有印私文書行使罪を犯したと断定的な記載がされているとまではいえず、あくまで偽造有印私文書行使の容疑で原告が逮捕された事実とそれに対する原告の弁解内容を記載したにすぎない」などとして、名誉毀損は成立しないとした。ただし、毎日新聞社の記事については「有印私文書偽造・同行使容疑」と逮捕容疑の罪名を誤っていたことなどから、限定的に名誉毀損の成立を認めた。

なお、原告は実名報道を理由とするプライバシー侵害も主張したが、裁判所は全て退けた。

控訴審（東京高裁平成28年3月9日・LEX/DB25542147）もこの判断を維持している。

参考判例⑤

最高裁平成11年10月26日判決・民集53巻7号1313頁、判時1692号59頁、判タ1016号80頁、裁判所ウェブサイト（「賄賂の話」事件・上告審）

大学教授が、自身が執筆した書籍『賄賂の話』の中で、国際電信電話株式会社（KDD）の代表取締役が会社資金を着服横領したなどとして逮捕起訴され、1審で全ての罪について有罪とされた事件について記載した。この記載は1審判決に基づいて執筆されたが、その後、控訴審判決で会社資金の横領については無罪となり、これが確定したことから、結果として無罪となった部分に関する書籍の記載が名誉毀損に該当するかが争われた事案である。

最高裁は、「刑事第一審の判決において罪となるべき事実として示された犯罪事実、量刑の理由として示された量刑に関する事実その他判決理由中において認定された事実について、行為者が右判決を資料として右認定事実と同一性のある事実を真実と信じて摘示した場合には、右判決の認定に疑いを入れるべき特段の事情がない限り、後に控訴審においてこれと異なる認定判断がされたとしても、摘示した事実を真実と信ずるについて相当の理由があるというべきである」と判示し、名誉毀損責任を否定した。

10-5

民事事件報道と名誉毀損責任

Q 民事事件の報道で、原告側の主張を、あくまで原告側の主張であるとして報道しましたが、その後に原告の主張を否定する判決が出た場合でも、名誉毀損に問われることはないのでしょうか？

A 断定的な表現をせず、まだ判決の出ていない係争中の案件であることを明示していれば、名誉毀損の責任を負わない可能性が高いです。

KEY POINT

- 断定的な表現をせず、まだ判決の出ていない係争中の案件であることを明示していれば、名誉毀損の責任は負わないと考えられる。
- 民事訴訟の提起について報じる際は、「提訴しました」「賠償を求めています」「訴状によると」などと断定を避ける表現を用い、テロップ、リポーターや出演者のコメントなども断定的な表現にならないように注意する。

社会的な関心が高いテーマについて民事訴訟が提起された場合、報道機関がこれを報じることがあります。民事事件でも、セクハラ、パワハラ、不倫、過労死、医療過誤などのように、原告の訴えが事実であれば被告とされた個人や企業の社会的評価が低下する事件もあります。そのような場合は、提訴報道による名誉毀損の成否が問題となります。ここでは、民事訴訟報道による名誉毀損責任について検討します。なお、刑事事件報道（10-4）と共通する問題点も多いため、10-4 に続いて本稿をお読みください。

■摘示事実は何か

刑事事件報道と同じく、民事事件報道の場合も、まず、単に「民事訴訟が提起された」とだけ報じたことになるのか、それとも「原告が主張するセクハラ等の事実が実際に存在した」とまで報じたことになるのかが問題となります。そして、この点は「一般の視聴者の普通の注意と視聴の仕方」を基準として判断されることになります。

報道機関が民事訴訟の提起について報じる場合、「提訴しました」「賠償を求めています」「訴状によると」などと断定を避ける表現を用いるなどして、あくまで裁判はこれから進行するので、どのような判断が出るかは分からない、ということが視聴者に伝わるように報じることが多いようです。

加えて、刑事事件の場合は、起訴された事件の有罪率が極めて高いことや、捜査機関の公式発表の信頼性が一般的に高いことなどの事情があるため、刑事事件報道を見た場合に「その人物が実際に罪を犯した」との印象まで視聴者に与えてしまいやすいのに対し、民事事件の場合はそのような事情は乏しいと言えます。すなわち、民事訴訟の場合は、訴訟類型によっても異なりますが、刑事訴訟に比べれば勝訴率はずっと低く、民事事件報道を見た視聴者も「あくまで原告側の主張にすぎない」「結論は判決が出るまで分からない」という印象しか受けない傾向があると言えそうです。

この点について判断した裁判例は少ないのですが、新聞記事がセクハラ訴訟の提起を報じた事案について、あくまで民事訴訟が提起されたとの事実を摘示したにすぎないと判断した裁判例（参考判例①）があり、参考になります。

■民事事件報道における真実性の立証

社会的評価の低下が認められるとなると、テレビ局は、公共性および公益目的に加え、報道内容が真実であること（真実性）または真実であると信じたことにつき相当な理由があること（真実相当性）を立証しなければ名誉毀損の責任を負うことになります。

そして、報道が「民事訴訟を提起された」との事実を摘示したにすぎないと判断される場合は、その訴訟が提起されたことさえ立証すれば名誉毀損の責任を負わないことになりますし、「セクハラ等の原告が主張する事実が実際に存在した」との事実まで摘示したと判断される場合は、そのような事実まで立証しなければ名誉毀損の責任を負うことになります。

参考判例①は前者と判断された事例ですので、民事訴訟を提起している事実自体は容易に立証され、名誉毀損の責任が否定されています。

これに対して、例えば、セクハラや医療過誤があったことを所与の前提とするようなナレーションやスタジオでのコメントなどがなされると、実際にそのような事実があったという印象まで視聴者に与えたとされる結果、そのような事実があったことまで立証責任を負う可能性が出てきます。

この場合、報道対象となったセクハラ訴訟や医療過誤訴訟において、実際にセクハラや医療過誤の事実が認定されていれば良いのですが、それらが否定されている場合は、報道機関が独自にセクハラや医療過誤の証拠を見つけて自らの裁判で真実であると立証することには困難も予想されます。そして、真実性を立証できなければ、真実と信じたことにつき相当の理由があることを立証できなければ敗訴することとなります。

この点で留意が必要なのは、刑事事件報道の場合の捜査機関の公式発表ほどには、原告側の説明の信用度は一般的には高くないと言えることです。10-4で述べたとおり、捜査機関の公式発表を信じた場合（特に被疑者が逮捕されている場合）には真実相当性が認められやすいと言えますが、民事事件報道の場合は、単に「原告の説明を信じた」というだけで真実相当性が認められる可能性は低いと言えそうです。したがって、仮に原告側が主張する事実関係が正しいという前提に立った報じ方をするのであれば、原告の説明だけに依拠するのではなく、原告から示された証拠資料等を十分に吟味したり、必要に応じて、自ら被告側にも反対取材を行って言い分を聞くなど十分に取材を尽くす必要があるといえるでしょう[1]。

参考判例 ❶

東京高裁平成18年8月31日判決・判時1950号76頁、判タ1246号227頁（セクハラ提訴記者会見事件）

大学病院の患者が担当医師に対し、診療とは関係なく胸を触られたり写真を撮られたりしたなどとして損害賠償を求める民事訴訟を起こし、これを毎日新聞が担当医師を実名にして報じたところ、結局セクハラ等の事実は認定されず患者が敗訴したことから、その後、勝訴した担当医師が毎日新聞に対し、名誉棄損を理由とする損害賠償などを求めた事件。なお、毎日新聞以外の大手マスコミはいずれも担当医師を匿名で報じていた。

裁判所は記事による社会的評価の低下について、「セクハラを理由として民事訴訟を提起されたとの摘示事実はそれ自体によって一審原告の社会的評価を低下させるものといえる」として、社会的評価の低下を肯定した。

その上で、記事の摘示事実については、①見出しは「診療でセクハラ行為　○○医科大教授相手に提訴」となっており提訴報道であると明確に読み取れること、②記事本文も「訴状によれば」「という」「求めている」などと提訴した原告の主張であると明確に読み取れること、③担当医師側のコメントも掲載していること、などを総合的に判断し、「本件記事は、一般の読者の普通の注意と読み方を基準とすれば、全体として、一審原告がセクハラ、名誉毀損等を理由に民事訴訟を提起されたとの事実を摘示したものと解されるのであり、一審原告がセクハラ等の行為を行ったとの事実を摘示したものとみることは困難である」とし、提訴自体は真実であることから、真実性の抗弁を認めて担当医師の請求を棄却した。

【1】 もちろん、刑事事件報道の場合にそのような反対取材等が不要という趣旨ではない。ただし、刑事事件報道の場合は、被疑者・被告人自身は身柄が拘束されているため取材できないことが多く、弁護人も守秘義務を理由に取材に応じないことも多いため、被疑者・被告人側への取材が事実上困難なケースも多いようである。

10-6

名誉毀損を防ぐ原稿の書き方

Q

ニュースの放送原稿やドキュメンタリー番組の台本を書く際に、名誉毀損のリスクを防ぐという観点から、表現上気をつけるべき点はありますか？

A

評価を含む表現や抽象的な表現を用いる際には特に、個々の表現が取材結果と合致しているかに気を配る必要があります。

KEY POINT

■ ナレーションや放送原稿の修正の際には、
- ・同じ内容で短くする場合、修正の前後で本当に同じことを言っているか
- ・修正を繰り返しているうちに、取材結果から踏み出してしまっていないか

を念頭に置いて、取材結果と原稿を突き合わせて確認する。

■ いったん書いた原稿やナレーションを短くする際、とりわけ、別の人間が手を入れる際にはミスが生じやすいので注意が必要。

ニュースの放送原稿やドキュメンタリー番組の台本を書く際は、人の名誉を不当に毀損しないように気を配らなくてはならないのは当然ですが、どこにどう気をつければよいかは、意外と気がつかないものです。ここでは、原稿を書く上でどういった点に気をつければ名誉毀損を防ぐことができるのかについて見ていきたいと思います。

■ナレーションを短くする

ここでは、医療事故に関するドキュメンタリー番組のナレーションを例に考えてみます。この番組では、実際に起こった死亡事故を、医師や病院の実名とともに取り上げます。事故が起こった原因を紹介するナレーションについて、担当ディレクターが最初に書いた台本は「第１稿」のとおりでした。この「第１稿」に記載された事実は、いずれも取材で客観的な裏付けが取れています。

> 第１稿
> 「この執刀医は同程度の経験年数を有する平均的な医師に比べて、扱った症例数が半分以下でした。また、この手術では通常は小児の患者に対して用いる術式を大人の患者に用いていました」

その後、編集を重ねていく中で、尺が長すぎるので短くすることになり、最終的にプロデューサーが手を入れ、「第２稿」の表現に修正しました。

> 第２稿
> 「この執刀医はこの手術を行うには未熟でした。また、この手術では誤った術式が用いられていました」

さて、放送後、このナレーションの内容が事実に反し、社会的評価を低下させたとして、執刀医や病院から名誉毀損で訴えられてしまいました。そして、実際に裁判が始まってみると、テレビ局側は非常に苦戦し、勝訴できるかどうか微妙な情勢となってしまいました。

■名誉毀損訴訟の立証責任の範囲が変化する

ナレーションの内容は全て取材で裏付けが取れていたはずなのに、どうして裁判で苦戦することになってしまったのでしょうか。それは、ナレーションを短くした際に、「扱った症例が半分以下」「通常は小児に用いる術式」といった客観的な事実を伝える表現を、「未熟」「誤った」といった抽象的な表現に置き換えたことに原因があります。表現をこのように置き換えたことによって、テレビ局側が法廷で立証しなくてはならない事実のハードルが格段に上がってしまったからです。これは、名誉毀損訴訟の構造に関係しています。

名誉毀損訴訟では報道機関側が、報道によって摘示した事実が真実であること（真実性）の立証責任を負っています。真実性の立証対象となる摘示事実が何であるかは、その報道に接した一般読者や一般視聴者を基準にして裁判所が判断するとされています[1]。そして、その際にはナレーションだけではなく、映像や字幕なども含めて総合的に判断されますが、ナレーションが重要な意味を有していることは間違いありません。

重要なことは、同じような内容のナレーションのように思われても、いざ訴訟ということになった場合、テレビ局側が立証すべき事実が大きく変わってしまうことがあると言うことです。

■テレビ局が立証しなければならない事実に違いが生じる

実際のナレーションが「第１稿」の表現だったとすると、テレビ局の立証すべき対象は「扱った症例数が半分以下であること」と「通常は小児の患者に用いられる術式であること」ということになります。

この場合、テレビ局側は、①当該執刀医の扱った症例数、②同程度の経験年数を有する平均的な医師が扱っている症例数、③患者が大人の場合と小児の場合で、現在の日本の医療現場においてそれぞれ一般的に採用が考慮される術式、④当該執刀医が実際に用いた術式、の４点について具体的な証拠を示すことができれば、内容が真実であることを証明できそうです。

【1】 最高裁平成 15 年 10 月 16 日判決・民集 57 巻 9 号 1075 頁、判時 1845 号 26 頁、判タ 1140 号 58 頁、裁判所ウェブサイト（所沢ダイオキシン報道事件・上告審）

これに対して、「第２稿」のナレーションの場合はどうでしょうか。テレビ局側は「未熟」と「誤った術式」を裏付ける具体的事実を立証しなくてはなりません。これらの立証は実は容易ではありません。なぜなら、上の４点について証拠を示して立証することができたとしても、病院側は、「取扱件数が少ないからといって、必ずしも『未熟』とは限らない」「全国的に見れば、経験がさらに少ない医師でも同様の手術を扱っているケースがある」「大人に当該術式を用いた例がある」といった反論をする余地があるからです。病院側はそうした反論を根拠付ける証拠や、それに沿った証言をしてくれる専門家証人を出してくるかもしれません。そうなってくると、裁判の勝敗は分からなくなってきます。

■評価を含んだ表現には注意

表現を短くする際は、どうしても評価を含んだ表現になりがちですが、このケースで分かるように、評価を含んだ表現は、立証をより困難にすることがあります。この例では短くする際に、「未熟」「誤った」といった評価を含む表現に置き換えたことで、相手の反論の余地を生んでしまっています。

「未熟」「誤った」などのほかにも、「下手」「劣っている」といった評価に関する表現や、「隠ぺい」「セクハラ」など、一定の評価を伴う事実の指摘については、使用する際に文脈や根拠、立証の可否についてよく考えて、適切な表現と言えるかを慎重に検討することが大切です。

単に文章を短くしたいのであれば、できるだけこうした評価を伴う表現の使用を避けたり、「この執刀医は扱った症例数が豊富とは言えませんでした」のように断定的な評価を排除した表現にすることで、表現を短くしつつもリスクを回避することができるのです。こうした観点を踏まえて短くしたものが次の「第３稿」です。

> 第３稿
> 「この執刀医は扱った症例数が豊富とは言えませんでした。また、通常は小児の患者に対して用いる術式が用いられていました」

■断定表現や伝聞表現にも細心の注意を

その他にも、例えば医療事故に関しては、医療過誤かどうか裁判の決着がついていない段階で医療事故を扱う際に、「医療過誤のあった病院です」と、断定的な表現を用いてしまう場合があります。しかし、「医療過誤」は医療機関側に落ち度があったという意味合いを含む表現で、中立的な「医療事故」とは意味合いが異なります。もちろん、たとえ裁判の結論が出ていない時点でも、テレビ局の責任において「医療過誤」だと報じることは可能ですが、その場合は、取材によって「医療過誤」だという十分な裏付けが取れていることが必要でしょう。この点については10-5も参照してください。

ほかにも、実際には、取材に応じてくれた看護師が自分で体験したことではなく、手術に立ち会った別の看護師から聞いた話にすぎないのに、「看護師はこのように話しています」と断定してしまうと、事実とは異なる可能性がありますし、少なくとも取材結果の範囲を超えてしまっています。「看護師は、別の看護師からそのように聞かされました」というように、伝聞と直接体験とはきちんと区別することが大切です。BPOもこの点については厳しく指摘し、伝聞と直接の経験を明確に区別して報じるように求めています（参考 BPO決定①)。

■別の人が原稿を修正することはリスクを高める

ここで説明してきたような原稿上の問題は、最初の原稿や台本を書いた人とは別の人が修正を行う場合に発生するリスクが飛躍的に高まります。最初の原稿を書いた人が自ら修正するか、その人を含む複数の人間で集まって、原稿を逐語的にチェックし、その場で置き換え表現について話し合って決めていくなどすることが、リスク回避という観点からは望ましいと言えます。記者やディレクターが書いた原稿にデスクやプロデューサーなどの監督者が手を入れる場合のほか、人事異動や担当変更などによりディレクターやプロデューサーが途中で交代した場合などは特に要注意です。情報が適切に引き継がれるように注意してください。

また、センシティブな内容を扱う番組については、弁護士や法務部にチェックや助言を依頼したり、試写や打合せに同席してもらったりすることも有効です。

参考 BPO 決定 ❶

検証委平成19年8月6日決定「TBS『みのもんたの朝ズバッ！』不二家関連の2番組に関する見解」（決定1号）

TBSが2007年1月22日放送の『みのもんたの朝ズバッ！』の中で、不二家平塚工場の元従業員とされる女性を匿名のVTRで登場させ、元従業員の証言として、不二家平塚工場において、賞味期限の切れたチョコレートをパッケージし直して再利用したり、賞味期限切れで返品されてきたチョコレートを溶かし、製造し直して新品として出荷していた、といった内容の放送を行った。TBSは不二家から事実に反すると抗議を受けたが、1月23日にはみのもんた氏が番組中で「もうはっきり言って、廃業してもらいたい」と言い、1月31日にも、「異物じゃなくて汚物だね、こうなると」などと告発内容が事実という前提に立った発言を繰り返した。

決定の内容は多岐にわたるが、内部告発者が伝聞として語っている内容を、番組中ではあたかも内部告発者が直接体験したり目撃した事実であるかのように断定的に報じた点について、放送倫理検証委員会は、「通報者がみずからその事実を目撃しているのか、それとも誰かがそう言っていたと主張しているにすぎないのかは、視聴者がその告発の信用性を判断する上で決定的な重要性を持っている。従って、伝聞情報であることを明らかにしないまま放送したことは、『視聴者に著しい誤解を与え』る結果を生み、放送倫理上の問題となる」「そもそも『伝聞したことに関する発言』と『直接目撃したことに関する発言』の証拠価値の違いについての初歩的な理解が、番組制作関係者のなかになかったのではないかと疑わせる事態であり、猛省を促さないわけにはいかない」などと指摘している。

10-7

発言者の意図を損なう
インタビュー映像の編集

Q インタビュー映像の編集によって、発言した人に対する権利侵害を生じることはありますか？

A 発言者の意図が誤って伝わってしまうような編集をすると、権利侵害や放送倫理違反とされることがあります。

KEY POINT

- ■ 実際にはその人の見解ではないにもかかわらず、その人の見解であるとして紹介した結果、その人の社会的評価を低下させた場合は、名誉毀損となることがある。
- ■ 出演者の発言場面を編集することによって、発言の重要かつ本質的な部分が改変された場合も、名誉毀損や放送倫理違反とされることがある。

人の発言や見解を番組で紹介する際に、内容を不正確に伝えると、大きな問題になることがあります。特に、編集の仕方によって本来の意図と異なった内容に受け取られたり、テロップが実際の発言内容と異なっているような場合は、名誉毀損となる可能性があるほか、放送倫理違反とされる可能性がありますので注意が必要です。

■発言者の意図とは異なる発言の紹介や編集

過去には、報道番組の中で、代理母に関する講演会における女性タレントの「生みの親より育ての親」「分娩しただけの人が親といえるでしょうか」という発言を紹介したところ、この女性タレントが、本来の意図と異なる紹介がされ名誉が毀損されたと訴えた事件があります（参考判例①）。この事件で、裁判所は、ある人が一定の見解を表明したとの事実を摘示することは、一定の場合には、その人の社会的評価を低下させ、発言者の名誉を毀損する場合があり得ると判断しました。

また、コメンテーターとしての出演場面の編集が問題とされたBPOの案件もあります（参考BPO決定①）。この案件で、BPOは「各放送局は、通常、収録した素材等を主題に応じてより分かり易い発言内容に絞り込むなど整理し、放送時間内に収まるように編集することが可能である。ただし、そうした編集を行う際には、発言の重要かつ本質的な部分（発言の趣旨又は核心部分）を改変しないよう慎重さが求められる」、「本件のようなコメンテーターの発言は、研究者や専門家としての立場から論評するのであるから、削除が発言の核心部分の改変にならないようにより一層慎重な対応が要請される」と指摘しています。

■長い発言の一部を使うことが、直ちに問題となるわけではない

取材では長時間のインタビュー収録をしていても、実際に番組で使用できるのはほんの数分や場合によっては数十秒という場合もあります。無用なトラブルを避けるためにも、特に取材に慣れていない方に対しては、こうした点についても説明しておくことが望ましいとは言えますが、参考BPO決定①も指摘するとおり、このような編集を行うこと自体は可能で

す。

特に、ある政治家の発言のうち、どの部分に報道価値があると判断するかというような問題は、報道機関である放送局が自ら判断すべき問題であり、その裁量は広く認められる必要があります。仮に番組で使用した部分が、政治家本人が一番言いたかったところとは違う部分であっても、そのことだけで権利侵害や放送倫理違反になる訳ではありません。

もっとも、実際の発言内容とは全く異なる内容に受け取られるような紹介や編集まで行った場合には、たとえ政治家等であっても名誉毀損や放送倫理違反となるおそれがありますので注意が必要です。

また、2-1の参考BPO決定①は、「編集過程で全面的なカットや重要な変更がなされた場合には、それを速やかに取材対象者に伝えることが望ましい」ともしており、このような指摘も考慮に入れる必要がありそうです。

■発言者の意図と異なるテロップの付与

発言内容と実質的に異なる内容のテロップを付すことも、発言者に対する権利侵害や放送倫理違反となり得ます。

過去には、TBSが石原慎太郎都知事（当時）の「日韓合併の歴史を100％正当化するつもりはない」という発言に、「100％正当化するつもりだ」というテロップをつけて放送してしまったところ、石原氏が名誉毀損で刑事告訴するとともに（嫌疑不十分で不起訴）、民事訴訟を提起した（その後和解したため判決には至らず）という事件があります。

また、関西テレビが制作した「発掘あるある大事典Ⅱ」の中で、外国人教授の発言に対して、発言内容と全く異なるテロップや吹き替えをかぶせたことが放送倫理に違反するとして大きな社会問題になった事件もあります。

外国人の発言にテロップを付す際には、字数の制限もあるため、意訳や要約にならざるを得ないことも多いと思われますが、発言の趣旨と大きく異なるテロップを付すことは、ねつ造として放送倫理違反に問われる可能性もありますので注意が必要です。

実務上の対応

こうした問題を防ぐためには、番組における紹介や編集の仕方と、実際の発言や見解の内容との間に齟齬が生じていないか、編集によって視聴者に誤解を与えるおそれがないかを注意深く確認するほかありません。実際の発言内容と無関係なテロップや吹き替えを意図的にかぶせたり、本人が条件付きで話しているのに意図的にその条件部分を削除したりすることは論外ですが、限られた尺に収めるべく編集していると、意図せずともブレが生じてしまうこともありますので、注意が必要です。

また、参考BPO決定①のように、研究者や専門家としての立場からコメンテーターとして出演してもらうようなケースでは、発言の核心部分が何であるかについて、より慎重な配慮が必要です。

参考判例 ❶

東京地裁平成17年12月27日判決・LEX/DB28112323（「生みの親より育ての親」発言事件）

代理母出産により子どもをもうけた経験のある女性タレントが、代理母に関する講演の中で「生みの親より育ての親」「分娩しただけの人が親といえるでしょうか」といった発言を行ったが、TBSがこうした発言を報道番組の中で編集して紹介したところ、不当な扱いによって視聴者に誤った印象を与えたとしてこの女性タレントが名誉毀損を理由に提訴した事件。

裁判所は、「ある人が一定の見解を表明したとの事実を摘示することは、〈1〉当該見解の内容が、犯罪など法律上許されない行為を支持・推奨するものであるとか、社会の一般人にとって不快・嫌悪の情を催すものであるなど、一般に支持を得られないようなものである場合や、〈2〉意見表明者がすでにこれとは異なる見解を有する者としての社会的な評価が定着しているのに、それと全く異なる見解を表明したと摘示する場合などには、当該意見表明者に対する社会的評価を低下させる」として、見解の紹介が名誉毀損に該当する場合があるとしつつも、放送局が紹介した発言はいずれもこれらには該当しないとして、そもそも名誉毀損とはならないとした。

もっとも裁判所は、「分娩しただけの人が親といえるでしょうか」という発言については、「これに反感を覚える人も一定程度いることは否定できない」「この点を捉えて原告に対する社会的な評価が低下したという見方もあながち理解できないものではない」として、念のため、違法性阻却事由の有無についても判断するとした。その上で裁判所は、原告がそのような発言をしたことは事実であり、しかも前後の脈絡を捨象してこの発言だけを取り上げても発言の内容が別の意味に解されることはなく、放送の内容は講演の趣旨に沿ったものであって、その内容をゆがめているとはいえない、などとして、放送内容の主要な点について真実であるとの証明があるから、違法性が阻却されるとも判断した。

参考判例❷

東京地裁平成28年4月28日判決・裁判所ウェブサイト（ブログ引用報道事件）

有用微生物群（EM）の研究者である原告が、原告を直接取材することなく、原告が執筆したブログの一部を無断で引用してEM菌の化学的効果を疑問視する記事を掲載したとして、著作権侵害や不法行為等を理由に、朝日新聞社を訴えた事件。

著作権侵害の成否について、裁判所は、原告のブログと新聞記事とで共通する表現は「重力波と想定される」「波動による（もの）」との部分だけであり、この部分はEMの効果に関する原告の学術的見解を簡潔に示したものであり、原告の思想そのものであるから、著作権法の保護の対象となる著作物には当たらないとして、著作権侵害を認めなかった。

次に、不法行為の成否について、原告は、新聞記事に掲載された内容は5年も前のブログの内容を引用したものであることや、仮に原告が取材を受けていれば別の表現で分かりやすい説明を加えることができたから、「自らの意思に反してコメントをねつ造されない人格的利益」が侵害されたと主張した。これに対し、裁判所は、被告の記事は、原告を直接取材して得られたコメントを掲載した記事と読まれる可能性のある表現であったことや、原告を直接取材していないことが被告の社内指針に抵触しかねない行為だったことは認めた。しかし、社内指針に反したからといって直ちに第三者との関係で不法行為となるわけではないし、記事中の原告のコメント部分は、公にされていたブログ記事を参考にして執筆されたものであって、その内容はEMの本質的効果に関する原告の見解に反するものではないと認められるから、被告の記事によって原告の見解が誤って報道されたとは認められず、原告が実質的な損害を被ったとは言えないとして、結論としては、不法行為の成立も認めなかった。

参考BPO決定❶

人権委平成15年3月31日決定「女性国際戦犯法廷・番組出演者の申立て」(決定20号)

NHKが制作放送した女性国際戦犯法廷を扱った番組の中で、スタジオ出演したカリフォルニア大学准教授が、「スタジオ収録後、NHKの制作意図の変更に伴い、申立人に対して何の連絡もなく、申立人の発言を改変し放送した。この結果、申立人の発言が視聴者に不正確に伝わり、申立人の研究者としての立場や思想に対する著しい誤解を生み、名誉権及び著作者人格権を侵害した」などとして、救済を申し立てた事件。

BPOは、名誉毀損や著作者人格権侵害は否定したが、①申立人が法廷での「裁き」に言及した部分を全部削除したことにより、「裁きの場」としての「女性法廷」の意義を軽視し和解だけを推進する人物であるかのように誤解されかねない状況を生んだ点、②スタジオ収録時には存在しなかったVTRを追加したため、申立人の立場について視聴者から誤解を招く危険が生じた点、については、申立人の人格権に対する配慮を欠き、放送倫理上問題があったと判断した。

10-8

公人や著名人のプライバシー

Q 政治家や高級官僚といった公人にもプライバシーが認められるのですか？　芸能人やプロスポーツ選手などの著名人はどうですか？

A 公人や著名人にもプライバシーは認められますが、一般人に比べると保護される程度は低くなります。特に、政治家や選挙の候補者については保護される程度はかなり低くなります。

KEY POINT

- 公人や著名人にもプライバシーは認められるが、一般人に比べると制限される。
- プライバシーの違法な侵害となるかは「公表されない利益」と「公表する必要性」を比較して判断される。著名性は「公表する必要性」を根拠付ける事情の１つとして考慮される。
- 特に、政治家や選挙の候補者などについては、「公表する必要性」はかなり広く認められる。

結婚や離婚のほか、交際や不倫などの私生活に関する情報がテレビの情報番組などで取り上げられるのは、政治家などの公人や芸能人といった著名人の場合がほとんどです。政治家などの公人の場合、過去の犯罪歴などが報じられることもあります。こうした公人や著名人にもプライバシーに関する権利は認められるのでしょうか。

■公人や著名人にもプライバシーは認められる

プライバシー権とは、「他人に知られたくない私生活上の事実や情報をみだりに公表されない権利ないし利益」のことを言います。

公人や著名人であっても、私人としての生活も営んでいるわけですから、プライバシーが全く認められないわけではありません。純然たる日常生活の領域に踏み込まれたり、私的な情報の流出により日常生活そのものが脅かされたりするような場合にまで、それを甘受しなくてはならない訳ではありません。

ただし、著名人は、一般人に比べるとプライバシーが保護される範囲が制限されます。その根拠については、公人や著名人の行動は通常の一般人と比べて国民の正当な関心事と認められる範囲が広いこと、また、公人や著名人は自らの意思でそのような立場になることを選択している以上、プライバシーの公表を甘受すべき範囲が一般人に比べて広いと考えられること等に基づくと理解されています。

■表現の自由とプライバシー権の調整

プライバシー権の侵害の有無は、「公表されない利益」と「公表する必要性」を個々のケースごとに具体的に比較衡量して、前者が優先する場合には権利侵害、後者が優先する場合には権利侵害ではないといういわゆる「比較衡量論」によって判断されます（14-2 参照）。

そして、対象者が公人や著名人であるという事実は、報道の公共性や公益目的を根拠づけるものであり、「公表する必要性」を基礎付ける事情の1つとして考慮されます。どの程度考慮されるかについては、公人や著名人といっても千差万別であるため、個別の事案ごとに大きく異なります。

なお、純然たる私生活上の行動が、公共性を有する事項と言えるのかについては、名誉毀損に関する著名判例である「月刊ペン事件」最高裁判決が、「私人の私生活上の行状であつても、そのたずさわる社会的活動の性質及びこれを通じて社会に及ぼす影響力の程度などのいかんによつては、その社会的活動に対する批判ないし評価の一資料として」刑法の名誉棄損罪の成否の判断基準となる「公共の利害に関する事実」に該当する場合があるとしていることが参考とされます（参考判例①）。プライバシー侵害の比較衡量においても、基本的には同様に考えることができるでしょう。

■芸能人やスポーツ選手等の著名人の場合

芸能人や著名なプロスポーツ選手等の著名人については、一般人であれば、それだけでもプライバシー侵害となり得るような、恋愛関係や過去の経歴などについても、著名人については受忍すべき限度内とされる範囲は広くなります。

もっとも、著名人であっても、それによって実際に生活の平穏が著しく害されることが明らかな場合まで保護されないとするのは不合理です。例えば、自宅や実家の住所などを公表する行為はプライバシーを侵害するとされています（参考判例②）。

■政治家や選挙の候補者の場合

政治家についても、政治家だというだけで無条件にプライバシーが否定されるわけではなく、政治家であることは「公表する必要性」を基礎付ける事情の１つとして比較衡量されます。

ただし、政治家や選挙の候補者の場合は、その人物がその地位にふさわしいかどうかを主権者である国民が正しく判断できるようにするため、その者の私生活上の事実も含めた人格全般を広く社会に知らせる必要があります。したがって、芸能人やスポーツ選手等と比べても、「公表する必要性」は広範に認められることになります。

もっとも、参考判例③のように、政治家に関する記事であっても、その掲載が専ら公益目的で行われたとは認められないとして違法なプライバシー侵害であるとされた事例も実際にあります。政治家であれば何を書いても良いというわけではありませんので、注意が必要です。

政治家の他にも、高級官僚なども通常の人よりも広範に「公表する必要性」が認められると考えます。

■かつて提唱された「著名人の法理」

かつては、公人や著名人については、公人や著名人であることを理由に、プライバシーが制限される法理として「著名人の法理」が提唱されていました。しかし、その後、最高裁がプライバシー侵害については比較衡量論を採用し、公人や著名人であるという事情は、考慮要素の１つとして取り扱われることが明らかになったことで、特別な法理として「著名人の法理」を捉える必要性はなくなりました。

■実務上の対応

ここまで見てきたとおり、公人や著名人であるという事実は、あくまで比較衡量の考慮要素の１つにすぎませんので、公人や著名人というだけで何を報じても問題ないと考えることはできません。ただし、それなりの公人や著名人であれば、比較衡量の際に一定程度「公表する必要性」が認められる傾向にはあります。特に、政治家や公権力を預かる高級官僚等については、私生活上の事実についても、その職務を行うものとしてふさわしいかどうかの判断材料として、かなり広く「公表する必要性」が認められます。国民に判断材料を与えるために必要と思われるような事項については、萎縮することなく報じていくという姿勢も大切ではないかと思われます。

参考判例❶

最高裁昭和56年4月16日判決・刑集35巻3号84頁、判時1000号25頁、判タ440号47頁、裁判所ウェブサイト（月刊ペン事件）

雑誌「月刊ペン」が、創価学会会長の女性関係が乱脈を極めていて、同会長と関係のあった女性2人が同会長によって国会に送り込まれている、などと報じたことについて、編集長に名誉棄損罪が成立するかどうかが争われた刑事事件。

1審東京地裁および2審東京高裁は、いずれも、私人の私生活上の行状は「公共ノ利害ニ関スル事実」に該当しないとして、その内容が真実であるかどうかを検討せずに、有罪と判断した。

最高裁は、「私人の私生活上の行状であつても、そのたずさわる社会的活動の性質及びこれを通じて社会に及ぼす影響力の程度などのいかんによつては、その社会的活動に対する批判ないし評価の一資料として、刑法230条ノ2第1項にいう『公共ノ利害ニ関スル事実』にあたると解すべきである」として、内容が真実であることが立証されれば名誉毀損罪が成立しない余地があるとし、審理を東京地裁に差し戻した。

参考判例❷

東京地裁平成9年6月23日判決・判時1618号97頁、判タ962号201頁（「ジャニーズ・ゴールド・マップ」事件）

出版社が、ジャニーズ事務所所属の男性アイドルの自宅や実家の住所や所在地の地図を掲載した書籍「ジャニーズ・ゴールド・マップ」を出版しようと企画していたことから、男性アイドルらが出版前に、プライバシーの侵害を理由にそれぞれの書籍の出版差止等を求めて提訴した事件。

裁判所は、「著名人が公益のために一般人以上に私的な情報を明らかにすることを求められることがあったり、芸能人がその職業上、自分の日常生活についてある程度公表されることは了承しているということがあったとしても、著名人あるいは芸能人が私生活の平穏を享受するという人格的利益（被告らのいうプライバシー権）を喪失するいわれはなく、営利を目的とし、本人に著しい私生活上の不利益を強いるような態様の情報の公開まで受忍しなければならないいわれもない。また、芸能人にとって、実家や自宅についての情報が公表されることは、私生活だけでなく、芸能活動そのものに障害が生じることも考えられるのであって、個別に公表を承諾することがあったとしても、一般的に公表を了承しているとは考えられない」として違法なプライバシー侵害を肯定し、また、その被害は極めて回復困難であるとして、出版の差止を認めた。

参考判例 ❸

大阪地裁平成 27 年 10 月 5 日判決・LEX/DB25541393、裁判所ウェブサイト（大阪府知事出自等掲載事件）

当時大阪府知事であった原告の出自に関する事実や、原告の同和予算削減に係る姿勢に関する事実を週刊新潮に掲載したことが原告の名誉およびプライバシーを侵害するかが争われた事件。

裁判所は、原告の実父および叔父が暴力団組員であるという事実、原告が同和地区の出身者であるという事実、親族に殺人罪に及んだ者がいるという事実は原告のプライバシーに属する情報であり、これらの事実の摘示が専ら公益目的で行われたとは認められないなどとして、これらの事実を公表する利益が、公表しない利益に優越するとは認められず、違法なプライバシー侵害であるとした。

また、原告の同和予算削減に係る姿勢に関する事実については真実性の証明がなく、真実相当性も認められないとして、上記の出自に関する各記載とともに、違法な名誉毀損に当たるとした。

なお、新潮社側は控訴しており、本書執筆時点では未確定である。

10-9

死者の名誉・プライバシー

Q すでに亡くなった人については、名誉毀損やプライバシー侵害への配慮は必要ないのでしょうか？

A 一定の配慮が必要です。遺族の感情を不当に害する場合は、遺族の権利を侵害したとされる可能性があります。もっとも、死後にかなり時間が経過して歴史的な事実となっているような事柄については、少なくとも指摘が明白に虚偽でない限り違法とはなりません。

KEY POINT

- すでに亡くなった人に関する放送であっても、それが遺族の感情を傷付ける場合は、遺族が故人に対して抱く「敬愛追慕の情」を侵害したとして違法とされる場合がある。
- もっとも、故人の死後にかなり時間が経過して、歴史的事実となっている事柄については、少なくとも指摘した事実が虚偽でない限り違法とはならない。

ドキュメンタリーでもドラマでも、すでに亡くなった方を取り上げることはよくあります。では、そのような場合に、生きている人と同じように、プライバシーや名誉に配慮する必要はあるのでしょうか。

■死者自身には人格権は認められない

たしかに、たとえ故人についてプライバシー侵害や名誉毀損に相当する行為が行われても、すでに亡くなっている以上、故人自身が精神的苦痛を受けるということはありません。また、名誉権やプライバシー権などの人格権は本人だけに帰属する権利であり、その人の死亡によって消滅し、相続もされないと考えられています。

したがって、遺族であっても、故人の名誉権・プライバシー権に基づく請求は認められないというのが一般的な考え方です。

■死者の冒瀆が遺族の「敬愛追慕の情」を侵害することがある

しかし、亡くなった人の遺族は、亡くなった人に対する「敬愛追慕の情」を抱いているのが一般的です。そして、死者の社会的評価を低下させたり、プライバシーを開示したりする場合には、こうした「故人に対する敬愛追慕の情」が侵害されたと考えることができます。

裁判所でこのような考え方が示された有名な事件が「落日燃ゆ」事件です（参考判例①）。この事件で裁判所は、結論としては原告の訴えを退けましたが、故人に対する遺族の敬愛追慕の情が法的に保護されることを認めました。

このような考え方は、その後の裁判例でも採用されています。例えば、亡くなった人の名誉やプライバシーに関する事項を報じた行為について、遺族の「敬愛追慕の情」を侵害したとして報道機関に対して裁判所が損害賠償を命じた事件もあります（参考判例②、11-6 の参考判例③参照）。

したがって、亡くなった方についても、不当に名誉やプライバシー等を侵害することがないよう注意する必要があります。

■遺族の「敬愛追慕の情」と「表現の自由」の調整

もっとも、たとえ遺族の「故人に対する敬愛追慕の情」を侵害するような場合であっても、正当な言論まで禁止されるべきではありません。通常の生存中の人物に対する名誉毀損やプライバシー侵害の場合と同じく、一定の場合には違法性を否定して、そのような表現も適法とする必要があります。

加えて、特にすでに亡くなっている人物については、本人自身はすでに死亡しており権利を侵害されないという点からすれば、いくら遺族の心情が侵害されるといっても、報道機関の報道の自由を制限してまで守られるべき利益は、生きている人のケースに比べれば低いと考えることもできそうです。

■「時の経過」と「敬愛追慕の情」

一般的に、発生から間もない事件や事故を報道する場合には、被害者や加害者に関する情報を報じる必要性が高く、プライバシーはそれとの関係で制限されます。しかし、事件や事故から年月が経過すると、そうした事件や事故の詳細を報じる必要性は低下しますので、プライバシーが優先される範囲が広くなります。例えば、犯罪報道の時点では被疑者の氏名を報じることが許されても、すでに刑期を終えて刑務所を出所し一般社会に復帰した後には、事件との関係で氏名まで報じると、プライバシーを侵害する可能性があります。

これに対して死者の場合、時の経過が逆方向に働くことがあります。つまり、社会的に極めて重要な事件である場合、年月の経過とともに、それが歴史的事実と評価されることがあります。こうした事実については、研究の対象として、たとえ仮説であっても発表する必要性があると言えるでしょう。

この点について、先に挙げた「落日燃ゆ」事件（参考判例①）は、「死者に対する遺族の敬愛追慕の情は死の直後に最も強く、その後時の経過とともに軽減して行くものであることも一般に認め得るところであり、他面死者に関する事実も時の経過とともにいわば歴史的事実へと移行して行くものということができるので、年月を経るに従い、歴史的事実探求の自由あるいは表現の自由への配慮が優位に立つに至ると考えるべきである」と明確に述べています。

その上で、死後44年を経過した後に発表された小説であることを踏まえ、そのような年月の経過のある場合に違法性を肯定するためには、少なくとも摘示された事実が虚偽で、かつその事実が重大であり、時間的経過にかかわらず、故人に対する敬愛追慕の情を受忍し難い程度に害したと言える場合でなければならないとしました。

このような考え方も、その後の裁判例でも引き継がれています(参考判例③)。

■刑事罰

なお、以上とは別に、死者の名誉を毀損する行為には刑法により刑事罰が定められています。もっとも、生きている人に対する名誉毀損とは異なり、故人に関する「虚偽の事実」を指摘した場合に限って刑事罰の対象とされています[1]。このような刑事上での生者と死者の扱いの違いも、民事上での扱いの違いの考え方に影響を与えています。

■故人が生きているうちに行われた名誉毀損やプライバシー侵害

なお、以上は、故人が亡くなった後に名誉毀損やプライバシー侵害に相当する行為が行われた場合についてです。これに対して、本人が生きているうちに名誉毀損やプライバシー侵害が行われ、その後に本人が死亡した場合については扱いが異なります。名誉毀損やプライバシー侵害が行われた時点で本人が生きているのであれば、当然に、本人に対する人格権の侵害となり、本人が損害賠償請求権を取得します。その後に本人が死亡した場合は、死後、その相続人は、本人が損害賠償請求の意思を明確に示していたか否かにかかわらず、損害賠償請求権を相続して主張することができます。

【1】 刑法230条、230条の2

参考判例❶

東京高裁昭和54年3月14日判決・高民32巻1号33頁、判時918号21頁、判タ387号63頁、裁判所ウェブサイト（「落日燃ゆ」事件・控訴審）

城山三郎氏の小説「落日燃ゆ」の中に、作中で登場する元外交官（故人）について「相手は花柳界の女だけではない。部下の妻との関係もうんぬんされた」などの記載があることから、その元外交官から実子同様の寵愛を受けたと主張する甥が原告となって、城山氏を提訴した事件。

裁判所は、死者に対する遺族の敬愛追慕の情は、一種の人格的法益として法の保護の対象となり、これを違法に侵害する行為は不法行為となることを認めた。

しかし、本件では出版が死後44年余を経た時点でなされたことを踏まえ、年月の経過がある場合に違法性を肯定するには、少なくとも、摘示された事実が虚偽であることを要し、かつ、その事実が重大で、その時間的経過にかかわらず、故人に対する敬愛追慕の情を受忍し難い程度に害したといい得る場合であることが必要とした。

そして、結論としては、問題の個所が虚偽の事実と認めることはできないとして、原告の訴えを退けた。

参考判例❷

大阪地裁平成元年12月27日判決・判時1341号53頁（エイズ・プライバシー事件）

日本初のエイズ患者であり、昭和62年に死亡した女性について、その亡女性の遺影を盗み撮りした写真と、亡女性が売春婦であったなどとする記事が掲載された週刊誌「FOCUS」について、亡女性の両親が原告となり、新潮社等に対して損害賠償等を請求した事件。

裁判所は、「本件報道は、亡女性の名誉を著しく毀損し、かつ生存者の場合であればプライバシーの権利の侵害となる」「このような報道により亡女性の両親である原告らは、亡女性に対する敬愛追慕の情を著しく侵害されたものと認められる」として、両親の固有の人格権が侵害されたと判断した。

また、裁判所は、たとえ遺族の敬愛追慕の情が侵害された場合であっても、「当該事柄が公共の利害に関する事実である場合で、かつ、取材及び報道が公益を図る目的でなされた時には、当該取材の手段方法並びに報道された事項の真実性又は真実性を信ずるについての相当性及び表現方法等の報道の内容等をも総合的に判断したうえで、遺族の故人に対する敬愛追慕の情の侵害につき違法性が阻却されるべき場合がある」と判断したが、本件報道は公共の利害に関するものとは言えず、公益性も認められず、亡女性が売春をしていたという記載は事実とは認められないなどとして、違法性阻却を認めず、被告らに損害賠償を命じた。

参考判例❸

東京高裁平成18年5月24日判決・LEX/DB28112410（「百人斬り」事件・控訴審）

第二次大戦中に旧日本軍の少尉2人が中国人の「百人斬り」競争をしたと報じた記事により名誉を傷付けられたとして、遺族らが新聞社等に損害賠償等を求めた事件。

裁判所は、「歴史的事実に関する表現行為については、当該表現行為時において、死者が生前に有していた社会的評価の低下にかかわる摘示事実または論評若しくはその基礎事実の重要な部分について、一見して明白に虚偽であるにもかかわらず、あえてこれを摘示した場合であって、なおかつ、被侵害利益の内容、問題となっている表現の内容や性格、それを巡る論争の推移など諸般の事情を総合的に考慮した上、当該表現行為によって遺族の敬愛追慕の情を受忍し難い程度に害したものと認める場合に初めて、当該表現行為を違法と評価すべきである」と判断した。その上で、2人が「百人斬り」競争の話をしたことが契機となり記事が書かれたことや、「百人斬り」競争の真否については肯定・否定の見解が交錯し、歴史的事実としての評価はいまだ定まっていないことなどから、記事が「一見して明白に虚偽であるとまでは認めるに足りない」として、原告らの請求を棄却した。

Column

忘れられる権利

「忘れられる権利」という言葉を耳にするようになりました。明確な定義はありませんが、グーグルやヤフーなどの検索サービス事業者に対して、自分の個人情報を検索結果から削除するよう請求できる権利と説明されることが多いです。

ネット上には本人が公開を望まない個人情報があふれています。ネットで「炎上」した個人の情報が愉快犯的にさらされた場合もあれば、リベンジポルノのようなケースもあります。被害者が個々のサイトに請求して削除できればよいのですが、広く拡散した場合は全てを削除するのは事実上不可能です。そこで、個々の情報を削除するのではなく、検索サービス事業者に検索結果として表示しないよう請求できないかが検討されるようになりました。そして、そのような請求の法的根拠として、忘れられる権利を認めるべきだと主張されているのです。

過去の犯罪歴のように、公開することにも公益性がある情報の場合、問題はより難しくなります。事件直後には実名報道が許されても、それから時間が経過した結果、報道の必要性よりプライバシーが優先される場合があることは、一般論としては認められています（10-1 参照）。しかし、どれくらい時間が経過すればプライバシーが優先されるかとなると、明確な基準はありません。にもかかわらず、請求の都度安易に削除を認めれば、知る権利の侵害にもつながりかねません。

また、仮に忘れられる権利を一応認めるとしても、違法に情報を発信しているサイトだけを検索結果から削除すれば良いのか、それともより広い範囲で削除義務を負うのか（例えば、報道機関などの元のサイトでの記事の発信は適法でも、検索サービス事業者としては、そのサイトを検索結果に表示してはならない義務を負う場合があるのか）という問題もあります。

忘れられる権利について、本書の執筆時点では裁判所の見解も統一されていません。過去の犯罪歴に関する情報を検索結果から削除するよう命じた裁判例もありますが、請求を退けた裁判例もあります。議論はまだ始まったばかりです。今後の展開が注目されます。

11章

映像の編集

11-1

企業のロゴマークの表示

Q ニュース番組で、不祥事を起こした企業を取り上げます。その際に、その企業のロゴマークを画面に表示させたいのですが、問題はありますか？

A 問題ありません。ただし、著作物と言えるようなロゴマークについては、長時間大写しにしないなどの配慮が望ましいでしょう。

KEY POINT

- 企業自体や企業のサービス・商品を示すために画面やフリップボードなどにロゴマークを表示させても、商標権を侵害することはない。
- ただし、凝ったデザインで創作性の高いロゴマークについては、必要もないのに長時間画面に表示させたりすると、ロゴマークの著作権を侵害する可能性もある。

会社のロゴマークはその会社の象徴ですから、有名なロゴマークになれば、それを見るだけでその会社を思い描くことができます。そのため、ある会社を番組で取り上げるときにも、その会社のロゴマークを画面上やフリップで使用することがあるようです。このようなロゴマークの使用は、法律上は問題ないのでしょうか。

■商標権の侵害になるか

会社のロゴマークは、ほとんどの場合、商標登録されていることが多いでしょう。そこでまず、商標登録されているマークを番組で使用することが商標権侵害となるかどうかが問題となり得ます。

しかし、商標権とは特定のマーク等を事前に商標登録しておくことで、第三者が第三者自身の商品やサービスの出所を表示するために使用したり、宣伝のために使用したりすることを禁止することができる権利です。つまり、テレビ番組の中で、ある企業や商品そのものを説明するために、その企業や商品に関するロゴマークを用いたとしても、テレビ局が自分の商品の出所表示や宣伝のために利用しているわけではないので、商標権の侵害にはなりません。

■著作権の侵害になるか

企業のロゴマークにも、社名を文字で表記しただけのような単純なものから、凝ったデザインで創作性の高いものまでいろいろあります。そして、そうしたロゴマーク自体が1つの著作物と認められる場合には、商標登録されているかどうかとは別に、著作権法により無断利用が原則として禁止されることになります。つまり、テレビ画面に表示させれば、形式上は、それだけでロゴマークの著作権者の著作権を侵害する可能性が出てくることになります。

■著作物と言える程度の創作性

そもそも、数あるロゴマークのうち、どれが著作物でどれがそうではないのかについて判断することはとても難しいのですが、これまでに裁判所は、①文字の組み合わせで構成されるロゴマークは原則として著作物ではなく、②単純な色の配列もそれだけでは創作性があるとは言えない、という判断を示しています。

まず、文字については、それ自体が人類共有の財産であるため、これを組み合わせたデザインは、基本的に特定の者に独占する権利を認めないと考えられています。裁判所は、アサヒビールの「Asahi」のロゴが著作物でないと判断した事件の中で、このことを明確に述べています（参考判例①）。また、雑誌「ポパイ」の表紙の「POPEYE」のロゴについて、同様に、著作物と認めることはできないとした裁判例もあります（参考判例②）。

次に、色の配列ですが、裁判所はオリンピックのいわゆる「五輪マーク」について、5つの輪という形はもちろんのこと、赤、青、黄色、緑、黒という5色の配列についても創作性を認めず、著作物ではないと判断しています（参考判例③）。

他方、文字以外のロゴマークでは、フジサンケイグループが使っているあの目玉マークについて、裁判所が著作物であることを前提として判断したケースがあります（参考判例④）。

■実際に著作権侵害になるとは考えにくい

では、凝ったデザインのロゴマークの会社については、報道する際に、そのロゴマークをCGで表示した場合、著作権侵害になってしまうのでしょうか。

しかし、ニュース番組等で会社のロゴマークを使用することは、これまでも広く行われてきた行為であり、有用な編集方法の1つと言えます。また、ロゴマークそれ自体を視聴者に鑑賞させるために使うわけでもない以上、著作権者に経済的な損失を与えることもありません。したがって、結論としては、このようにロゴマークを使用している企業やその商品・サービスなどを番組中で示すための手段としてロゴマークを表示させる場合は、著作権侵害には当たらないと言うべきです。

法的な論拠としては、「引用」(9-1参照)や「報道利用」(9-2参照) に該当するという考え方もできると考えます。番組では、ロゴマークそのものについて報道、批評等しているわけではないため、本来的な「引用」や「報道利用」そのものの場面ではないとの指摘もあり得るところですが、このような場合も広く「引用」や「報道利用」に含めて考えるのが適切ではないかと考えます。また、このような場面でのロゴマークの使用は、そもそも著作物を「利用」しているとは言えないという考え方や、著作権侵害を主張することは権利の濫用として許されないという考え方も可能でしょう。

この点について裁判所が判断したケースが見当たらないため、どのような法的構成となるかは断定できませんが、いずれにしても、実務慣行として広く行われ、社会通念上も認知されている使用方法であり、また、著作権者に与える経済的損失も想定しづらいと言えますので、裁判所がこれを全て違法と判断するとは考えにくいと思われます。

■表示方法

以上のとおり、企業や商品・サービス等を紹介する際に、画面上にその企業のロゴマークを表示させることは、基本的には適法と考えます。具体的な表示方法としては、基本的にどのような形でも可能です。

すなわち、ニュースの背景でCGで表示させたり、司会者が手にしているフリップボードに印刷したりしてもよいですし、例えば、事件を分かりやすく解説するための流れ図のようなCGの中で、ビルの看板にロゴマークを記入してその企業であることを単純に示すような使用方法でも同じように考えることができるでしょう。

ただし、著作物と言えるようなロゴマークについては、長時間大写しにしないなどの配慮が望ましいでしょう。

参考判例 ❶

東京高裁平成8年1月25日判決・判時1568号119頁、裁判所ウェブサイト（アサヒビールロゴ事件・控訴審）

アサヒビールの「Asahi」のロゴに著作物性が認められるかが争われた事件。

裁判所は、文字は万人共有の文化的財産ともいうべきものであって本来的には情報伝達という実用的機能を有するものであるから、文字の字体を基礎として含むデザイン書体の表現形態に著作権としての保護を与えるべき創作性を認めることは一般的には困難であるとして、「Asahi」のロゴには著作物性は認められないと結論付けた。

参考判例❷

東京地裁平成2年2月19日判決・判時1343号3頁、判タ723号127頁、裁判所ウェブサイト（ポパイ事件）

マガジンハウスの発行する雑誌「POPEYE（ポパイ）」の表紙の「POPEYE」のロゴに著作物性が認められるかが争点の1つとなった事件。

裁判所は、「POPEYE」のロゴは、丸みのある字体にし、その文字に白抜きのハイライトを付したもので、文字に装飾という美的表現を施したものではあるが、専ら鑑賞の対象として美を表現する純粋美術ではなく、「POPEYE」の文字の意味するところを伝達するための手段としての実用的なものと認められるから、文芸、学術、美術及び音楽の範囲に属するものということはできず、著作権法にいう著作物と認めることはできないと結論付けた。

参考判例❸

東京地裁昭和39年9月25日決定・下民15巻9号2293頁、判時384号6頁、判タ165号181頁（五輪マーク事件）

いわゆる五輪マークに著作物性が認められるかどうかが争われた事件。

裁判所は、五輪マークは、オリンピックの印として一般に広く認識され、国際的に尊重されているが、比較的簡単な図案模様にすぎないから、美術の範囲に属する著作物に該当するとは認められず、五輪マークがオリンピックの標語と組み合わされた場合にも同様であると結論付けた。

参考判例❹

東京高裁平成9年8月28日判決・判時1625号96頁（フジサンケイグループ事件・控訴審）

フジサンケイグループがグループ全体のシンボルマークとするためにデザイナーに依頼して創作させ、著作権の譲渡を受けている「目玉マーク」について、目玉の色が違うだけであとはほぼ同一のマークを、自分が創作した著作物であるとして著作権登録した女性に対し、フジサンケイグループが登録抹消を求めた事件。なお、「目玉マーク」が著作物であること自体については、双方とも認めていた。

裁判所は、目玉マークが著作物であることを前提に、フジサンケイグループの主張を認め、女性に対し登録の抹消を命じた。

11-2

似顔絵の使用

Q 本人の映像や写真が入手できない場合や、入手できても使用許諾が取れないような場合に、似顔絵を利用することは問題ありませんか？

A 過度に侮辱的な描き方をするなど、特に本人に不快感を与えるような場合でなければ、通常は問題ないでしょう。

KEY POINT

- 似顔絵であっても肖像権が働くが、肖像権侵害となる範囲は写真の場合より狭い。
- 似顔絵の描き方が過度に侮辱的であったり、手錠・腰縄姿であるなど、本人が特に不快感を覚えるような場合には、肖像権や名誉感情などの侵害とされるおそれがある。
- 法廷内での被告人のやり取りの様子を描く程度であれば、肖像権侵害とはならない。トーク番組で話題に上がった有名人を似顔絵で紹介するような場合も、同様に肖像権侵害とはならない。

法廷内の被告人の様子のように、撮影が認められていない人物の様子を伝える場合や、映像の使用許諾が得られないような場合に、代わりにイラスト画を用いるという手法はよく見られます。こうした場合、本人の許諾を得ないと肖像権やパブリシティ権を侵害することがあるのでしょうか。

■写真以外の方法でも肖像権を侵害することはある

肖像権というと、人の肖像や姿態を写真や動画で撮影してそれを公表する行為を禁止することを思い浮かべるかもしれませんが、イラスト画によっても肖像権を侵害することはあり得ます。

そもそも肖像権は、写真が普及するよりもずっと前から、主に欧州諸国において人の肖像画を描く権利として発展してきたという歴史がありますので、これは当然のことと言えるかもしれません。

日本の裁判所でも過去に、本人に無断で胸像を制作して屋外に設置することが肖像権を侵害すると判断された事件もあります（参考判例①）。

■写真とイラスト画の違い

しかし、イラスト画を描く行為は、写真撮影とは異なり、描く行為自体によってプライバシー等を侵害するような要素は存在しません。

また、写真の場合は被撮影者をありのままに示したものであることを前提とした受け取り方をされるのに対し、イラスト画の場合は作者の主観や技術が反映したものであることを前提とした受け取り方をされるという違いもあります。

そこで裁判所も、イラスト画の公表が肖像権侵害となる場合があり得るとしつつも、実際に肖像権侵害となるのは、写真の場合よりも限定されるとしています。実際に肖像権侵害が認められたケースでは、法廷内の被告人の様子についてのイラスト画を公表した事案で、「現在の我が国において、一般に、法廷内における被告人の動静を報道するためにその容ぼう等をイラスト画により描写し、これを新聞、雑誌等に掲載することは社会的に是認された行為である」などとした上で、３枚のイラスト画のうち２枚は問題ないとしつつも、手錠・腰縄姿を含んだイラスト画についてのみ、被告人を侮辱し、名誉感情を侵害するとして、肖像権を侵害するとしています（参考判例②）。

■パブリシティ権との関係

イラスト画の対象者が芸能人やスポーツ選手などの著名人の場合、パブリシティ権（対象者の肖像や氏名が持つ顧客吸引力を利用する権利）を侵害しないかどうかが問題となり得ます。もっとも、その人の肖像や氏名を利用して商品の宣伝をするような場合など、専ら氏名や肖像が持つ顧客吸引力の利用を目的としていると言える場合でない限り、パブリシティ権を侵害したことにはなりませんので、通常の番組（トーク番組やドキュメンタリー番組など）で使用する限り、侵害となることはありません（14-4参照）。

なお、当該芸能人や所属事務所等との間の何らかの取決めや慣習により、一応連絡しておいた方がよいと判断される場合には、そのような対応も当然あり得るでしょう。ただし、イラスト画を使用する際に対価を支払う約束などまでしてしまうと、以後はそれに拘束されるおそれもありますので、慎重な判断が必要でしょう。

■実務上の対応

このように、イラスト画については、一応肖像権の対象とはなるものの、本人を過度に侮辱するような描き方であったり、手錠・腰縄姿を描くような場合でなければ、通常は、受忍限度の範囲内として許されると考えます。通常のテレビ番組で用いられている程度の使い方であれば、それほど神経質にならなくともよいでしょう。

また、政治家など、広く社会からの批判を甘受すべき立場にある人物については、批評や風刺の手段として、ある程度侮蔑的とも受け取れるイラスト画や、手錠・腰縄姿を描いたイラスト画が公表される場合もあり得ます。そのような場合は、表現の自由がより尊重される結果、そのようなイラスト画であっても肖像権侵害を否定すべき場合が多いと考えます。

参考判例①

東京地裁平成3年9月27日判決・判時1411号90頁、判タ779号209頁（田中角栄胸像事件）

学校法人が、田中角栄氏に無断で田中氏の胸像を制作して自校の敷地内に設置しようとしたことが、田中氏の肖像権を侵害するかどうかが争われた事件。

裁判所は、胸像が「その制作、展示の目的、形態においてその人のいわば分身として、その全人格を具体的に表象するものであり、かつ半永久的に保存されるもの」であるという特殊性を指摘し、その制作や設置には本人の意思が最大限に尊重されるべきものであるとして肖像権侵害を認め、胸像の公開を中止するように命じた。

参考判例②

最高裁平成17年11月10日判決・民集59巻9号2428頁、判時1925号84頁、判タ1203号74頁、裁判所ウェブサイト（和歌山毒カレー肖像権事件・上告審）（3-1参考判例①、11-6参考判例②参照）

いわゆる和歌山毒物カレー事件の被告人について、法廷内の様子を無断で写真撮影し、雑誌「FOCUS」に掲載した行為と、「絵ならどうなる？」などとの見出しと共に法廷内の被告人の様子を描いたイラスト画を同雑誌に掲載した行為が、それぞれ肖像権侵害に当たるかが争われた事件。

裁判所は、イラスト画の公表によっても権利侵害となることがあることを認めた上で、被告人が訴訟関係人から資料を見せられている状態や、手振りを交えて話しているような状態を描いたイラストの掲載は違法ではないとしながらも、手錠・腰縄姿の被告人を描いたイラストの掲載は、被告人を侮辱し、被告人の名誉感情を侵害するものであって違法であると判断した。

11-3

「資料映像」「イメージ映像」の使用

Q 以前撮影した映像を、資料映像やイメージ映像として使用すると、写っている人、店舗や商品の関係者の権利を侵害することがありますか？

A 内容によっては、名誉や信用を毀損するおそれがあります。また撮影時に映像の利用に関して契約があった場合には、それに反すると契約違反となるおそれがあります。

KEY POINT

- ■ 使用した映像の被写体が、実際の事件とは無関係であるにもかかわらず、映像、テロップ、音声などの組合せによって、関係があるかのような印象を視聴者に与える場合は、被写体の関係者に対する名誉・信用毀損となることがある。
- ■ できるだけ、事件に実際に関係する映像を使用することが望ましい。
- ■ 資料映像やイメージ映像を使用する場合は、視聴者に誤解を与えないよう注意する。

テレビメディアは活字メディアや音声メディアとは異なり、何らかの背景となる映像がないと原稿を読むことが難しく、ニュース報道を構成しにくいという特性を有しています。そのため、例えば一報を報じる際などに事件現場や被疑者の映像がない場合には、どうしても過去の資料映像やイメージ映像を使用したり、急遽、事件と何らかの関係がある場所・建物や物などの映像を撮影して背景として使用するという対応をせざるを得ないこともあります。

しかし、こうした映像の使用方法は、写っている人や店舗などの名誉や信用を毀損したとされることもありますので、十分な注意が必要です。

■「資料映像」や「イメージ映像」による誤った印象

例えば、「犬や猫を虐待する悪質なペット業者が急増している」という問題を番組で取り上げる際に、実際に悪質なペット業者の映像を撮影して使用する代わりに、過去のペットブームの際に撮影したペットショップの映像を「資料映像」として使用するようなケースは、トラブルを生じる可能性があります。店の外観などは使用せず、ケージやペットのアップの映像だけだったとしても、その店を知っている人であれば、店を容易に特定できる場合もあります。そうした場合、ペットショップに対する名誉毀損や信用毀損（虚偽の風説）に当たる可能性があります。

テレビ番組の場合、放送によって名誉が毀損されたか否かは、一般の視聴者が放送内容全体から受ける「印象」も加味して判断されます（14-1参照）。したがって、番組制作側としては単に資料映像として過去の映像を使ったつもりでも、一般の視聴者が、その映像に写っているペットショップで虐待が行われたという印象を受けてしまう場合は、そのペットショップに対する名誉毀損となる可能性が出てきてしまうのです。

同じようなことは、例えば、鳥インフルエンザの感染が発覚した事件を番組で取り上げる際に、何年も前に生じた鳥インフルエンザの際に消毒を受けている鶏舎の様子を撮影した映像を「イメージ映像」として使用するような場合にも当てはまります。近隣住民や取引先の業者が番組を見た際に、「あそこの鶏舎がまた感染した」という印象を受ける可能性があるからです。

■実際に問題となったケース

これまで、資料映像やイメージ映像として使用した映像に関して、実際に裁判で権利侵害が認められたケースは見当たりません。

しかし、実際の事件と映像の被写体が無関係であったことが問題とされた事案としては、行方不明事件の被疑者に逮捕状が出されたという報道の中で、行方不明の男性と1回取引があっただけにすぎない画廊の映像が使用された事案があります（参考判例①)。このケースでは、番組の中でこの画廊と事件との関係について明示的には述べていないものの、視聴者にそのような印象を与える構成になっていたとして、名誉・信用毀損を認定しています。

また、BPOで取り上げられたケースとしては、自動車販売契約を利用した詐欺事件での報道の中で、被疑者と取引があった自動車販売会社の映像が使用された事案（参考BPO決定①）があります。このケースでは、視聴者に対し、申立人と被疑者との共犯関係を印象づけてしまう結果となったなどとして、BPOの放送人権委員会は人権侵害があったと認定しています。

■誤解を避ける工夫を

実際の対応として最も効果的なのは、「資料映像」や「イメージ映像」はできるだけ使用せず、取り上げる問題に関する実際の映像を毎回撮影・入手して使用することです。

もし、「資料映像」や「イメージ映像」を使用する場合は、視聴者に誤解を与えないような配慮が必要です。この点英米では、資料映像を使用する際には、「File」というテロップを右上に表示するのが慣行となっており、日本でもこれを訳した「資料」というテロップを表示することがあるようです。ただ、「資料」とのテロップだけだと十分にその意味が伝わらない場合もありますので、番組によっては、「イメージ映像」「イメージです」「今回の事件とは無関係の映像です」といったテロップのように、分かりやすく、誤解の生じない表示方法を工夫するとよいでしょう。

表示が十分かどうかは、映像、テロップ、音声などの内容や表示のタイミング、実際の事件と資料映像との類似性などによっても異なります。視聴者の視点に立って、表示が十分か、視聴者に誤解を与えるおそれがないかを慎重に検討してください。

■撮影時の約束にも注意

名誉毀損や信用毀損には当たらない場合でも、撮影の際の約束に反して映像を使用すると、契約上の責任を問われる可能性があります。例えば、ある企業の先進的な取組を紹介するという趣旨で、工場や店舗の内部などを撮影させてもらい、その際に「この番組でのみ使用します」と約束していたにもかかわらず、その後、その企業の不祥事があった際に、その映像を資料映像として使用するような場合が考えられます。

もっとも、そのような約束があった場合でも、その企業の不祥事の事案ですし、報道で映像を使用する必要性が極めて高いような場合には、形式上は約束に反していても、映像の使用が許される場合もあるかもしれません（企業側からの契約違反の主張が権利濫用に該当したりする場合など）。しかし、いずれにしても慎重な検討が必要となりますし、そのような検討を行うためにも、取材時にどのような約束がされたかを後から確認できるように、適切に情報を保存しておくことが必要と言えそうです（撮影時の約束については8-2も参照）。

参考判例❶

福岡地裁小倉支部平成14年2月21日判決・裁判所ウェブサイト（画廊事件）

男性の行方不明事件の被疑者に逮捕状が出されたことに関するテレビニュース報道の中で、画面上段に「男性不明事件　2人に逮捕状」との字幕、同下段に「男性と取り引きがあった画廊　北九州市ａ区」という字幕を表示するとともに、北九州市内の画廊の遠景と近景の映像を使用したところ、実際にはこの行方不明事件と当該画廊は無関係であったことから、当該画廊が、信用を毀損されて売上げも落ちたとしてテレビ局に対して損害賠償を求めた事件。

裁判所は、まず「犯罪報道を放送する者は、映像、音声及び字幕の内容が事実に基づく正確なものであることはもとより、これらの組み合わせ及び関連づけを含む編集に細心の注意を払い、視聴者に誤った印象を与えないように放送を構成すべきであり、これを怠り、客観的に見て、映像の被写体とされた者ないしは物が、実際にはそうではないのに、犯罪に何らかの関係があり、もしくは嫌疑を受けているという印象を平均的な一般視聴者に与えるおそれがあると認めるに足りるニュース放送を放映した放送者は、これらの者ないし物の関係者の名誉、信用を毀損したものとして、損害賠償責任を免れないと解される」との一般論を示した。

そのうえで、本件については、本件画廊の店舗の特徴やガラスに記載されたロゴマークなどを具体的に示した上で、「本件放送中の映像が本件店舗を撮影したものであることを認識した視聴者が一定数存在したことは容易に推認される」などとして、損害賠償を認めた。

参考 BPO 決定 ❶

人権委平成 12 年 10 月 6 日決定「自動車ローン詐欺事件報道事件」（決定 12 号）

自動車販売契約を利用した詐欺事件に関するテレビニュース報道の中で、「関係が指摘されている自動車販売会社」というテロップと共に、松山市内の自動車販売会社店の看板、文字、外観などの映像をボカシ加工をした上で使用したところ、実際には当該自動車販売会社は被疑者と取引はあったものの詐欺事件とは無関係であったことから、当該自動車販売会社経営者が、放送によって自分や家族の名誉が毀損されただけでなく経営も追いつめられたとしてBRO（現 BPO）の放送人権委員会に権利侵害の救済を求めた事件。

放送人権委員会は、ボカシ処理は施されているものの、全体的な特徴から、申立人の店であることが比較的容易に判別可能であったと指摘した上で、「販売店の映像の選択、ボカシ処理、字幕スーパーの表現などが不適切だったため、視聴者に対し、申立人と容疑者との共犯関係を印象づけてしまう結果となった」として人権侵害があったと認定した。

放送人権委員会は、また、「単に参考映像として放映したのであれば、申立人の経営する販売店に映像を絞るべき合理的理由はないから、ボカシ処理をしてまで申立人の販売店の映像を使用する必要性はなかったと考える」とも指摘した。

11-4

モザイク処理・ボカシ処理

Q モザイク処理・ボカシ処理を施す場合は、どのような点に注意する必要があるでしょうか？

A 必要以上に処理を施すと、放送倫理違反とされる可能性もあります。他方で、本来は処理が必要であるのに不十分な場合も、放送倫理違反とされたり、法的な責任を問われる場合もあります。

KEY POINT

- モザイク処理やボカシ処理の安易な使用は避ける。
- プライバシーや肖像権への配慮が必要な場合は、撮影時に工夫をしたり、編集時の映像の選択やつなぎ方などによる工夫をまず検討する。
- いずれも難しい場合は、プライバシーなどの保護に十分と言えるまでモザイク処理やボカシ処理をしっかり施すとともに、本人の特定につながる要素が他にもないかを慎重に検討する。

車のナンバープレートや通行人の容ぼうなどを番組に用いる際に、そのまま用いてよいかどうか迷うことは少なくありません。ここでは、モザイク処理・ボカシ処理のあり方について検討します。

■モザイク処理やボカシ処理の利点と問題点

モザイク処理やボカシ処理は、プライバシー侵害や名誉毀損、肖像権侵害などを防いだり、取材源を秘匿したりするために有用な手法の1つです。

その一方で、安易にモザイク処理やボカシ処理を行うことは、映像の真実性を損なうおそれがあります。また、被撮影者にとって、自らの顔にボカシ処理やモザイク処理を施されることにかえって精神的負担や不快感を覚えるケースもあります。さらに、モザイク処理やボカシ処理だけでは、本人の特定につながる情報を十分に排除できない場合もあります。

このように、モザイク処理やボカシ処理には利点と問題点の双方があります。

■ボカシ処理に関するBPOの考え方

モザイク処理やボカシ処理という手法について、BPOの放送人権委員会は、放送倫理の観点から見解を示しています。

すなわち、モザイク処理やボカシ処理は、①映像の真実性を阻害するものであり、②放送内容との関係では疑惑を高める場合があり、③部分的なボカシ処理によっても映像全体から本人や場所が特定されることもある、などの問題点を指摘して、原則として用いるべきではないとの見解を示しています（参考BPO決定①）。

その後、同委員会は、三宅弘委員長名義の談話[1]でも、ボカシやモザイクを施したり、顔を写さないようにして取材対象が特定できないようにする、いわゆる「顔なしインタビュー」について、それが安易に行われていないだろうか、と現状への問題意識を投げかけた上で、顔出しインタ

【1】 2014年6月9日付け「顔なしインタビュー等についての要望～最近の委員会決定をふまえての委員長談話～」
http://www.bpo.gr.jp/?p=7636

ビューを原則とし、顔なしインタビューは例外とすべきなどとしています。その一方で、取材源の秘匿が必要な場合はこれを貫くべきことや、プライバシーの保護が特に必要な場合は保護を徹底すべきことなども示しています。

また、上記談話に関するインタビューにおいて、三宅委員長（当時）は、「顔なしのインタビューを全否定しているわけではないということか。」との質問に対して、「原則は『顔出し』ですが、『顔なし』がダメとは言っていません。しかし、例外としての『顔なし』は社内ルールに沿うべきです。各局の基準は一応、全部取り寄せて調べました。キー局など結構、詳しい基準を立てていらっしゃる。その基準が大体ここで書いた談話の内容です。」などと述べています[2]。

このように、BPOも、モザイク処理やボカシ処理を用いたからといって、それだけで直ちに放送倫理違反とするものではありません。しかし、「迷ったらボカシをかけておけばよい」「ボカシをかけてあるんだから、それだけで配慮は十分」といった対応は好ましくないと考えていることは明らかなようです。

さらに、BPOは、視聴者をミスリードさせる手段としてボカシが用いられたとされた事案では、「本来は取材相手の権利保護のため使われる映像のボカシが、リアリティーを増す作用を果たし、視聴者に誤った事実を伝えている面があることは否定できない。このような映像は、報道番組で許容される演出の範囲を著しく逸脱した表現と言わざるを得ない」と厳しく指摘しています（参考BPO決定②）。

■モザイクやボカシ以外の映像の加工方法

まずは、撮影の段階で、できるだけ加工の必要がない映像を撮影することが考えられます。とはいえ、実際には、特に緊急報道の際などにはそのような点まで配慮することは困難でしょう。撮影の工夫に意識が向くあま

【2】 塩田幸司＝関谷道雄「テレビ報道における匿名化とは－BPO『顔なしインタビュー等についての要望』をめぐって」放送研究と調査2014年12月号15頁
http://www.nhk.or.jp/bunken/summary/research/report/2014_12/20141201.pdf

り、本来必要な映像を撮影できないのでは本末転倒とも言えます。

そこで、手錠・腰縄が写っている被疑者の逮捕映像や、生々しい死体の映像のように、人権上の問題や視聴者への配慮が必要な場合で、その映像を使用する必要があるときには、撮影時ではなく、使用時に使用方法を工夫することになるでしょう。

まず、映像の取捨選択やつなぎ方によって、そうした問題となる部分をできるだけ使用しないようにすることが考えられます。

また、加工方法の中でも、画面の一部を拡大してその部分のみを使用する拡大処理を行うことも考えられます。拡大処理の手法は、モザイク処理やボカシ処理とは異なり、疑惑を高めるような効果は考えづらいため、BPO の考え方を前提にしても、問題を生じる可能性を減らすことができそうです。

もっとも、拡大処理を施すことで、ボカシ処理を施すよりも、かえって映像の真実性を損なう場合も考えられます。映像の内容や性質によって、加工方法の優先順位も変化し得ると考えるべきでしょう。

■モザイク処理・ボカシ処理が妥当な場合

配慮が必要な部分が画面の中央付近にあったり、画面いっぱいに散らばっていたり、映像の性質上拡大加工になじまない場合などには、ボカシ処理やモザイク処理が妥当な場合が多いと言えます。

例えば、病院や介護施設など、プライバシーの保護が高度に期待される場所での撮影で、出演の同意が得られている人と、得られていない人が同時に画面に写っている場合に、同意が得られていない人にのみ映像に加工を施す場合などが典型例です。ただし、そのような場所では、プライバシーの保護が特に強く働きますので、承諾が得られていない人については細心の注意を払って匿名性を確保する必要があります。

他にも、著名人が車に乗り込む映像でナンバープレートのみを隠したい場合や、大規模な事故現場の映像で遺体を見せたくない場合、文書のうちプライバシー情報が記載されている部分を見せたくない場合なども典型例と言えます。

■プライバシー等の保護が必要な場合は徹底する

プライバシー保護や取材源の秘匿などの理由から、対象者を特定できないようにする必要があり、そのためにモザイク処理やボカシ処理を行う場合もあります。その場合は、処理が不十分であってはならないことはもちろんですが、処理が施されていない、それ以外の情報からも本人の特定につながることがないよう、慎重な配慮が必要です。

例えば、実名が記載されている文書を番組で取り上げる場合で、その実名を隠す必要がある場合に、たとえ普通の視聴方法では読み取ることができなくても、録画して静止画にすると判読できる可能性があるような場合には、法的なプライバシー侵害にはならないが、人権への配慮が不足しているとして放送倫理違反になると判断したBPOの放送人権委員会の決定があります（参考BPO決定③）。

また、たとえ一般の視聴者にとっては対象者を特定することが不可能でも、対象者を良く知る身近な人にとっては特定が可能である場合にも、なお、保護が不十分であるとして、放送倫理違反とされたり、法的な責任を問われたりする場合がありますので、その点にも注意が必要です。例えば、顔にしっかりモザイク処理を施したとしても、服装やアクセサリーなどがそのまま写ることによって、身近な人に本人を特定されることもあります。必要に応じて、制作側で着替えを準備することなども検討されるべきでしょう。実際に、顔にボカシをかけたり音声を加工したりしたほか、「申立人は記者が持参したセーターに着替え、腕時計や指輪もはずして、撮影に臨んだ」ことなども踏まえ、申立人を特定することはできないとされた事案もあります（参考BPO決定④）。

参考 BPO 決定 ❶

人権委平成 12 年 10 月 6 日決定「自動車ローン詐欺事件報道事件」（決定 12 号）

自動車販売契約を利用した詐欺事件に関するテレビニュース報道の中で、「関係が指摘されている自動車販売会社」というテロップとともに、松山市内の自動車販売会社店の看板、文字、外観などの映像を若干のボカシ加工をした上で使用したところ、実際には当該自動車販売会社は被疑者と取引はあったものの詐欺事件とは無関係であったことから、当該自動車販売会社経営者が、放送によって自分や家族の名誉が毀損されただけでなく経営も追いつめられたとして BPO の放送人権委員会に対し権利侵害の救済を求めた事件。

放送人権委員会は、ボカシ処理は施されているものの、全体的な特徴から、知人やユーザー、自動車販売業界関係者には、申立人の店であることが比較的容易に判別が可能であったなどとした上で、人権侵害があったと認定した。

また、放送人権委員会は権利侵害の有無の判断の前提として、「代替できない重要な証人や重大な事件現場などについては、ニュースソースや関係者のプライバシーなどを尊重するうえで、ボカシ処理は必要な手法の一つである。しかし、映像、特にニュース映像は真実を伝えるものであるから、ボカシやモザイク処理は、映像の真実性を阻害するものとして原則として避けるべきである。したがって、撮影の時点で、できる限りボカシを入れないですむように工夫するとともに、映像選択時にボカシを入れないですむ他の映像で代替することも考えるべきである。なお、ボカシ処理は、放送内容とのかかわりで疑惑を高める場合があること、また、部分的なボカシ処理によっても、映像全体から本人や場所が特定されてしまうなど、限界のあることにも注意が必要である」と述べ、原則としてボカシの使用は避けるべきとの判断を示した。

参考BPO決定❷

検証委平成27年11月6日決定「出家詐欺報道事件」（決定23号）

NHKの「クローズアップ現代」などで、出家詐欺（僧侶になるための「得度」を受けることで戸籍名を変更できることを悪用し、多重債務者を別人に仕立てて、本来受けられない融資を受けること）を取り上げた。出家詐欺のブローカーの活動拠点であるとするビルの一室を多重債務者が訪れて相談するという場面では、2人は初対面のようなやり取りをしたが、実際は古くからの知人であった。また、離れたビルから隠し撮りしたかのような映像が用いられたが、実際は了解を得た上での撮影であった。

放送倫理検証委員会は、「相談場面は、『隠し撮り』であるかのように見せて自然さと本物らしさを高めるとともに、ボカシをかけることで、『取材相手の承諾なしに撮影・録音された決定的な反社会的な行為の現場』であるかのように視聴者をミスリードしている。本来は取材相手の権利保護のため使われる映像のボカシが、リアリティーを増す作用を果たし、視聴者に誤った事実を伝えている面があることは否定できない。このような映像は、報道番組で許容される演出の範囲を著しく逸脱した表現と言わざるを得ない」などとして「重大な放送倫理違反があった」と判断した。

参考BPO決定❸

人権委平成25年8月9日決定「大津いじめ事件報道事件」（決定50号）

中学生のいじめ事件の報道に際して、加害者として民事訴訟を起こされていた少年の実名を含んだ映像が放送されたことによりプライバシーが侵害されたなどとして、少年側からBPOの放送人権委員会に申し立てられた事件。

この放送では、少年の実名が記載された民事訴訟の準備書面（ただし放送の時点では裁判所への提出前であり、映像で使用された部分は主張から除外された）が数か所使用された。その大半では実名部分に黒塗りやモザイク処理が施されていたが、ごく短時間（1秒未満ないし2秒弱）微少に写るシーンでは、担当者の失念もあり、そういった処理が施されていなかった。問題の箇所は、通常のテレビの視聴方法では実名を判読することはできないが、テレビ映像を録画した静止画像が第三者によって無断でインターネット上にアップロードされた結果、申立人のプライバシーが侵害されるに至った。

放送人権委員会は、テレビ映像に限ればプライバシー侵害には当たらない、テレビ映像を録画してインターネット上にアップロードする行為は著作権法に違反する行為であるから静止画像によるプライバシー侵害の責任は問えないとした。しかし、録画機能の高度化やインターネット上に静止画像がアップロードされるといった新しいメディア状況を考慮したとき、静止画像にすれば氏名が判読できる映像を放送した点で、放送は人権への適切な配慮を欠いており、放送倫理上問題がある、この放送倫理上の問題はモザイク処理のない映像素材を使ったミスの結果であるなどとして、結論としては「放送倫理上問題あり」とした。

参考 BPO 決定❹

人権委平成 27 年 12 月 11 日決定「出家詐欺報道事件」(決定 57 号)

上記参考 BPO 決定②と同一の番組について、番組中で出家詐欺ブローカーとして紹介された人物が、名誉を毀損されたなどとして、放送人権委員会に申立てを行った事件。

放送人権委員会は、顔にボカシをかけたり音声を加工したりしたほか、「申立人は記者が持参したセーターに着替え、腕時計や指輪もはずして、撮影に臨んだ」ことなども踏まえ、申立人を特定することはできないと判断し、人権侵害には当たらないとした。ただし、実際とは異なる虚構が放送されたことなどを指摘して、放送倫理上重大な問題があったとした。

11-5

ナンバープレートの映像と加工処理

Q 番組で車の映像を使用します。ナンバープレートが写っていても問題ないでしょうか？

A 原則として問題ありません。ただし、著名人の車の場合や、取材源の秘匿が必要な場合など、注意が必要な場合もあります。

KEY POINT

- ■ 自動車のナンバープレートの映像は、そのまま使用しても、原則として法的な問題はない。
- ■ ただし、要人や著名人の自動車については、可能な範囲でナンバープレート部分を加工処理することが望ましい。
- ■ 取材源の秘匿が必要な場合や匿名報道の場合には、ナンバーをそのまま放送すると法的な責任が生じる場合もあり得る。

ニュース番組などで、車のナンバープレートにモザイク処理やボカシ処理がされていることがあります。このような処理は、どのような場合に必要なのでしょうか。

■ナンバープレートに加工処理を施す理由

いつ頃からどのような理由で各テレビ局がナンバープレートの映像に加工処理を始めたのか、確実なところは定かではありませんが、元々は、要人警護を担当する当局筋から、要人の自動車の特定につながるので映像の使用を自粛して欲しいとテレビ局に要請があったことが始まりと言われています。その後、対象が要人から著名人に広がっていき、さらに、プライバシー意識などの高まりとともに、ときには一般人の自動車のナンバーについても加工処理がなされるようになってきたようです。

■自動車ナンバーからの個人情報の照会

このような配慮がなされてきた背景には、自動車のナンバーさえ分かれば、最寄りの運輸支局等で誰でもその自動車の登録事項等証明書の交付を受けることができ、それにより簡単に所有者の氏名や住所を調べることができたこともあったようです。

ところが近年、悪用防止やプライバシー保護の観点から道路運送車両法が改正され、平成19年11月19日から、登録事項等証明書の申請には、ナンバーだけでなく、原則として、ボンネットの裏側に刻印されている「車台番号」が必要となりました。つまり、仮にテレビでナンバープレートの映像を見た人がいても、それだけでは、自動車の持ち主の氏名や住所を調べることはできなくなったのです。

したがって、法改正の結果、以前と比べれば、ナンバープレートにモザイク処理等をしなければならない必要性の度合いは、相対的には低下したということができるでしょう。

もっとも、以下で述べるとおり、他の理由で一定の配慮が望ましい場合もありますので、今後もなお一定の注意が必要です。

■要人や著名人の自動車への配慮

まず、政治家や財界人などの要人の自動車の場合は、ナンバーを頼りにテロや暴漢などの標的にされる危険性が完全には否定できません。また、芸能人やプロスポーツ選手などの著名人の場合、ナンバーを頼りに、悪質なファンから過剰な「追っかけ」行為をされたりする可能性もあります。

そのようなトラブルが発生した際に、テレビ局がモザイク処理をしていなかったからといって、それだけで直ちにテレビ局に法的責任まで生じる可能性は低いと考えます。とはいえ、実際にそのような事態となれば、要人警護の担当者や芸能人の所属事務所から正式な抗議がなされる可能性がありますし、「軽率だ」などとして、社会的に問題視される可能性も否定できません。

対象者や映像の内容にもよりますが、基本的には、著名人等の自動車については、それが法的義務かはともかくとして、ナンバーが識別できる映像を使用しないようにしたり、必要に応じてモザイク処理やボカシ処理を施すといった配慮をしておくことが望ましい場合が多いでしょう。

ただし、緊急報道や現場からの生中継の際には、実際に映像を加工することは不可能です。このような場合には、仮に要人や著名人の自動車のナンバープレートがはっきり読みとれるような映像であっても、報道の必要性が優先すると考えます。

■取材源を秘匿すべき場合、プライバシーへの配慮が必要な場合

上記のような法改正の結果、ナンバープレートの情報だけから所有者の住所、氏名を知ることは困難になりました。しかし、所有者と身近な人であれば、自動車の車種やナンバーがテレビに写っただけで、「あ、あの人の車だ」と分かることもあります。

したがって、例えば取材対象者のプライバシーを保護する必要性が高いケースでは、取材対象者の顔、声、自宅、勤務先等の情報だけでなく、その取材対象者が乗っている車についても、映像の使用を控えたり、ナンバー（場合によっては車種も）が分からなくなるような加工処理を施すなどの配慮が必要でしょう。特に、取材源の秘匿を条件として取材に応じて

もらっているようなケースでは、そのような配慮が不十分であった場合には、約束に反したとして、契約責任や不法行為責任などの法的責任（損害賠償）を追及される可能性も否定できないと考えます。

■必要以上に加工処理を施さない

その一方で、必要以上に過度な加工処理を施すことも控えるべきでしょう。要人や著名人の車が写っている訳でもなければ、匿名報道等でもなく、加工処理が必要とは全く思われないような場合にまで一律に加工処理を施すようなことは控えるべきです。少なくとも、普通に道路を走っているだけの車については、特別な事情がない限り、いちいちナンバープレートの映像を加工する必要はないと考えます。不必要なモザイク処理やボカシ処理については、BPOが妥当でないとの見解を示していますので、注意が必要です（11-4参照）。

11-6

手錠・腰縄の映像と加工処理

Q 手錠や腰縄で身柄を拘束されている被疑者や被告人を撮影してそのまま映像を使用した場合、肖像権を侵害するのでしょうか？

撮影すること自体は問題ありませんが、手錠や腰縄の写った映像をそのまま使用すると肖像権を侵害するおそれがあります。

KEY POINT

- ■ 手錠や腰縄で身柄を拘束された人物を撮影すること自体は、違法な肖像権侵害とはならない。
- ■ しかし、手錠や腰縄がはっきり判別できる映像を放送でそのまま使用すると、肖像権侵害となる可能性が高い。
- ■ 手錠が見えないように配慮する趣旨で手錠の上に装着されている、いわゆる「手錠カバー」については、「手錠カバー」が見える映像をそのまま使用しても肖像権侵害とならないと考えられる。

刑事事件の報道では、警察に連行される逮捕直後の被疑者や、実況見分に立ち会っている際の被疑者の映像を使用することがありますが、この場合、手錠や腰縄によって身柄を拘束されているのが通常です。このように、身柄を拘束された状態の被疑者や被告人を撮影して放送することは、どのような問題を含むのでしょうか。

■手錠や腰縄で身柄拘束された被疑者・被告人を撮影してよいか

通常の感覚を基準として考えた場合、手錠や腰縄など、被疑者として身柄を拘束されていることが分かる姿を撮られたり、公開されたりすることは、羞恥心や屈辱感といった多大な精神的苦痛を受けることになります。

しかし、社会の関心を集めるような刑事事件について、身柄を拘束されている様子を一切撮影できないとすることは、事件報道の必要性や国民の知る権利の観点から見て妥当ではありません。また、被疑者や被告人の様子を撮影できる機会は非常に限られていますし、その際に手錠や腰縄だけを撮影しないということは技術的に困難です。

したがって、身柄を拘束されている被疑者の映像を撮影することは、たとえその映像に手錠や腰縄が含まれるとしても、撮影の態様に問題があるような場合でない限り、被撮影者の「受忍限度」の範囲内として適法であると考えます。

実際の裁判例でも、身柄拘束された人物の撮影について、手錠・腰縄で身柄拘束されている状態であることのみを理由として違法であると認定したものは見当たりません。

■手錠や腰縄がはっきり写った映像を放送で使用してよいか

もっとも、そのような屈辱的な様子をそのままテレビで放送されれば、精神的苦痛はより大きなものになります。そして、たとえ事件報道の目的であっても、手錠や腰縄それ自体の映像まで使用しなければならない必要性は、通常は乏しいと考えられるでしょう。

したがって、撮影した映像に手錠や腰縄が写っている場合には、編集の段階で、画面の拡大処理をして手錠部分を画面の外に出してしまうか、モザイク・ボカシなどの処理を施した上で放送しない限り、多くの場合、被撮影者の受忍限度を超える肖像権侵害となる可能性が高いと考えます。

手錠や腰縄によって身柄を拘束されている様子の公表に関する過去の裁判例としては、公道上から身柄を拘束されている護送車の中の被疑者を撮影して雑誌に掲載した事案（参考判例①）、法廷で刑事手続終了直後の被疑者を隠し撮りした写真とイラストを雑誌に掲載した事案（参考判例②）、本人の死後間もない時期に生前の手錠姿の写真を掲載した事案（参考判例③）などがあります。

これらの判決によれば、裁判所は、あくまで個々の事案ごとに肖像権侵害の有無を判断するとしつつも、法廷内での隠し撮りのように撮影態様に問題がある場合でない限り、撮影行為自体は適法とする一方で、手錠や腰縄がはっきり分かる形で映像をそのまま公表すると、「受忍限度」を超えて違法となり得ると考えているようです。

なお、手錠や腰縄だけを見えなくしたからといっても、被疑者が身柄を拘束されている状態にあることは、視聴者にとっても容易に理解できます。そのため、手錠や腰縄のみを隠すことにどれほどの意味があるのかという疑問もあるかもしれません。

しかし、一般の人にとっては、日常の生活の中では手錠や腰縄を目にする機会がないこともあり、手錠や腰縄がそのまま放送された場合に被疑者が受ける羞恥心や屈辱感の程度は、それがない場合に比べて増大すると言えそうです。したがって、必要以上の精神的苦痛を与えないという意味で、一定の配慮をすることが、多くの場合は適当ではないかと考えます。

ただし、手錠・腰縄姿が写っていればいかなる場合も違法であるとまで画一的に理解するのは適当ではなく、最終的には、あくまで個々の事案ごとに肖像権侵害の有無が判断されるべきでしょう。

■「手錠カバー」の取扱い

なお、最近警察は、手錠の上に布でできたいわゆる「手錠カバー」をかけて手錠が見えないよう配慮をしていることが少なくありません。これは、手錠・腰縄で身柄拘束されている刑事被告人を報道関係者に撮影させるがままにしたことにつき、警察の不法行為が成立するとした裁判例（参考判例④）が出されて以降、各地の警察が人権上の配慮として始めたものと言われています。

この手錠カバーを撮影した写真や映像を公表することの違法性について判断した裁判例は見当たりませんが、手錠部分にモザイク・ボカシがかかっている映像と、手錠部分に手錠カバーがかけられている映像では、視聴者に与える印象は変わらないと評価されるものと思われます。

したがって、手錠カバーが写っている写真や映像については、手錠そのものが写っている写真や映像とは異なり、そのまま使用しても通常は差し支えないものと考えます。

■まとめ

このように、肖像権侵害は総合考慮によって判断されますが、被疑者や被告人については、手錠そのものがはっきり写った状態で放送されると、肖像権侵害が認められる方向に大きく傾く要素となりますので、現場からの生中継でやむなく写ってしまったといった場合はともかく、編集が可能な場合には、手錠や腰縄がはっきり写らない映像を使用するように十分配慮する必要がありそうです。なお、手錠・腰縄姿を描いたイラストが肖像権を侵害するかどうかについては11-2を参照してください。

参考判例❶

東京高裁平成5年11月24日判決・判時1491号99頁（「フォーカス」『M被告の正月』事件・控訴審）

いわゆる「ロス疑惑」の被告人であった原告が護送される際に、護送車内にいる原告の容ぼうを、公道上から護送車の窓越しに無断で撮影し、「“ロス疑惑”M被告の正月－民事訴訟は連戦連勝」と題する記事とともに写真を掲載した行為につき、肖像権侵害及び名誉毀損の成否が争われた事案。

裁判所は、「勾留中の刑事被告人に関しては、一見して身柄を拘束されていることが分かる状況の下でその姿を公衆の面前にさらすことは、一般的に屈辱感、羞恥心等の多大な精神的苦痛を与えることになると考えられるので、できる限りそのようなことのないように配慮する必要があることはいうまでもない」としつつ、①写真が著名な刑事事件の被告人である原告の近況を紹介する内容の報道に用いられているものであること、②窓から頭部にかけての上半身だけであって、手錠姿のように一見して拘束されていることが分かる状況ではないこと、③撮影した場所は、一般の道路という公共の場所であり、穏当を欠く方法を用いた形跡もないことなどを理由に、「表現の自由の行使として相当と認められる範囲内にあり、違法性が阻却される」と結論付けた。

参考判例❷

最高裁平成17年11月10日判決・民集59巻9号2428頁、判時1925号84頁、判タ1203号74頁、裁判所ウェブサイト（和歌山毒カレー肖像権事件・上告審）（3-1参考判例①、11-2参考判例②参照）

いわゆる和歌山毒物カレー事件について、法廷内で身柄拘束された状態にある原告を隠し撮りしてその写真を雑誌に掲載したことと、法廷内の原告の様子を描いた複数のイラストを雑誌に掲載したことが、それぞれ肖像権侵害に該当するかが争われた事案。

裁判所はまず、写真による肖像権侵害については、①裁判所の許可を受けていない法廷内での隠し撮りであること、②手錠をされ、腰縄を付けられた状態の容ぼう等の撮影であること、③写真撮影が予想される状況の下に任意に公衆の前に姿を現したものではないことなどを総合考慮した結果、撮影行為自体が受忍限度を超えて違法であるとした。また、そのように違法に撮影された写真を掲載することも同様に違法であるとした。

一方でイラストについては、3枚のイラストのうち2枚は適法としつつ、「手錠、腰縄により身体の拘束を受けている状態が描かれたもの」1枚についてのみ、原告を侮辱し、原告の名誉感情を侵害するものであり、受忍限度を超えて違法であるとした。

参考判例❸

東京地裁平成23年6月15日判決・判時2123号47頁（ロス疑惑元被告人連行写真死後掲載事件）

いわゆる「ロス疑惑」の被告人であり、平成20年10月10日にロサンゼルスで死亡した男性につき、死亡直後である同年10月12日および13日に、昭和60年9月11日に逮捕され連行されたときに撮影された手錠姿の男性の写真を、ニュースサイト上に記事と共に掲載するなどしたことが、遺族である元妻の「敬愛追慕の情」を侵害するかが争われた事案。

裁判所は、原告が男性の元妻であり、通常、20年以上も前に撮影された亡夫の手錠姿の写真を公表されることを欲しないと考えられることや、記事との関係から見ても男性の昭和60年当時の手錠姿を掲載するまでの必要性があるものとは認められないこと、掲載時期が男性の死亡のわずか2〜3日後であることなどを指摘して、掲載は、敬愛追慕の情を侵害する違法な行為であると判断した。

参考判例❹

東京地裁平成5年10月4日判決・判時1491号121頁、判タ841号179頁（ロス疑惑元被告人違法連行事件）

警視庁の警察官が、いわゆるロス疑惑の被告人であった原告を逮捕して警視庁本部に連行する際に、通路入口付近で原告を護送車両から下車させ、顔や手錠を隠すこともなく、報道関係者の人垣に挟まれた通路をゆっくりと歩かせ、その間、報道関係者による写真撮影等が行われるままにさせた行為が、原告の人権を侵害し不法行為が成立するかが争われた事件。

裁判所は、「本件警察官らを統率する警視庁としては、原告を護送、連行するに当たり、原告の人権に配慮して、本件のように報道関係者の前に原告をさらし者にするという事態を避ける護送、連行方法を検討すべきであった」とした上で、「本件護送、連行行為には原告の人権を侵害した違法があったものというべきである」と結論付けた。

Column

法律家が番組内容に助言する際に気をつけていること

本書の初版を執筆していた当時は、テレビ局で働く組織内弁護士はNHKと民放併せて7人しかいませんでしたが、現在では15人にまで増えてきています。また、組織内弁護士がいないテレビ局でも、顧問弁護士や個別に依頼を受けて相談に応じる弁護士も増えてきています。

こうしたテレビ局のために働く弁護士に特徴的な業務としては、制作段階での番組内容に対する助言があります。対象となる番組は、ニュース、バラエティー、ドキュメンタリー、ドラマと多岐にわたり、助言ポイントも、名誉毀損、プライバシー侵害、肖像権侵害、著作権侵害などの権利侵害の予防のほか、違法行為の助長の抑制など多岐にわたります。

私たちが日ごろ心がけていることの1つに、安易に、報道を控えるべきであるという助言をしない、ということがあります。番組のジャンルを問わず、事実を伝達する番組は報道です。報道機関は常に国民の知る権利の充足を最も重要な使命と考えなければなりません。例えば、相手が頻繁に名誉毀損訴訟を起こしている組織や人物だからといって、名誉毀損などで訴えられること自体を避けるために、真実であることが取材で十分裏付けられている事実を報道しないことがあるとすれば本末転倒であって、報道機関としての存在意義にも関わることになります。

近時の放送の現場はコンプライアンス意識が徹底されているため、現場は法務部門や法律の専門家の意見に非常に敏感であることが少なくありません。私たちが、安易に法的リスクだけを強調すると、報道の現場を委縮させる自己検閲に等しい状況を作り出しかねません。取材源の秘匿も考慮しつつ、どうしたら法的リスクを最小化しつつ放送を出すことができるかという視点で検討する姿勢が大切ではないかと考えています。

もう1つ心がけていることは、あくまで最終的に決断をするのは報道機関そのものであって、法律家の役割は一緒に議論をする過程で意見を述べるにとどまるということです。報道の最終判断は法律家ではなく報道機関そのものによって行われなくてはなりません。組織内でいえば、法務部門ではなく、最終的な編集権を有しているポジションということになります。このことは、法的見解がどの程度尊重されるかどうかとは別次元の問題だと考えます。

12章

個人情報・秘密情報

12-1

報道目的での個人情報の取得

Q ホテルで起こった大規模火災に関して、取材のために使用するのであれば宿泊者名簿を提供しても良いとホテル関係者が言っています。当方や先方が行政から個人情報保護法違反に問われることはありませんか？

A ありません。

KEY POINT

- 番組のジャンルを問わず、番組制作のために個人情報を取り扱う場合は、放送局や番組制作会社には個人情報保護法の取得や利用等に関する各種義務規定は適用されない。
- 個人情報を提供する側も、取材協力のために個人情報を提供したことを理由として行政当局から個人情報保護法違反に問われることはない。
- 取得した個人情報については、各テレビ局や制作プロダクション毎に定めた基準があればそれに従って適正に保存、管理、更新、廃棄等を行う。
- 取得した個人情報をそのまま報じても良いかは別問題であり、プライバシー侵害にあたらないかを個別に検討する。

個人情報保護法は、個人情報を個人情報データベース等として所持し事業に用いている事業者（平成27年改正では5000件以上という件数条件は廃止されます。）を「個人情報取扱事業者」と定義した上で、個人情報取扱事業者に対しては、個人情報の取得や管理、利用方法、第三者への提供などについて様々なルールを定め、さらに、主務大臣による改善措置や刑事罰なども設けるなどして、個人情報の取扱いを厳しく制限しています。

もっとも、そのような制限が取材活動や報道活動にそのまま及んでしまうと、表現の自由が大幅に制約されてしまうことにもなりかねません。そのため、個人情報保護法は表現の自由との関係で一定の配慮をしています。

ここでは、個人情報保護法と報道機関の取材の関係について概説します。

■テレビ局等のマスコミによる「報道」「著述」行為と個人情報保護法

個人情報保護法66条1項は、「放送機関、新聞社、通信社その他の報道機関（報道を業として行う個人を含む。）」（1号）や「著述を業として行う者」（2号）が、それぞれ、「報道の用に供する目的」や「著述の用に供する目的」で個人情報を取り扱う場合は、個人情報の取得や利用等について詳細な義務を定めた同法第4章の規定は全て適用しないと定めています。これは、マスコミ等が行う取材活動や、その他のあらゆる表現活動に個人情報保護法がそのまま適用されるとすると、自由な取材活動や表現活動が不可能となりかねないことから、広く「報道」「著述」分野を適用除外としたものです。

ここでいう「報道」とは、「不特定かつ多数の者に対して客観的事実を事実として知らせること（これに基づいて意見又は見解を述べることを含む。）」（同条2項）を言います。したがって、テレビで言えば、ニュース番組はもちろん、ドキュメンタリー番組や情報番組など、ノンフィクションである多くの番組は、この「報道」に該当することになります。バラエティ番組に分類されるような番組でも、こういった要素を持つ番組がありますが、そういった番組も「報道」に該当することになります。

また、「著述」については法律に定義はありませんが、立法担当者によれば、「小説、論評、そういった、ジャンルを問わない、人の知的活動により創作的な要素を含んだ内容を言語を用いて表現するというものである」、「その表現方法や手段、例えば出版物、放送、インターネット等、そういうものを問うてはおりません」、「こうした表現方法の多様化を踏まえ、政府としましては、著述の定義をできるだけ広くとるべきとの観点から、あえて定義づけを法律には明記していないところでございます」と説明されています[1]。したがって、テレビ局で言えば、ドラマやバラエティ番組など、「報道」に該当しないあらゆるジャンルの番組は、広く「著述」に該当することになります。

この点について民放連は、「個人情報保護法では、報道・著述の目的が一部でも含まれていれば、個人情報取り扱い事業者に課される義務規定の適用が除外されることになっており、民間放送の場合、報道局、報道制作局、情報局、制作局など報道・表現活動に関わる全ての業務が義務規定の適用を除外されるものと解する」との見解を表明しています[2]。

結局、テレビ局が制作・放送する番組は、少なくとも「報道」か「著述」のどちらかには必ず該当し、その取材制作のために取得する個人情報について、個人情報保護法第4章の各規定は適用されません。

■取材協力者が行政当局から個人情報保護法違反に問われることはない

テレビ局等が個人情報保護法の義務規定の適用を除外されても、取材に応じてくれる取材協力者の側が、個人情報を含む情報提供をしたことを理由に行政当局から個人情報保護法違反に問われるのであれば、表現の自由に対する行政機関の不当な介入につながるおそれがあります。

これを防ぐため、個人情報保護法は、「主務大臣は、前三条の規定により個人情報取扱事業者に対し報告の徴収、助言、勧告又は命令を行うに当たっては、表現の自由、学問の自由、信教の自由及び政治活動の自由を妨

【1】 第156回国会平成15年4月16日衆議院個人情報の保護に関する特別委員会第4号〔藤井政府参考人〕

【2】 民放連「報道・著述分野における個人情報の保護に関する基本的な考え方」(2004年12月16日)

げてはならない」（35条1項）という注意規定を設けるとともに、「主務大臣は、個人情報取扱事業者が第66条第1項各号に掲げる者（それぞれ当該各号に定める目的で個人情報を取り扱う場合に限る。）に対して個人情報を提供する行為については、その権限を行使しないものとする」（35条2項）として、マスコミに情報提供した者については行政処分や刑事罰が科されないことを保障しています。

■取材協力者に生じている委縮効果

このように、個人情報保護法35条は、取材協力者がマスコミに対して情報提供しても行政当局から個人情報保護法違反に問われないことを保障していますが、それにもかかわらず、同法の施行以降、個人情報保護法を理由に取材を拒否されたり、一部情報を開示してもらえなかったりといった事例が報告されています[3]。

これは、上記35条が適用除外ではなく主務大臣の権限行使制限という構成を取っているため、処罰や行政指導のおそれはないとはいえ、形式的には個人情報保護法に違反する形となることに抵抗感があることも一因と思われます。このような萎縮効果が生じていることは大いに問題であると考えます。

ただし、次に述べるとおり、設例のようなケースについては、「人の生命、身体、財産の保護のために必要がある場合」として、形式的にも個人情報保護法に違反しないと理解できる場合もあります。

実際の現場では、個人情報保護法の理解に加え、取材の必要性についても丁寧に説明して理解を得ることが望ましいと言えます。

いずれにしても、現在の個人情報保護法は分かりにくく、現に取材上の支障が生じている以上、取材活動の自由の保障の観点からも、法改正により、情報提供者側も当該行為について適用除外となるように整理し直されるべきと考えます。

【3】 民放連「個人情報保護法について　～報道機関としての観点から～〈消費者委員会・第7回個人情報保護専門調査会ヒアリング〉」（2011年6月15日）

■人の生命、身体、財産の保護に必要がある場合に関する例外

個人情報保護法は、本人の同意を得ないで個人データを第三者に提供することを原則として禁止しています。しかし、例外的に第三者への提供が許される場合も定めており、その1つとして「人の生命、身体又は財産の保護のために必要がある場合であって、本人の同意を得ることが困難であるとき」を定めています（23条1項2号）。

この条項は、報道機関に対する情報提供にも適用される場面があります。例えば、大規模災害や事故等で、意識不明で身元の確認できない多数の患者が複数の医療機関に分散して搬送されているため、家族等が患者を探し当てられないような状況にある場合に、医療機関が報道機関に対して患者に関する情報提供をすることにより存否の確認につながるような場合です[4]。本件のケースでも、宿泊者の搬送先や安否が分からない状況であれば、この条項を根拠に、宿泊者名簿の提供が適法とされる可能性があると考えます。

■会員情報等は個人情報保護法の各種義務規定の対象

番組に関連する個人情報の取得でも、それが、「報道」や「著述」と無関係の目的のために取得される場合は、個人情報取扱事業者として各種義務規定の適用があります。例えば、テレビショッピングにおける購入者情報、番組オンデマンド配信の利用者情報などは、番組に一応関連してはいるものの、通常は番組制作のために利用されるわけではないと思われますので、第4章を含む個人情報保護法がそのまま適用されます。取得、利用、第三者提供等について、個人情報保護法に沿った約款や運用を整備する必要がありますので、新たにサービスを開始したり、法令が改正される際には、同法を意識した検討が必要です。

■個人情報の適切な取扱いの必要性

個人情報保護法66条3項は、「第1項各号に掲げる個人情報取扱事業者

【4】 厚生労働省「医療・介護関係事業者における個人情報の適切な取扱いのためのガイドライン」に関するQ＆A（事例集）（平成25年4月1日改訂版）各論Q5-20参照

は、個人データの安全管理のために必要かつ適切な措置、個人情報の取扱いに関する苦情の処理その他の個人情報の適正な取扱いを確保するために必要な措置を自ら講じ、かつ、当該措置の内容を公表するよう努めなければならない」として、努力義務としてではあるものの、報道機関等が取得した個人情報の適切な取扱いを求めています。これを受けて、各テレビ局や一部の制作プロダクションは、報道や著述分野における個人情報の取扱いについての考え方等を公表しています。

また、個人情報保護法の適用除外規定は、あくまで個人情報保護法違反には問わないというにとどまり、民法上の損害賠償責任までも免責するものではありません。収集した個人情報を流出させれば損害賠償義務を負う可能性もあります。

各局のルールをしっかり守って、個人情報を適切に管理することが大切です。

■放送については別途検討が必要

番組制作のために個人情報を取得することが、個人情報保護法に違反しないとしても、取得した個人情報をそのまま放送で報じても良いかは別問題です。プライバシー侵害に当たらないか等については、個別に検討する必要があります。

12-2

報道目的での個人に関するビッグデータの取得

Q

自動車メーカーや携帯電話会社からカーナビやスマートフォンの膨大な位置情報データの提供を受けて独自の分析を行い、報道に役立てたいと考えています。個人情報保護法との関係で問題はありますか？

報道機関として適用除外規定の適用はありますが、提供者側の立場や流出リスクを考えると、個人が識別できない形（匿名加工情報）に加工した上で提供を受けることが望ましいといえます。

KEY POINT

- 平成 27 年の個人情報保護法改正により、個人を識別可能な部分を削除するなどして所定の条件を満たした加工情報（匿名加工情報）であれば、提供先が報道機関であるか否かにかかわらず、第三者へ提供することが可能となる。
- 報道機関が報道目的で使用する場合には、個人情報保護法の適用除外規定により、個人を識別可能な情報が含まれる状態でビッグデータを受け取ることも、改正の前後を問わず、法的には可能である。
- ただし、流出リスク等を考慮すると、個人が識別できなくとも支障がない場合には、「匿名加工情報」の形で受領することが望ましい。

情報解析技術の発達に伴い、携帯電話やカーナビの位置情報や鉄道の入札記録など、人の動きに関する膨大なデータが、いわゆるビッグデータとして、マーケティングなどの商業利用のほか、災害対策や都市計画などに積極的に利活用されることが期待されています。同時に、報道機関が報道や取材のためのツールとしてビッグデータを用いる機会も増えてきました。ここでは、個人情報保護法の平成27年改正を中心に、主に人に関するビッグデータ（パーソナルデータ）の利用について解説します。

■個人情報保護法におけるビッグデータの位置づけ

個人情報保護法は、その情報だけからでは個人が識別できなくても、他の情報と容易に照合することができ、それにより個人を特定できる情報については「個人情報」に含むとしています（2条1項）。

このため従来は、ビッグデータを第三者に提供する際は、単に個人の識別可能部分を削除するだけでなく、更にデータを丸めてユニーク性を下げるなどして、提供元であっても照合不可能なレベルまで加工してから提供するということが行われてきました[1]。

しかし、実際には、最初にデータを加工した者以外、データに含まれる個人を特定することができないのであれば、提供先の行動によってプライバシー侵害などの実害が生じることは原則としてありません。にもかかわらず、形式的に個人情報保護法を回避するために有用なデータの価値を半減させてしまうことは社会経済上合理的ではなく、個人情報保護の趣旨を維持しつつ利活用を可能とする法改正が望まれていました。

■平成27年改正で創設された「匿名加工情報」

平成27年改正個人情報保護法は、新たに「匿名加工情報」という概念を設けることで、この問題を解決しました（ただし、平成28年6月1日現在未施行）。すなわち、データの一部を削除したり置き換えたりすることによって特定の個人を識別することができないように個人情報を加工した

【1】 例としてNTTドコモ「モバイル空間統計」
https://www.nttdocomo.co.jp/corporate/disclosure/mobile_spatial_statistics/

ものを「匿名加工情報」と定義し、匿名加工情報については、本人の同意がなくても、第三者への提供や目的外の利用を認めることとしたのです。もっとも、これには一定の事項を遵守する必要があります（改正法36～39条（新設））。

まず、匿名加工情報を作成するときは、個人情報保護委員会規則に定める基準に従って加工しなければなりません。

そのほか、網羅的には記載しませんが、例えば、匿名加工情報を第三者に提供するときは、委員会規則で定めるところにより、あらかじめ、第三者に提供する情報の項目や提供方法を公表するとともに、提供先に対して匿名加工情報であることを明示する必要があります。また、本人を識別するための他の情報との照合を行ってはならないことや、安全管理措置を講じることなども求められます。なお、匿名加工情報の提供を受ける側も「匿名加工情報取扱事業者」となり、これらの遵守が求められます。

このように、平成27年改正法の全面施行後は、報道機関への提供か否かにかかわらず、上記の条件に従うことにより、人に関するビッグデータを外部に提供することが可能となるのです。

■適用除外規定とビッグデータ

個人情報保護法には、平成27年改正前から、適用除外規定（50条1項（平成27年改正後は66条1項））があるため、報道機関が報道目的や著述目的で個人情報を取得する場合には、それが個人情報を含むビッグデータであろうとも、改正の前後を問わず、個人情報保護法に違反することはありませんし、「匿名加工情報取扱事業者」としての義務も負いません（適用除外規定に関して詳しくは12-1参照）。

しかし、適用除外規定の適用があるからといって、特定の個人を識別可能な情報を含む膨大なビッグデータを安易に受領することには慎重になるべきでしょう。なぜなら、適用除外規定は、報道機関が個人情報を流出させた場合の個人に対する損害賠償責任まで免責するものではないため、ビッグデータに含まれる膨大な個人情報を万一流出させた場合には、莫大な賠償責任を負うおそれがあるからです。

一般に情報量が膨大になると、容量が大きく、保存、管理、解析などの過程で多くの人が関わり、持ち出した場合の財産的価値も高くなるため、故意や過失による流出リスクが高まる傾向にあります。その上、一旦流出した場合には、社会的責任を問われるのみならず、全対象者に対して補償をしなければならないおそれがあります。例えばエステティックサロンの顧客情報3万7000人分が流出した事件で裁判所は、訴訟を起こした14人について2万3000円から3万5000円の賠償を命じています[2]。携帯電話の位置情報などは、「プライバシーの中でも特に保護の必要性が高い」[3]とされており、個人が特定できる形で流出させた場合には、相当高額の賠償責任を負うおそれがあります。

■まとめ

以上のとおり、テレビ局が報道や番組制作目的で個人情報を取得利用する行為には、改正法施行の前後を問わず、個人情報保護法第4章の各種制限規定は適用されませんが、流出リスクを考えると、膨大な個人情報を含むビッグデータの提供を受ける場合には、匿名加工情報の条件を満たした形に加工してもらった上で提供を受けるとともに、匿名加工情報取扱事業者に準じた安全管理体制（安全なサーバ、アクセス権限の制限など）を構築することを原則とすべきでしょう。

その上で、どうしても個人を特定し得る情報の提供を受けなければ取材の目的を達成できないような場合には、提供元に事情をよく説明し、安全管理体制には万全を期すことなどを踏まえた上で、必要最小限の範囲で提供を受けることが妥当と考えます。

いずれにしても、本書執筆時（平成28年6月1日）以降、平成27年改正法の施行に向けて、個人情報保護委員会規則などが出されることになります。報道機関だからと安易に考えず、こうしたものを参照して、総合的にリスクを勘案して対処するようにしてください。

【2】 東京地裁平成19年2月8日判決・判時1964号113頁（エステサロン個人情報流出事件）
【3】 総務省「電気通信事業における個人情報保護に関するガイドラインの解説」46頁

12-3

企業の内部情報の入手と不正競争防止法

Q 大手食品会社の在庫管理責任者が、食品偽装の実態を裏付ける裏在庫管理データを密かにコピーしたので報道機関に提供したいと言っています。これを受け取ると、当方や先方が不正競争防止法違反に問われることはありませんか？

A ありません。

KEY POINT

- 「営業秘密」に該当する情報の取得、使用、開示等については、一定の場合に不正競争防止法違反となる可能性がある。
- ただし、企業の反社会的な活動についての情報は、「有用性」が否定されて「営業秘密」から除外されるため、これを社外に持ち出したり、公表したりしても不正競争防止法違反に問われることはない。
- 従業員が不正情報と信じて公益の実現を図る目的で内部告発したが、結果的には不正情報ではなかった場合でも、その従業員が「不正の手段」を用いて情報を取得した場合を除いて、不正競争防止法違反に問われることはない。

不正競争防止法は、従業員や第三者が「営業秘密」を不正に取得、開示、使用することを禁止し、一定の場合については刑事罰を設けるなどして、企業から重要なノウハウや技術情報などが不正に流出することを防いでいます。一方で、社内情報の持ち出し全般に過度に厳しい制限を加えると、職業選択の自由や内部告発、報道の自由などと抵触することから、違法とされる行為や罰則の対象となる行為の類型などは厳格に定められています。ここでは、報道機関へ提供するための社内秘密の持ち出しが不正競争防止法上どのように扱われるのかについて検討します。

■営業秘密の3要件

不正競争防止法は「営業秘密」を保護していますので、そもそも「営業秘密」に該当しない情報であれば、これを持ち出したり第三者に提供したりしても、少なくとも不正競争防止法違反に問われることはありません。

同法における「営業秘密」とは、「秘密として管理されている生産方法、販売方法その他の事業活動に有用な技術上又は営業上の情報であって、公然と知られていないもの」を言います（2条6項）。

すなわち、①秘密管理性、②有用性、③非公知性を全て満たした情報が「営業秘密」として保護されます。以下、順に見ていきます。

■秘密管理性

経済産業省の考え方を示す指針である「営業秘密管理指針」（平成27年1月28日全面改訂版）によれば、「秘密管理性」が認められるためには、「営業秘密保有企業の秘密管理意思が秘密管理措置によって従業員等に対して明確に示され、当該秘密管理意思に対する従業員等の認識可能性が確保される必要がある」と説明されています。

一般的には、書類であれば現物にマル秘マークを付したり、ロッカー内に施錠して管理したり、データであればパスワードを設定したりするなどにより厳重に管理されていることが客観的に認識される状態に置けば秘密管理性が認められやすくなり、一方、ほかの情報と大差ない状態で管理していると否定されやすくなります[1]。

近時の裁判例では、パソコンを使用することができる従業員であれば誰でも閲覧可能な状態にあったLPガス等販売会社の顧客名簿につき、知財高裁は秘密管理性を否定しています（参考判例①）。

本設問における「食品偽装の実態を裏付ける裏在庫管理データ」についていえば、従業員であれば誰でも閲覧できるような状況にあったならば秘密管理性は否定されますし、アクセスできる従業員を限定しパスワード管理なども徹底していたならば秘密管理性は肯定されることになりそうです。

■有用性

指針によれば、有用性が認められるためには、「その情報が客観的にみて、事業活動にとって有用であることが必要」とされています。その一方で、「企業の反社会的な行為などの公序良俗に反する内容の情報は、『有用性』が認められない」ともされています。

本設問における「食品偽装の実態を裏付ける裏在庫管理データ」は、「企業の反社会的な行為などの公序良俗に反する内容の情報」であることが明らかですので、指針の基準によれば有用性は否定されると考えられます。

したがって、設問の事案については、その他の点を検討するまでもなく、この従業員や情報提供を受けたテレビ局が、民事刑事を問わず、不正競争防止法違反に問われることはありません。

■非公知性

指針によれば、非公知性が認められるためには、「一般的には知られておらず、又は容易に知ることができないことが必要」であり、「複数の情報の総体としての情報については、組み合わせの容易性、取得に要する時間や資金等のコスト等を考慮し、保有者の管理下以外で一般的に入手できるかどうかによって判断することになる」とされています。

【1】 田村善之『不正競争法概説［第2版］』327頁以下参照（有斐閣、2003）

過去の裁判例では、投資用マンション購入者約7,000人分のリストについて「そのような情報を登記事項要約書やNTTの番号案内、名簿業者、インターネットで容易に入手することができないことは明らか」として有用性と非公知性を肯定した例[2]があります。

本設問における、「食品偽装の実態を裏付ける裏在庫管理データ」は、一般に知られておらず、内部の人間でなければ容易に知ることもできないので、指針の基準によれば非公知性は肯定されると思われます。

■不正競争防止法の禁止する「営業秘密」の取得・使用・開示

不正競争防止法は、「営業秘密」の取得、使用、開示行為のうち、「不正の手段」（窃取、詐欺、強迫その他の不正な手段）で営業秘密を取得する場合（4号）や、従業員に図利加害目的がある場合（7号）など、合計7つの類型を「営業秘密」に関する「不正競争」として定義しています（2条1項4号ないし10号）。これらの「不正競争」に該当する行為を行うと、民事上の不法行為として損害賠償義務を負うことになります。

過去の裁判例では、情報管理室の端末操作担当者に虚偽の事実を述べて顧客情報をプリントアウトさせた行為が「不正競争」に該当するとした例[3]、代表取締役が在職中に従業員に指示して顧客情報をフロッピーディスクにコピーさせた上でそれを自宅に持ち帰り、その後、転職先企業において当該顧客情報を用いて販売を開始する行為が「不正競争」に該当するとした例[4]などがあります。

設問のケースでは、従業員が裏在庫管理データにアクセスする権限を与えられていない場合、他人のパスワードを用いたり、担当者に虚偽を述べたりして在庫管理データにアクセスしてコピーすると、不正の手段（4号）による営業秘密の取得として「不正競争」に該当する可能性があります。もちろん、先に説明したとおり、「裏在庫管理データ」には「有用性」がなく「営業秘密」に該当しませんので、結論としては「不正競争」には

【2】 知財高裁平成24年7月4日判決・裁判所ウェブサイト（投資用マンション顧客名簿事件）
【3】 東京地裁平成11年7月23日判決・判時1694号138頁、判タ1010号296頁（美術工芸品顧客名簿事件）
【4】 東京地裁平成16年5月14日判決・裁判所ウェブサイト（作務衣顧客名簿事件）

該当しません。

一方、この従業員が営業秘密の管理を任されていて社外に持ち出す権限も有しているような場合は、不正の手段による取得ということにはなりません。このため、従業員に図利加害目的がある場合（7号）にのみ不正競争防止法違反となります。もっとも、「公益の実現を図る目的で、事業者の不正情報を内部告発する」場合は、図利加害目的には当たらないと解されていますので[5]、結局、その場合には、従業員の行為は7つの類型のどれにも該当しないことになります。

また、不正競争防止法は、営業秘密の取得、使用、開示に関する行為のうち、9つの類型の行為について特に罰則を設けています（21条1項）。民事上の「不正競争」に該当する類型と、刑事上の犯罪となる類型をよく見比べると、ほとんど重なり合っているものの、民事では二次取得者は重過失の場合にも法的責任（損害賠償責任）を負うのに対し、刑事では二次取得者は故意の場合にのみ法的責任（刑事罰）を負うという点で違いがあります。

■まとめ

以上見てきたとおり、不正情報と信じて公益の実現を図る目的で内部告発する場合に不正競争防止法に基づいて刑事罰が科されることはありませんし、不正競争防止法違反を理由に損害賠償や行為の差止がされることもありません。ただし、これらの行為が企業の就業規則等に違反したり、別の理由で損害賠償請求の対象になったりする可能性はありますので、就業規則等を確認する必要はあります。また、情報提供した従業員が雇用主から労働者として不当な扱いを受けないかどうかについては、別途、公益通報者保護法の実効性も考慮した検討が必要です（12-4参照）。

【5】 経済産業省知的財産政策室編著『逐条解説不正競争防止法　平成23・24年改正版』183頁（有斐閣、2012）

参考判例❶

知財高裁平成23年6月30日判決・判時2121号55頁、裁判所ウェブサイト（LPガス事件）

一般燃料および燃料器具の販売会社が、配送業者に対し、ガスボンベにLPガスを充てんした上で顧客に対するLPガスの配送を委託し、必要な顧客名簿を交付した。その後、両者の関係が悪化し、取引は解消されたが、それ以降も配送業者が配達先であった顧客に対する勧誘行為を行ったことから、販売会社が配達業者に対して不正競争防止法の「営業秘密の不正使用」などを理由として損害賠償など求めて提訴した事案。

裁判所は、①販売会社は顧客名簿をパソコンで管理していたがパソコンを使用できる従業員であれば誰でも閲覧可能であったこと、②販売会社は配達業者に対して顧客名簿が営業秘密であると伝えたことも管理方法を指示したこともなかったこと、③新たな顧客を獲得する都度メールやファックスで追加の指示をしたがその際も秘密であると明示しなかったこと、④配達業者の側でも顧客名簿をパソコンで管理していたがパソコンを使用できる従業員であれば誰でも閲覧可能であったこと、⑤新たな顧客の入力は配達業者側で行っていたこと、などから、顧客名簿は秘密として管理されておらず、「営業秘密」に該当しないと判断した。

また、両者間の委託契約書に「一般消費者等の秘密を他に洩らしてはならない」との記載が定められていたことについては、それによって顧客名簿の秘密管理性が認められるわけではないとした。

12-4

取材協力者の保護と公益通報者保護法

Q 取材協力者が勤務先から報復人事を受けるのではないかと恐れています。公益通報者保護法があるからそのような心配は必要ないと考えて良いでしょうか？

A 公益通報者保護法の要件を満たす場合のほか、一定の場合には報道機関への情報提供を理由とした懲戒処分は無効とされます。ただし、法律で保護されているから絶対安心というわけではありませんので、適切な配慮が必要です。

KEY POINT

- 公益通報者保護法は、一定の要件の下、従業員等が勤務先の不正をマスコミに通報したことなどを理由に解雇や降格などの不利益な取扱いをすることを禁止している。
- 公益通報者保護法により保護されるための要件を満たさない場合でも、労働契約法の解釈として、マスコミへの情報提供を理由とした解雇等が無効となる余地がある。
- 取材協力者を守るためには、取材協力者の意向を踏まえて、匿名性の確保に必要な配慮をすることも大切である。

平成18年に施行された公益通報者保護法は、一定の条件の下、従業員等が勤務先の不正をマスコミに通報したことなどを理由に解雇や降格などの不利益な取扱いをすることを禁止しています。また、この法律で保護されるための要件には該当しない場合でも、労働者保護の観点から、真実性や真実相当性など一定の条件を満たす場合には、労働契約法の解釈として、解雇等が無効となると考えられています。

ここでは、こうしたマスコミに対する情報提供と、取材協力者の労働者としての保護について見ていきます。

■公益通報者保護法の「通報対象事実」とは

公益通報者保護法は、勤務先の不正に関する通報を全て保護の対象とするわけではなく、同法で定義する「通報対象事実」に該当する不正の通報に限って保護の対象としています。

「通報対象事実」は、「公益通報者保護法別表第八号の法律を定める政令」によって、多数の法律名を具体的に列挙する形で指定されています。政令に列挙された法律の中で、①罰則の対象とされている事実、または、②行政処分の対象とされている事実（ただし、その行政処分に従わないと罰則が科されるものに限ります。）であれば、「通報対象事実」に該当します。

例えば、食品偽装を例に見てみると、まず、「食品衛生法」は政令が指定する法律に含まれており、かつ、食品偽装（「公衆衛生に危害を及ぼすおそれがある虚偽の又は誇大な表示又は広告」（20条））は罰則の対象となっていますので（72条1項）、食品偽装を行っているという事実は「通報対象事実」に該当します。ほかにも上司が会社の備品を横領（刑法の横領罪に該当）しているのを見つけたような場合、刑法も政令で指定されていますので、「通報対象事実」に該当します。

■マスコミ等への通報（外部通報）が保護される要件とは

公益通報者保護法は、保護の対象となる通報先として、①勤務先自身に対する通報、②監督官庁に対する通報、③マスコミなどの第三者に対する通報、の3つを定めています。

ただし、これらの3つの通報先は並列的ではなく、まずは、勤務先に通報することを優先し、マスコミなどの第三者に対する通報はやむを得ない場合の最終手段という位置づけになっています。

具体的には、勤務先等（代表者や上司などのほか、勤務先所定の通報窓口など）に対する通報の場合は、通報対象事実が生じ、またはまさに生じようとしていると「思料」して通報すれば足りるの対し、監督官庁に対する通報の場合は「信ずるに足りる相当の理由」があって通報しなければ保護の対象にはなりません。

さらに、マスコミ等の第三者に対する通報（外部通報）については、「信ずるに足りる相当の理由」に加えて、①勤務先等や監督官庁に通報すれば解雇その他不利益な取扱いを受けると信ずるに足りる相当の理由がある場合（3条3号イ）、②勤務先等に通報すれば証拠が隠滅、偽造、変造されるおそれがあると信ずるに足りる相当の理由がある場合（同ロ）、③公益通報をしないことを正当な理由がなく勤務先から要求された場合（同ハ）、④勤務先等に書面（電子メールでもよい）で内部通報してから20日経過しても調査をする旨の通知や実際の調査開始がない場合（同ニ）、⑤個人の生命又は身体に危害が発生し、又は発生する急迫した危険があると信ずるに足りる相当の理由がある場合（同ホ）のいずれかに該当する場合でなければ、保護の対象とはなりません。

■通報先としてのテレビ局の妥当性

外部通報の通報先は、「通報対象事実を通報することがその発生又はこれによる被害の拡大を防止するために必要であると認められる者」（3条3号）でなくてはならないとされていますので、マスコミに通報する場合でも、真摯に対応することが期待できるマスコミであることが求められます。

この点、裁判例の中には、通報先のマスコミ（週刊誌）が何らの裏付け取材を行わずに記事を掲載した事案に関し、「少なくとも本件に関する限り」、「その者に対し当該通報対象事実を通報することがその発生又はこれによる被害の拡大を防止するために必要であると認められる者」（3条3号）にも該当しないとしたものがあります（参考判例①）。しかし、通報先のマスコミが取材を尽くすかどうかは通報者からは預かり知らない事情ですので、通報者の保護に欠けます。これについては、あくまで一般的に判断すべきとの指摘があります[1]。

もっとも、テレビ局であれば通常は、「通報対象事実を通報することがその発生又はこれによる被害の拡大を防止するために必要であると認められる者」に該当すると考えられますし、参考判例①を前提にしても、通常の取材を尽くして報じていれば適切な通報先と認められることになるでしょう。

■公益通報者保護法の効果

上の諸条件を満たす公益通報を行った者については、勤務先等は、本人に降格や減給などの不利益な処分を行ってはなりません。

具体的には、直接雇用している者については、公益通報したことを理由とする解雇（3条）、不利益処分（5条1項）が禁止され、派遣従業員については、派遣契約の解除（4条）、不利益処分（5条2項）が公益通報者保護法により禁止されています。

もっとも、公益通報者保護法は、公益通報とは別の理由で解雇することや、通常の人事異動での異動まで禁止しているわけではありません。したがって、別の理由での解雇や定期異動での左遷などがあった場合、これらが無効であると主張するためには、従業員の側が、それが実際には不利益処分であることや、公益通報したことを理由としたものであることなどを立証しなければなりません。これは従業員にとって高いハードルとなっています。

■労働契約法の解釈としての無効な懲戒処分

通報の内容が「通報対象事実」に該当しない場合など、公益通報者保護法の保護の対象とならない場合であっても、労働者保護の観点から通報者が保護される場合があります。

【1】　金久保茂「マスコミに対する内部告発と懲戒解雇の有効性」ジュリスト1455号128頁

すなわち、これまでの裁判例では、①内部告発の内容（真実性ないし真実相当性）、②内部告発の目的（公益性の有無・程度）、③手段・態様の相当性、などを総合考慮して、当該内部告発が正当と認められる場合には、仮に就業規則違反があったとしても、告発を理由とする懲戒解雇は「客観的に合理的な理由」（労働契約法15条または16条）を欠き無効となるとされています（マスコミに対する告発として、参考判例①）。

このうち、真実ないし真実相当性の要件については、テレビ局に対する通報が問題とされた裁判例において、これが否定される場合には、その他の要件を検討するまでも無く懲戒解雇は有効としています（参考判例②）。

また、手段・態様の相当性については、通報者が企業内で不正行為の是正に努力したものの改善されないなど手段・態様が目的達成のために必要かつ相当なものであるか否かについて、個別の事案ごとに判断することになります。

このように、公益通報者保護法の保護の対象とならない場合であっても、真実性相当性を始めとする一定の条件を満たせば、労働者保護の観点からの保護を受けることができます。

■取材協力者との信頼関係が大切

実際には、会社に知られてしまうと、いくら法令で禁止されていても懲戒処分や不利益処分を強行する勤務先はありますし、そうなると、訴訟等でこれを覆すことに困難を伴うことも少なくありません。

また、具体的な懲戒処分や不利益処分を受けなくとも、職場の皆が知るところとなれば、人間関係もまずくなり、職場に居づらくなったり、結局自ら退社せざるを得ない状況に追い込まれてしまう場合もあります。

例えば、平成26年6月に発覚した下関市障がい者施設における施設利用者に対する職員の暴行事件は、別の職員がテレビ局に対して暴行の様子を隠し撮りしたビデオと共に通報したことにより明るみに出ました。しかし、この職員はその1年前には市役所にビデオを持って通報していたにもかかわらず市役所は何らの対策も取らず、その後も暴行が継続していたことも判明しました。また、報道によると、通報を行った職員は、その後、結局自主退職に追い込まれてしまったそうです[2]。

同年6月10日には消費者庁が「公益通報者保護制度の実効性の向上に関する検討会」を立ち上げ、同年9月11日には日弁連が「公益通報者保護法日弁連改正試案」を公表するなど、公益通報者の保護を手厚くすべく検討がなされていますが、まだ実現するには至っていません（2016年5月1日現在）。

現状では、取材協力者の意向をよく確認し、匿名を希望するにはどの程度の匿名性を確保するのか、勤務先が取材協力者を特定する手掛かりがないかなど十分に検討し、可能な限り取材協力者の受ける不利益を未然に防ぐことが望ましいと言えるでしょう。ただし、他方で、報じる内容によっては、内容自体から取材協力者が推知されてしまうケースも考えられるなど、匿名性が絶対に維持されると保証することもできません。できない約束はせず、想定されるリスク等についても誠実に情報を提供した上で、情報提供者の判断を仰ぐことが大切です。

いずれにしても、取材者側には、正確な知識と取材協力者との信頼関係の構築が重要と言えるでしょう。

参考判例❶

東京地裁平成23年1月28日判決・労判1029号59頁（学校法人田中千代学園事件）

服飾の専門学校および短期大学を運営する学校法人に総務課長として勤務する嘱託職員が、①学校法人の元理事長が退職金規定を手続き違反を犯して遡及的に改正したこと、②元理事長が自らの決裁で自らを理事長退任と同時に顧問とする顧問契約を締結させたこと、などを週刊誌に告発したところ、実際に週刊誌がそれに沿った内容の記事を掲載したことから、専門学校がこの嘱託職員を就業規則違反を理由に懲戒解雇し、その解雇の有効性が争われた事案。

裁判所は、「本件のような内部告発事案においては、①内部告発事実（根幹的部分）が真実ないしは原告が真実と信ずるにつき相当の理由があるか

【2】 2015年6月16日放送TBSテレビ「NEWS23」

否か（以下「真実ないし真実相当性」という。）、②その目的が公益性を有している否か（以下「目的の公益性」という。）、そして③労働者が企業内で不正行為の是正に努力したものの改善されないなど手段・態様が目的達成のために必要かつ相当なものであるか否か（以下「手段・態様の相当性」という。）などを総合考慮して、当該内部告発が正当と認められる場合には、仮にその告発事実が誠実義務等を定めた就業規則の規定に違反する場合であっても、その違法性は阻却され、これを理由とする懲戒解雇は「客観的に合理的な理由」を欠くことになるものと解するのが相当である」との判断基準を示した上で、本件では、①真実ないし真実相当性、②目的の公益性、③手段・態様の相当性、のいずれも認められないので正当な内部告発とは言えないと結論付けた。

公益通報者保護法については、「通報対象事実」（2条3項）に関する主張が全くなく、また、「通報対象事実が生じ、又はまさに生じようとしていると信ずるに足りる相当の理由」（3条3号）が認められず、また、本件週刊誌の記者が「内部告発事実について原告から実名報道の了解を得ただけで、被告に対する反対取材（本件内部告発の裏付け取材）を全く行わないまま本件週刊誌を発刊」していることを理由に、「少なくとも本件に関する限り」、「その者に対し当該通報対象事実を通報することがその発生又はこれによる被害の拡大を防止するために必要であると認められる者」（3条3号）にも該当しないとした。

参考判例❷

大阪地裁平成17年4月27日判決・労判879号26頁（アドベンチャーワールド事件）

動物園の従業員が、動物園が不必要に厳しい調教やコスト削減のための大幅な餌の削減などによってゾウを死亡させたと考え、その事実を広く公表する目的で、調教の模様を撮影したビデオテープをテレビ朝日に提供すると共に、テレビ朝日のインタビューに応じて上記の認識を実名で証言したところ、実際にテレビ朝日がそれに沿った内容の放送を行ったことから、動物園がこの従業員を就業規則違反を理由に懲戒解雇し、その解雇の有効性が争われた事案。

裁判所は、「内部告発が正当なものであるというためには、少なくとも、告発した内容が重要部分において真実であるか、仮に、真実でなかったとしても、真実と信ずる相当な理由のあることを要するというべきである」との基準を示した上で、動物園が不必要に厳しい調教やコスト削減のための大幅な餌の削減をした事実は認められず、そのように信じた相当な理由も見当たらないとして、その余の点を検討するまでもなく、内部告発は正当性を有するとは言えず、懲戒解雇は解雇権の濫用に当たらず有効であると結論付けた。なお、この時点では公益通報者保護法は施行されておらず、争点となっていない。

12-5

取材活動と特定秘密保護法

Q 安全保障関連法制に関連して、ニュースや報道特集で報じるために関係者を取材しています。信頼関係を構築した相手との酒席で情報を得たりすることもありますが、特定秘密保護法に違反したとして処罰されることはないでしょうか。

A 取材対象者から酒席で情報を得ることは通常の取材手法の1つですので、仮に「特定秘密」に該当する情報を入手したとしても処罰されることはありません。

KEY POINT

- 取材方法が法令に違反するか、または著しく不当な方法による場合でない限り、取材活動が特定秘密保護法違反に問われることはない。
- 著しく不当な方法とは、「取材対象者の個人としての人格を著しく蹂躙する等、法秩序全体の精神に照らし、社会観念上是認することのできない態様」をいう。
- 報道機関の記者が通常用いている取材手法は、およそ「著しく不当な方法」には該当しない。

平成 26 年 12 月 10 日に施行された特定秘密保護法は、行政機関の長が特定秘密と指定した情報（3 条 1 項）を第三者に漏らす行為（漏えい罪：23 条 1 項・2 項）や、所定の目的や方法による取得行為（取得罪：24 条）を処罰するとともに、それらの共謀、教唆、煽動行為（25 条 1 項・2 項）についても処罰するとしています。報道業務に従事する者は、日常的に、特定秘密を扱う国家公務員等に接することになりますが、取材対象者に対する働きかけや情報収集が特定秘密保護法違反となって処罰されるおそれはないのでしょうか。ここでは取材活動と特定秘密保護法の関係について解説します。

■特定秘密保護法の目的と概要

特定秘密保護法は、我が国の安全保障に関する情報のうち特に秘匿することが必要であるものについて、特定秘密の指定及び取扱者の制限その他の必要な事項を定めることにより、その漏えいの防止を図り、もって我が国及び国民の安全の確保に資すること（1 条）を目的とする法律です。

具体的には、各行政機関の長が、その漏えいが我が国の安全保障に著しい支障を与えるおそれがあるため特に秘匿することが必要である情報を「特定秘密」として指定し（3 条 1 項）、その提供や取得を制限しています。

立法の過程では、国民の知る権利や報道機関の報道の自由を著しく制約するものだとして厳しく批判され、不完全ながらも、条文や条文の解釈に関する政府答弁などにおいて、報道の自由に対するそれなりの配慮が見られます。こうした配慮は、主に、取得罪の構成要件の厳格さ、取材・報道の自由の配慮規定などに見ることができます。

■漏えい罪とその共謀、教唆、煽動

特定秘密を取り扱うことを業務とする者や、特定秘密を行政機関から適法に提供された者が、保有する特定秘密を第三者に漏えいする行為は、漏えい罪として処罰されます（23 条 1 項・2 項）。漏えい罪には、特定の目的や方法に関する要件がありませんので、漏えいの目的や手段にかかわらず、とにかく漏えいすれば形式的には漏えい罪に該当することになります。

そして、漏えいの共謀、教唆、煽動も処罰されますので（25条1項・2項）、特定秘密を取り扱う国家公務員等を唆して特定秘密を入手すると、形式的には漏えい罪の教唆に該当する可能性が出てきます。

もっとも、報道機関による通常の取材行為については、後で説明する取材・報道の自由への配慮規定（22条2項）により正当な業務行為とみなされる結果、特定秘密保護法違反の責任を問われることはありません。

■取得罪

特定秘密保護法は、「外国の利益若しくは自己の不正の利益を図り、又は我が国の安全若しくは国民の生命若しくは身体を害すべき用途に供する目的」で、「人を欺き、人に暴行を加え、若しくは人を脅迫する行為」により、又は「財物の窃取若しくは損壊、施設への侵入、有線電気通信の傍受、不正アクセス行為その他の特定秘密を保有する者の管理を害する行為」により、「特定秘密を取得」する行為を、取得罪として別途処罰の対象としています（24条）。

しかし、取得罪は、以上のとおり不正な目的で特定秘密を取得する行為のみを処罰するものですので、通常の取材行為の一環として取得する限り、該当することはありません。

■取材・報道の自由への配慮規定（22条2項）

特定秘密保護法は、取材・報道の自由に配慮して、「出版又は報道の業務に従事する者の取材行為については、専ら公益を図る目的を有し、かつ、法令違反又は著しく不当な方法によるものと認められない限りは、これを正当な業務による行為とするものとする」（22条2項）との規定を設けています。

これは、以下の条件に合致する取材行為が正当業務行為であることを明確にするための規定で、正当業務行為に該当するということは、民事、刑事を問わず、法的責任を負わないということです。

以下、「出版又は報道の業務に従事する者」「専ら公益を図る目的」「法令違反」「著しく不当な方法」の各要件について、テレビ局関係者の取材活動にどのように適用されるのかを具体的に見ていきます。

■「出版又は報道の業務に従事する者」

「出版又は報道の業務に従事する者」とは、「不特定かつ多数の者に対して、客観的事実を事実として知らせることや、これに基づいて意見または見解を述べることを職業その他の社会生活上の地位に基づき継続して行う者」を言うとされています（第185回国会平成25年10月30日衆議院国家安全保障委員会第3号〔岡田副大臣〕）。テレビ局や番組制作会社の記者、ディレクター、カメラマンその他の関係者は、全て問題なくこれに該当します。

■「専ら公益を図る目的」

「専ら公益を図る目的」については、通常の取材行為である限り、「テロリストが報道機関と偽ってテロのために情報を収集している場合などの例外」を除いて、「専ら公益を図る目的」に該当するとされています（第185回国会平成25年11月8日衆議院国家安全保障委員会第9号〔森国務大臣〕）。したがって、テレビ局や番組制作会社の関係者が番組の取材のために行っている行為であれば、問題なく認められます。

■法令違反

「法令違反」については、立法過程ではほとんど議論がありませんでしたが、外務省秘密漏えい事件最高裁判決（2-6参考判例①参照）を意識して条文化されていることに照らせば、一般の刑罰法令違反を指すものと考えられます。

実際に想定される「法令違反」の例としては、取材対象者に対する贈賄（刑法198条）、脅迫（222条）、強要（223条）等を伴う場合、情報が記録された媒体に関する窃盗（235条）、詐欺（246条）などの財産罪を伴う場合、情報が保管されている場所への侵入に関する建造物侵入罪（130条）、電波傍受やハッキングなどに関する電波法違反や不正アクセス禁止法違反を伴う場合などが考えられます。

■「著しく不当な方法」

「著しく不当な方法」とは、「取材対象者の個人としての人格を著しくじゅうりんする等、法秩序全体の精神に照らし、社会観念上是認することのできない態様のもの」を指すとされます（第185回国会平成25年11月11日衆議院国家安全保障委員会第10号〔鈴木政府委員〕)。

また、少なくとも次の11類型の方法による取材は、「著しく不当な方法」には該当しないとされています（第185回国会平成25年11月12日衆議院国家安全保障委員会第11号〔森国務大臣〕、内閣官房特定秘密保護法施行準備室「特定秘密の保護に関する法律【逐条解説】」124頁)。

すなわち、①夜討ち朝駆け、②複数回、頻繁にわたるメール、電話、直接の接触、③個人的関係などに伴うコミュニケーション又は飲食、④たまたま入室可能な状態となっていた部屋に入り、閲覧可能となっている状態のパソコン画面あるいは紙媒体の特定秘密を閲覧、⑤裏向きで机上に放置されている情報を裏返して閲覧、写真撮影を行うこと、⑥省エネモードになっているパソコンをワンタッチすることで起動して、パスワード等の設定されていないデータを閲覧、⑦特定秘密取扱業務者の関係者及び周辺者に対する取材、⑧特定秘密取扱業務者に関係の深い部局担当者への取材、⑨特定秘密を知得しているであろう政治家への取材、⑩特定秘密取扱業務者の家族への取材、⑪適合事業者への取材等です。

ここに挙げられた11類型の取材手法を見ると、報道機関の記者が日常的に行う取材活動の多くを網羅していますので、日常の取材を行っている限り、「著しく不当な方法」に該当しないことは明らかと考えられます。

また、ここに挙げられた11類型は、あくまで該当しないものの例示にすぎませんので、これらに該当しない取材手法であっても、社会通念上「著しく不当」でなければ、特定秘密保護法違反の責任を問われることはありません。

■問題点

以上のとおり、特定秘密保護法は、取材活動全般を不処罰とする形を取るのではなく、正当業務行為とみなされるための条件を記載するという形にとどまっており、捜査機関による捜査を制限する内容ともなっていません。このため、最終的に有罪とされることはないとしても、捜査機関の判断によってひとまず捜査対象にされ、逮捕、捜索、差押え等を受けるといった懸念が否定できません。今後とも、同法の運用について、その動きを厳しく注視していく必要がありそうです。

12-6

刑事事件の証拠の入手と刑事訴訟法等

Q 刑事事件の弁護人から、裁判に提出された証拠のコピーを提供してもらい、放送に使用することを検討しています。どのような点に注意する必要があるでしょうか。

A 被告人や弁護人は、一定の刑事事件の証拠を本来の目的以外のために第三者に渡したりすることが禁止されていますので、慎重な対応が必要です。

KEY POINT

- 被告人や弁護人は、刑事事件の審理のために検察官から開示された証拠を、他の目的のために第三者に渡したり見せたりすることが禁止されている。
- 少年審判の証拠や、法廷に未提出の証拠など、公開されていない証拠の場合も、弁護士等が正当な理由なく第三者に開示することが禁止される場合がある。
- 刑事事件の証拠には関係者の名誉やプライバシーに関わる情報が含まれるため、取扱いには細心の注意を払う必要がある。

刑事事件の詳細を報じたり、刑事訴訟制度の問題点を指摘したりする番組を制作する際に、弁護人等の関係者から証拠を見せてもらったり、証拠自体を撮影して放送したりすることが考えられます。最近は、取調べの状況が録画されることもあるため、録画テープを入手して放送することも考えられます。しかし、弁護人や被告人は、刑事事件の証拠の取扱いについて、一定の制約を受けていますので、注意が必要です。

■開示証拠の目的外使用の禁止

刑事裁判で、被告人や弁護人は、審理の準備のために証拠を閲覧したり謄写したりすることができます。しかし、刑事事件の証拠には、関係者の名誉やプライバシーに関わるものも含まれるため、その取扱いには配慮が求められます。そのため、被告人や弁護人（これらであった者を含む）は、検察官から閲覧・謄写の機会を与えられた証拠の複製物を、本来の目的以外のために、①他人に交付すること、②他人に見せること、③インターネットを通じて取得可能な状態に置いたり電子メールで送信したりすることが禁止されています（刑訴法281条の4第1項）（以下「目的外使用」といいます。）。目的外使用は、これらの証拠が公開法廷で取り調べられた後も、引き続き禁止されます。なお、証拠の概要だけを口頭で伝えるような行為は、ここで禁止される目的外使用には含まれません。

以上のような目的外使用には罰則もあります（同法281条の5）。まず、被告人の場合は、目的外使用を行った場合には常に罰則の適用があります（同条1項）。他方で、弁護人の場合は、「対価として財産上の利益その他の利益を得る目的」がある場合に限って罰則の適用があります（同条2項）。

■目的外使用禁止の対象とならない証拠

以上のように目的外使用が明文で禁止されているのは、刑事事件の審理の準備のために検察官から開示された証拠が対象の場合です。それ以外の経緯で取得した証拠、例えば①確定した事件について刑事確定訴訟記録法により閲覧の機会が与えられた証拠、②再審請求の段階で検察官が任意に閲覧・謄写の機会を与えた証拠、③関連する民事訴訟における文書送付嘱託を受けて複製された証拠などは、こういった規制の対象とはされていません[1]。

もっとも、そのような証拠であっても、関係者の名誉やプライバシーへの配慮が必要であることには変わりありません。

■証拠を開示した弁護士に対する弁護士会の懲戒処分

目的外使用を行った弁護士は、上記のような罰則や関係者からの民事上の損害賠償請求（民法709条、710条）のほか、弁護士としての「品位を失うべき非行」に当たるとして、所属する弁護士会からの懲戒処分の対象となる可能性があります（弁護士法56条）。実際に懲戒処分を含むこれらの措置の対象となるかどうかについては、目的外で使用された証拠の内容や、目的外使用の動機・態様、関係者の権利侵害の有無、その証拠は刑事裁判で取り調べられたものか、などの事情を考慮して、決定されることになります（刑訴法281条の4第2項）[2]。

この点、実際に弁護士会の懲戒処分が問題とされた事案として、無罪が確定した事件の弁護人だった弁護士が、被告人の承諾を得た上で、その被告人の取調べの様子を録画した映像（法廷に証拠として提出されており、これが無罪の決め手となった）をNHKに提供したというケースがあります。

NHKが平成25年4月に、「取り調べの可視化」をテーマとして、映像や音声を一部加工した上でこの映像を放送したところ、同年5月に大阪地検が、弁護士によるNHKへの映像提供は証拠の目的外利用に当たるとして、大阪弁護士会に弁護士の懲戒を請求しました。大阪弁護士会は、形式的には目的外使用に当たるとしながらも、プライバシーに配慮されており実害が生じていないことや、取調べの可視化の議論のためという社会性のある目的のためになされていることなどを理由として、懲戒すべき事案に

【1】 安冨潔『刑事訴訟法 ［第2版］』326頁（三省堂、2013）

【2】 河上和雄ほか編『大コンメンタール刑事訴訟法［第2版］第5巻』459頁（青林書院、2013）によれば、刑訴法281条の4第2項の「前項の規定に違反した場合の措置」は、弁護士会による懲戒処分や被害者からの損害賠償請求などが当たるとされている。また、この「措置」に形式的には罰則の適用は含まれないが、実際上は同様の事情が考慮されるとも指摘されている。

は当たらないと判断しました。この判断に大阪地検は異議申立てをせず、この判断は確定しています。

事例判断ではあるものの、今後同種のケースについて検討する際の重要な手掛かりとなるケースと言えます。

■刑法の秘密漏示罪

弁護士や医師など一定の職業[3]にある者は、「正当な理由」がないのに、業務上取り扱ったことについて知り得た「人の秘密」を漏らすと、秘密漏示罪として処罰されることもあります。すでに法廷で取り調べられ、内容が公開されている情報であれば、ここでいう「秘密」には当たらないと考えますが、そのような状況になく、いまだ公開されていない情報については、秘密漏示罪の対象となるおそれがあります。非公開手続である少年審判の記録などもこれに該当する可能性があります。

この点が問題とされた事案として、平成18年6月に発生した少年事件に関する情報漏えい事件があります。この事件では、少年の精神鑑定を行った精神科医が、少年審判手続進行中に、フリージャーナリストらに供述調書などの資料を閲覧させるなどした行為について、「正当な理由」に基づくものとは言えないとして、秘密漏示罪に当たるとされました[4]。この事件は、取材を依頼したフリージャーナリストらは「コピーはしない」旨を精神科医に口頭で告げていたにもかかわらず、実際には精神科医に無断で複写し、それをそのまま転載するなどして「僕はパパを殺すことに決めた」と題する書籍を出版したという特異なケースであり、報道[5]によれば、フリージャーナリストの行為が罪に問えないかについても捜査段階で問題とされましたが、結論としては不起訴処分となっています。

【3】医師、薬剤師、医薬品販売業者、助産師、弁護士、弁護人、公証人又はこれらの職にあった者が該当する（刑法134条）。

【4】奈良地裁平成21年4月15日判決・判時2048号135頁（鑑定医秘密漏示事件）。控訴、上告されたが有罪が確定。

【5】『朝日新聞』2007年11月3日東京朝刊39面

■報道機関は禁止の対象ではない

以上のとおり、一定の証拠については、被告人や弁護人は、第三者に交付したり、見せたりすることを禁止されています。

他方で、報道機関については、これらを受け取ったり、見せてもらったりすることは、直接的には禁止されていません。報道機関側から提供を依頼した場合には教唆などとして処罰の対象となる余地も考えられないではありませんが、少なくとも、目的が正当な取材活動であって、その態様が取材活動として相当な範囲内と言える場合には、正当な業務による行為として、処罰の対象とはならないと考えます（2-6参照）。

もっとも、刑事事件の証拠には、関係者の名誉やプライバシーに関わる情報が多く含まれるため、それらをそのまま放送で使用したり、漏えい・紛失したりすると、名誉毀損やプライバシー侵害となるおそれがあります。使用や保管に際しては、細心の注意が必要です。

■実際の対応

刑事事件の審理の準備のために検察官から開示された証拠の目的外使用については、上記のとおり、被告人による場合は常に罰則の適用があるのに対し、弁護人による場合は「対価として財産上の利益その他の利益を得る目的」がある場合に限って罰則の適用があります。罰則の適用がない場合でも弁護士が懲戒請求を申し立てられる可能性は否定できませんが、上で紹介したNHKへの映像提供のケースのように関係者の権利にも十分に配慮されており実害がなく、公益を図る目的によると言える場合には、懲戒処分とされない可能性が高いと言えそうです。これらを踏まえると、刑事事件の審理の準備のために検察官から開示された証拠については、被告人からではなく、弁護人から入手することを心掛けるほうが望ましいということは、言えるかもしれません。また、上記「目的外使用禁止の対象とならない証拠」の①から③のように、別のルートによって同じ証拠を入手できないかも検討すべきでしょう。

また、秘密漏示罪の対象となる情報の場合には、「正当な理由」の有無の判断も含めて慎重な対応が必要でしょう。上述の「僕はパパを殺すことに決めた」の事案では、医師の行為に「正当な理由」はないとされました。この事案固有の事情に基づく結論でもあり、必ずしも広く一般化されるべき結論ではないと考えますが、単に主観的に「正当な理由がある」と考えただけでは正当化されないとは言えますので、慎重な判断が必要でしょう。

いずれにしても、プライバシーや名誉など関係者の権利には細心の注意を払うこと、いまだ非公開の資料については「正当な理由」の有無を念頭に置くこと、入手元を秘匿することを条件に提供を受ける場合など取材源を秘匿する必要がある場合は秘匿を徹底すること、などにも留意する必要があるでしょう。

Column

日本の検察審査会と米国の大陪審

検察審査会は、有権者の中からくじで選ばれた11人の検察審査員で構成され、検察官がした不起訴処分の当否を審査する組織で、地方裁判所および主な支部ごとに設置されています。

あまり知られていませんが、この検察審査会は、米国の「大陪審」をモデルとして作られています。「大陪審」は、一定以上の重大な犯罪については、市民から選ばれた「大陪審」が起訴すべきと判断した場合のみ起訴するという制度で、今でも米国の連邦政府や多くの州政府が「大陪審」制度を採用しています。陪審制が始まった英国では、伝統的に有罪無罪を判断する陪審は12人の陪審員、起訴不起訴を判断する陪審は23人の陪審員でそれぞれ構成されていたため、前者を「小陪審」、後者を「大陪審」と呼ぶようになりました。日本人の多くがイメージする陪審は「小陪審」の方です。

さて、第二次大戦後、GHQは、日本に対して、大陪審の採用を強く求めましたが、これに日本が反対し、妥協の産物として取り入れられたのがこの検察審査会制度とされています。戦後採用された検察審査会制度では、検察審査会の議決がなくとも検察官は起訴ができるというだけでなく、検察審査会の判断には法的拘束力がなく、不起訴を維持するかどうかの最終判断も検察官に委ねられているという点で、大陪審とは大きく異なっていました。

しかし、最近の司法制度改革によって検察審査会法が改正され、2009年5月21日から、検察審査会が「起訴議決」することによって、検察官の意思に反しても起訴することができる「強制起訴」制度がスタートしました。こうして、検察審査会は発足から60年余を経て、本来の「大陪審」制度により近づくことになったのです。ちなみに、裁判員制度も同じ日にスタートしています。

実際に「強制起訴」される事件が出始めると、ニュースでも大きく取り上げられ、急速に社会に認知されるようになってきたことは、ご存知のとおりかと思います。なお、検察審査員は裁判員と同様に評議について守秘義務を負っていますので、取材に際しては十分に配慮してください。

13章

放送後の対応

13-1

放送人権委員会による審理

Q

我々の放送した番組について、BPO（放送倫理・番組向上機構）の放送人権委員会に人権救済の申立てがなされました。どのような対応が必要でしょうか？

A

審理対象となる要件を満たしている場合には、審理が開始されます。審理には、放送局の見解を記載した書面や放送済みテープを提出し、必要に応じて番組担当者などが直接説明を行うことになります。また、決定が出た場合にはこれを放送して視聴者に周知するよう求められることがあります。

KEY POINT

- 放送人権委員会は、名誉、信用、プライバシー、肖像等の権利侵害、およびこれらに係る放送倫理違反について審理する。
- 放送人権委員会は、上記のほか、公平・公正を欠いた放送による著しい不利益を被った者から申立てがあった場合、および放送された番組の取材過程で生じた権利侵害について、自らの判断で審理することができる。
- 放送局は、放送人権委員会に対して、調査に協力し、勧告等に従わなくてはならない。
- 「見解」や「勧告」で求められた場合は、放送局は自ら放送により視聴者に周知しなくてはならない。

放送人権委員会（正式名称「放送と人権等権利に関する委員会」）は、NHKと民放連が共同で設立した第三者機関であるBPO（正式名称「放送倫理・番組向上機構」）における中核的な紛争処理機関として平成9年5月に発足し、これまで重要な役割を果たしてきました。平成19年には、強い調査権限を有する放送倫理検証委員会が新たに設置されましたが、取扱い案件や目的の異なる放送人権委員会の役割が縮小されることはなく、むしろ、平成19年7月1日には取り扱い案件の範囲が拡大されました。ここでは、そのような放送人権委員会の審理についてその概要を解説します。

■放送人権委員会の審理対象

放送人権委員会は、原則として、「名誉、信用、プライバシー・肖像等の権利侵害、およびこれらに係る放送倫理違反に関するもの」を取り扱うとされています（運営規則5条1項1号）。なお、放送倫理違反については、権利侵害に関連するものに限られますので、権利侵害と無関係の放送倫理違反は対象とはなりません。

また、権利侵害以外にも、「公平・公正を欠いた放送により著しい不利益を被った者からの書面による申立てがあった場合は、委員会の判断で取り扱うことができる」（2号）とされています。番組の公平・公正という微妙な判断を伴うものであるため、扱うかどうか自体を委員会が吟味することとされたものです。

最後に、放送前の番組に関わる事項および放送されていない事項は、原則として取り扱わない（3号本文）とされていますが、ただし、放送された番組の取材過程で生じた権利侵害については、委員会の判断で取り扱うことができる（3号ただし書）とされています。

■申立てが可能な期間

申立てが可能な期間については、「原則として、放送のあった日から3か月以内に放送事業者に対し申し立てられ、かつ、1年以内に委員会に申し立てられたもの」と定められています（5条1項4号後段）。「原則として」とありますが、過去に認められた例外としては、放送からは1年以上経過しているものの、申立ての時点でなお放送したテレビ局のウェブサイトに番組の動画が掲載されていたことを理由に、申立てを受け付けた事案があります（決定57号「出家詐欺報道に対する申立て」に関する委員会決定）。

また、審理の対象となる苦情は、「放送された番組に関して、苦情申立人と放送事業者との間の話し合いが相容れない状況になっているもの」でなければならないとされているため、いまだ話合いが続いている場合には審理の対象とはされません（4号前段）。

■裁判手続きとの関係

放送人権委員会は迅速な解決を図るために設置された機関であるため、「裁判で係争中の事案および委員会に対する申立てにおいて放送事業者に対し損害賠償を請求する事案は取り扱わない」とされ（5条1項5号前段）、「苦情申立人、放送事業者のいずれかが司法の場に解決を委ねた場合は、その段階で審理を中止する」とされています（5号後段）。これは、結果として、放送人権委員会と裁判所が同じ事案で異なった事実認定や判断を行って混乱を招くことを防ぐことにもつながっています。

■苦情申立てができる者

苦情を申し立てることができる者は、「その放送により権利の侵害を受けた個人またはその直接の利害関係人」を原則としています（5条1項6号本文）。また、団体からの申立てについては、「委員会において、団体の規模、組織、社会的性格等に鑑み、救済の必要性が高いなど相当と認めるときは、取り扱うことができる」としています（6号ただし書）。

運営規則には「利害関係人」の範囲についての明確な定義がありませんが、放送法9条1項で訂正放送の申立てをできる主体である「利害関係人」と同様の範囲と考えるのが妥当と言えそうです（13-3参照）。

■個人に対する申立てやCMに関する苦情

放送番組制作担当者個人に対する申立て（5条1項7号）は、審理の対象としないとされています。また、CMに関する苦情（8項）は、原則として取り扱わないとされています。

■苦情申立手続き

放送人権委員会に対する苦情申立ては、事務局に対し、放送人権委員会が定める様式の書面によって行う必要があります（6条1項）。口頭での申立てや、放送人権委員会所定の様式と異なる書面による申立ては認められていません。

■審理の手順と手続き

申し立てられた苦情の受理および審理の手続きは、別に定める内規によるものとされています（6条2項）。この内規は公表されていませんが、基本的には、苦情申立人と当該放送局がお互いに提出した書面の内容に基づき審理が進められていきます。

まず、書面による申立てがなされると、この段階で「審理要請案件」となります。放送人権委員会事務局は、申立ての主体、期間、形式などの形式要件を満たしているかどうかを判断します。その上で、事務局は当該放送局に対し、これまでの交渉の過程を含めた「事案の経過」と、「放送局の見解」を記載した書面（答弁書）の提出を求めます。

放送人権委員会は、申立書と答弁書、必要に応じて放送済みの同録テープなどを提出させて（8条）審査した上で、審理対象とすべき実質要件を満たしているかどうかを検討し、満たしていると考える場合は、審理に入る旨を決定します。なお、事案によっては、放送局からの答弁書の提出を求めずに審理に入らない旨の決定を行う場合もあります。

実質的な審理に入ると、双方からさらに追加して意見を記載した書面（反論書、再答弁書）を提出します。

その上で、期日を指定し、申立人、放送局双方の意見を直接聞きます（8条）。申立人には代理人弁護士が同席するケースが増えてきているようです。また、放送局側の人選は放送局側が自ら行いますが、実際の番組制作担当者、責任者のほか、危機管理担当者や法務担当者などが参加するケースが多いようです。

このように、放送人権委員会の審理は、基本的に訴訟に類似した当事者対抗主義を採用しています。

■見解・勧告の通知と公表

放送人権委員会は、これらの調査の結果を踏まえて、最終的に権利侵害の有無や放送倫理違反の有無を判断し、「勧告」または「見解」として取りまとめ、当該放送局および苦情申立人に対して書面により通知するとともに（11条1項）、BPOの構成員に対して通知し公表を行います（2項）。加えて、放送人権委員会は、放送局に対し、審理の結果を放送し、視聴者に周知することを求めることができます（5項）。

「勧告」は検証の結果、委員会が強く放送局に改善を促すもの、「見解」は、勧告までには至らないものの、委員会が何らかの考え方を示したものです。そして、「見解」には、放送倫理上問題があると判断するものと、放送倫理上問題がないと判断するものがあります。

これまで（平成28年5月25日現在）に出された60件の決定の内訳は、問題がないとする「見解」が18件、問題があるとする「見解」が28件、重大な問題があるとする「勧告」が14件となっています。

■実務上の対応

放送人権委員会は、名誉毀損、プライバシー侵害、肖像権侵害などの人権侵害の有無と、放送倫理上の問題の有無の双方を取り扱います。

このうち、前者の人権侵害の有無は、基本的に、法令や判例を基準として判断されています。また、BPOの決定が出た後に、申立人から放送局に対して損害賠償請求訴訟が提起されることもあります。喫茶店廃業報道事件（決定26号）が典型例です。したがって、放送人権委員会に事案が係属し、または係属しそうになった場合は、弁護士にも相談して対応を検討することが望ましいと考えます。

これに対し、後者の放送倫理上の問題は、各放送局の番組基準やガイドラインなども考慮しながら判断されているようです。人権侵害と違って、放送倫理の問題については、弁護士も必ずしも専門家とは言えないかもしれません。しかし、上記のとおり、放送人権委員会では、あくまで権利侵害に関連する放送倫理違反が審理の対象ですし、委員の構成も弁護士や法学者が多くを占めているようです。よって、放送倫理上の問題についても、やはり弁護士にも相談しながら対応を検討することが望ましいのではないかと考えます。

なお、BPOにおける放送倫理の審理については、本章末尾（432ページ）のコラム「放送倫理違反は何を基準に判断される？」も参照してください。

13-2

放送倫理検証委員会による審理・審議

Q 我々の放送した番組について、BPO（放送倫理・番組向上機構）の放送倫理検証委員会が審理に入りました。どのような対応が必要でしょうか？

A 委員会又は特別調査チームによる調査が行われますのでこれに応じる必要があります。また、決定が出た場合にはこれを放送して視聴者に周知するよう求められることがあります。

KEY POINT

- 放送倫理検証委員会は、放送倫理を高め、番組の質の向上のために、取材・制作の在り方や番組内容について「審議」する。また、虚偽の疑いのある番組で、視聴者に著しい誤解を与えた疑いがある場合は「審理」する。
- 放送局は、放送倫理検証委員会に対して、調査に協力しなくてはならない。
- 番組制作会社もこの調査に協力することを担保するため、放送局は事前にこの制度について周知徹底を図らなくてはならない。

平成19年5月、BPOの新たな審理機関として放送倫理検証委員会が設置されました。これは、放送局の自浄作用と独立性を強化することを目的として設置された委員会で、放送人権委員会に比べて様々な調査権限や調査能力が与えられているなどの特色を有しています。ここでは、このような放送倫理検証委員会の機能と放送局に求められる対応の概要について解説します。

放送倫理検証委員会の役割

放送倫理検証委員会は、いわゆる「あるある大事典Ⅱ」のねつ造問題や放送法改正の動きなどを踏まえ、従来の審理機関である放送人権委員会では対応していない純粋な放送倫理上の問題に対応するためにBPOの新たな審理機関として設置されたものです。

放送人権委員会が、放送によって人権などの権利を侵害されたとする者からの申出について審理するという、被害者救済と一種のADR（裁判外紛争解決手続）としての役割を果たしているのに対し、放送倫理検証委員会は、「あるある大事典Ⅱ」のねつ造問題のように個別の権利が侵害された被害者は存在しないものの、虚偽の放送で社会に大きな影響を与えたような番組について、これを是正するという役割を果たしています。

「審議」と「審理」

放送倫理検証委員会は、「審議」（運営規則4条）と「審理」（5条）という2種類の手続きを用意しています。両者は、その取り扱う対象、検証の手続き、結果の取りまとめ方などについて違いがあります。

まず、両者の取扱い対象の違いについて、当初放送倫理検証委員会は、「放送界全体に共通するテーマ」について「検討」するのが「審議」であり、「委員会が『虚偽』の疑いがあると判断した特定の番組」について「検証」するのが「審理」である、と説明していました[1]。しかし、現在のBPOのウェブサイトでは、「『放送倫理上問題がある』と指摘された番

【1】 検証委平成19年8月6日決定「TBS『みのもんたの朝ズバッ！』不二家関連の2番組に関する見解」（決定1号）

組は審議、『内容の一部に虚偽がある』と指摘された番組は『審理』」と説明されています[2]。両者の説明の整合性については不明ですが、実際の運用としては、これまで（2016年5月25日現在、本項において以下同じ。）に委員会が「審議」を行った19件のうち、「放送界全体に共通するテーマ」を検討対象としたものが2件、個別番組を検討対象としたものが17件となっています。

以下、それぞれの手続きや結果の取りまとめ方などについて詳しく見ていきます。説明の便宜上、「審理」から先に見ていきます。

■「審理」の対象

審理の対象となるのは、内容の一部に虚偽があると指摘された番組です。すなわち、委員会は、「虚偽の疑いがある番組が放送されたことにより、視聴者に著しい誤解を与えた疑いがある」と判断した番組について、放送倫理上問題があったか否かの審理を行うことを決定するとされています（5条1項）。

放送倫理検証委員会は、放送人権委員会と異なり、具体的な被害者による申立てを審理入りの要件としていません。その一方で、委員会の判断で審理対象が無制限に広がることは好ましくありません。このため、「著しい誤解」という多少厳格な要件を付加しています。これまでに審理の対象となった案件は3件にとどまっており、委員会自身も「審理」については抑制的な運用をしているように見受けられます。

■「審理」の端緒

審理に入るかどうかは、それ自体を委員会が判断しますが、実際の端緒としては、①放送局からの報告、②視聴者からの意見、③関係者からの指摘、④新聞・雑誌等での報道などが想定されています（5条2項）。

例えば、放送倫理検証委員会が発足して最初の審理案件となったTBS「みのもんたの朝ズバッ！」の不二家報道問題（参考BPO決定①）では、

【2】 http://www.bpo.gr.jp/?page_id=799

不二家が設置した外部委員会である「信頼回復対策会議」の元委員２名から指摘を受けたのを端緒として審理に入るかどうかが検討されました[3]。

■委員会による調査

放送倫理検証委員会は、案件の難易度に応じて、委員会による調査（6条）と、委員会が設置する特別調査チームによる調査（7条）の２種類の調査を用意しています。

通常の事案の場合、委員会が自ら調査を行います。多くのケースはこの調査によって解決することが想定されています（6条1項）。

具体的には、委員会が委員会事務局を通じて放送局に問い合わせ、放送局から関連資料や放送済みテープなどが委員会に提出されます（2項）。委員会は、これらを見た上で、関係者やその分野の専門家に対して直接ヒアリングを行うことができます（3項・4項）。この関係者には、放送局の職員のほか、番組制作会社の職員も含まれます。こうした調査の際に、番組制作会社の職員がヒアリングなどを拒否したりしないように番組制作会社に対して事前に周知徹底することを、放送局はBPOに対して誓約しています。この調査協力義務は、②委員会が設置する特別調査チームによる調査、③当該放送局が独自に設置する外部調査委員会による調査についても同様です。

この結果を基に、委員会は放送倫理違反の有無について判断をします。

■特別調査チームによる調査

委員会が調査するには手に余るような複雑な事案の場合、委員会が特別調査チームを設置し、調査を行わせることができます（7条1項）。

特別調査チームが行う調査活動も、関係者へのヒアリングが中心であることには変わりがありませんが、現地へ赴いて多数の関係者に当たるなど、より積極的な調査が想定されています。

また、委員会は、特別調査チームの編成などについてアドバイスを受け

【3】 放送倫理検証委員会第１回議事録

るため、事前に調査顧問を委嘱しています。委員会が、特別調査チームによる調査が必要と判断した際には、この調査顧問を中心にチームの編成などを考案して委員会にアドバイスをすることになっており、機動的な運用が図られています（3項）。

これまでに特別調査チームが設置されたのは、平成21年の日本テレビによる「真相報道　バンキシャ！」裏金虚偽放送事件の審理の1件のみのようです。この件では特別調査チームによる調査が実施され、最終的に、放送倫理検証委員会として初めての勧告が出されています（参考BPO決定②）。

■勧告・見解、公表、再発防止計画の策定

委員会は、委員会や特別調査チームの調査の結果を踏まえて、最終的に虚偽の有無や放送倫理違反の有無を判断し、放送局に対して「勧告」または「見解」として取りまとめ、委員会自身が通知と公表を行います（8条1項）。加えて、勧告や見解を受けた放送局は、審理の結果を放送し、視聴者に周知するよう求められることがあります（3項）。

なお、BPOは、「勧告」と「見解」の違いについて、「『勧告』は検証の結果、委員会が強く放送局に改善を促すもの、『見解』は、勧告までにはいたらないが、委員会が何らかの考え方をしめしたもの」と説明しています[4]。

また、委員会は、勧告や見解の中で、必要に応じて再発防止計画の策定を求めることができます（9条1項）。この場合、放送局は1か月以内に再発防止計画を提出するとともに自ら公表し（2項）、委員会は提出された計画について意見を述べます（4項）。さらに、放送局は再発防止策の提出から3か月以内に実施状況を委員会に報告し（3項）、委員会はこの報告に対しても意見を述べ、公表することができます（4項）。

このほか、委員会は、「勧告」の一種として、外部委員により構成される調査委員会の設置を勧告することができます（10条1項）。これについては次に詳しく説明します。

【4】 http://www.bpo.gr.jp/?p=3663

■外部調査委員会の設置勧告

事案に応じ、委員会は、当該放送局に対し、自らによる外部委員により構成される調査委員会の設置を勧告することができます（10条1項）。

例えば、関西テレビによる「あるある大事典Ⅱ」のねつ造問題のように、過去何年にも遡って、全ての番組について膨大な資料に当たり、かつ、多くの番組関係者にヒアリングをしなくては全容を解明できないようなケースでは、BPOが維持運営する特別調査チームによってその全てを行うことは、人員的にも予算的にも困難が予想されます。そういった特殊なケースにおいては、放送局自らに、自らの予算で外部調査委員会を設置させることで対応するのです。

さらに、この場合、放送局がお手盛り的な調査を行わないように、委員会は、放送局が選任する調査委員の人選について意見を述べることができ（2項）、さらに、調査項目について報告や追加変更を求めたり（3項）、期限を定めて調査の進捗状況について経過報告を求めることもできる（4項）とされています。

■放送倫理向上のための「審議」

委員会は、放送倫理を高め、放送番組の質を向上させるため、「放送番組の取材・制作の在り方や番組内容などに関する問題」について「審議」することができます（4条1項）。

そして先に述べたとおり、現在の運用では「放送界全体に共通するテーマ」に加えて、放送倫理上問題があると指摘された個別の番組についても「審議」の対象とされています。

調査権限は「審理」の場合よりは若干制限されるものの、放送局から事情を聞くほか、放送済みテープ等関連資料の提出を求めること（2項）、参考人を招くこと（3項）などができます。

そして、委員会は「審理」と同様に審議結果を「意見」として公表することができます（4項）。ただし、「審理」の場合の「勧告」や「見解」と異なり、「意見」では、再発防止計画の策定を求めることなどまでは想定されていません。

なお、「審理」と異なり、「審議」については端緒に関する定めが運営規則上は見当たりませんが、実際の運用では、上述の審理の場合と同様に扱われているようです[5]。

■実務上の対応

放送倫理検証委員会は、放送人権委員会と異なり、法的な権利侵害の有無が検討されるものではなく、被害者たる申立人も存在しません。しかし、近時の運用実態としては、特定の番組によって具体的な不利益を受けたと主張する被害者からの指摘を受けて、特定の番組についての審議や審理が開始されるケースが少なくありません。この場合、実質的には放送人権委員会同様の対抗関係の構造になっており、双方の言い分を聞いた上で委員会としての事実認定がある程度なされます。従って、放送倫理検証委員会に事案が係属し、または、継続しそうになった場合にも、こうしたメディアの問題に詳しい弁護士に助言を求めて対応することが望ましいと考えます。

参考 BPO 決定 ❶

検証委平成19年8月6日決定「TBS『みのもんたの朝ズバッ！』不二家関連の2番組に関する見解」（決定1号）

平成19年1月22日放送の情報番組『みのもんたの朝ズバッ！』の中の「新証言……不二家の“チョコ再利用”疑惑」と題した約4分半のコーナーにおいて、不二家平塚工場で働いていたという匿名の女性がVTRで登場し、賞味期限切れチョコレートをパッケージし直して再利用していた、賞味期限切れで返品されてきたチョコレートを製造し直して新品として出荷していた、などと証言をした。これを受けて、スタジオの司会者が不二家の経営体質を厳しく断罪するコメントを加えた。TBSは、不二家から事実に反するとの抗議を受けて事実関係を確認の上、平成19年4月18日放送の同番組の中で、「ミルキーが戻ってきた！　不二家再生へ本格スタート」と題した約6分のコーナーを設けて訂正と謝罪の放送を行った。

【5】 http://www.bpo.gr.jp/?page_id=865

放送倫理検証委員会は、1月の放送について、「放送倫理上、見逃すことができない落ち度」があるとしつつ、ねつ造はないことなどから、放送倫理上の責任を問うことはできないと結論付けた。また、4月の訂正とお詫びの放送については、放送までに3か月近い時日がかかったことなど問題はあるが、視聴者に与えたかもしれない誤解は修正されたとして一定の評価をした。

なお、放送倫理検証委員会の発足後最初の決定であることから、決定内で放送倫理検証委員会の役割、審議、審理の区別、見解と勧告の違いなどについて詳しく説明されている。

参考 BPO 決定 ❷

検証委平成21年7月30日決定「『真相報道　バンキシャ！』裏金虚偽証言放送に関する勧告」(決定6号)

平成20年11月23日放送の『真相報道　バンキシャ！』の中の「独占証言……裏金は今もある」と題したコーナーにおいて、建設業者の男性が出演し、岐阜県の土木事務所が架空工事による裏金を捻出していたなどと証言した。日本テレビは、岐阜県からの抗議を受けて事実関係を確認の上、岐阜県に対し謝罪するとともに、平成21年3月1日放送の同番組の中で訂正と謝罪の放送を行った。また、3月16日付で当時の社長が辞任し、3月22日の放送で社長辞任を報告した上で改めて謝罪放送を行った。

放送倫理検証委員会は、3月13日の委員会において審理入りと特別調査チームの設置を決定した。特別調査チームの調査結果を踏まえて7月10日に放送倫理検証委員会として初めての「勧告」を出し、重大な放送倫理違反を認定した。併せて、制作体制自体の問題点を指摘し、平成21年3月1日の訂正放送自体も十分ではなかったとするとともに、検証番組の制作と検証結果の公表を求めた。

13-3

番組内容の訂正放送

Q 誤った内容の放送によって権利を侵害されたとする人から放送を訂正するよう要求されました。どのように対応すべきでしょうか？

A 放送局は、一定の場合には放送内容が真実であるかを調査する義務があります。そして、放送内容が真実でないことが判明した場合には、2日以内に訂正放送を行わなくてはなりません。

KEY POINT

- ①真実でない放送により、②権利の侵害を受けたと主張する、③本人またはその直接関係人から、④放送のあった日から3か月以内に、⑤放送を訂正するように請求された場合、放送局は、遅滞なくその放送をした事項が真実でないかどうかを調査しなくてはならない。
- 放送内容が真実でないことが判明した場合は、判明した日から2日以内に、その放送をした放送設備と同等の放送設備により、相当の方法で、訂正又は取消しの放送をしなければならない。
- 上記の条件を満たしている限り、訂正放送の具体的な内容は、放送事業者の自主的な判断に委ねられている。
- ただし、訂正放送や、それを含んだ謝罪放送を行う場合には、迅速、正確、明確、かつ、フェアな態度で訂正し、謝罪する姿勢が大切である。

放送法は、放送局に対して、一定の場合に放送内容が真実であるかどうかを調査する義務を定めるとともに、真実でない放送を行ったことが判明した際にこれを訂正する義務を定めています。ここでは、こうした訂正放送制度の概要と、放送局が負う義務の内容、その具体的な対応などについて見ていきます。

■外部からの指摘に基づく調査義務の有無

放送法9条1項は、真実でない放送を行ったとして請求があった場合、放送局は真実かどうかを調査する義務を負うと定めています。ただし、あらゆる視聴者からのあらゆる請求に対して調査義務を課すのでは、放送局の業務が滞ってしまいますので、調査義務の生じる場合を一定の範囲に限定しています。つまり、①真実でない放送により、②権利の侵害を受けたと主張する、③本人またはその直接関係人から、④放送のあった日から3か月以内に、⑤放送を訂正するように請求された場合、に限定してそのような調査をする義務を負うとしています。

①については、例えば、無断で撮影されて肖像権が侵害されたという主張は、放送内容が真実でないと主張しているわけではありませんので、この要件を満たしません。

②については、ここでいう「権利の侵害」とは、財産権や人格権など、法律により明文化されている「権利」のみならず、法律上保護される「利益」も含まれるとされています。一方で、判例や学説上確立していない単なる事実上の利益や経済上の利益は含まれないとされています[1]。例えば、「誤った放送のせいで、正しい情報を受領する機会を失った」といった請求は、事実上の利益を主張しているにすぎませんので、ここでいう「権利の侵害」の主張とは言えません（参考判例①）。

③の「直接関係人」とは、自己の利益としてではなく、本人のために訂正放送の請求を行うと認められる者であり、権利の侵害を受けた本人の直接の関係人、例えば身分上、生活関係上一定の関係にある者（配偶者、直

【1】 金澤薫『放送法逐条解説［改訂版］』76頁（一般財団法人情報通信振興会、2012）

系親族、兄弟姉妹等）が該当します[2]。

⑤については、例えば、損害の賠償や謝罪を求めるのみで、放送の訂正自体を求めていない場合には、この要件を満たしていないものと思われます。

以上の①から⑤の要件が全て満たされている場合には、放送法に基づく適正な請求ということになりますので、放送局は、放送内容が真実であったのかどうかについて、遅滞なく調査すべき義務を負うことになります。

ただし、このような条件を満たしていない場合であっても、外部からの指摘を受けて、放送局が自主的に調査することは、もちろん可能ですし、指摘の内容等によってはそのような対応をすべき場合もあるでしょう。

■調査義務がある場合

放送局が放送法９条１項に基づき調査義務を負う場合であっても、この調査の方法や、最終的に真実であるかどうかの判断については、放送局の判断に委ねられています。

しかし、調査が法的義務であることからすれば、少なくとも社会通念上妥当なものであることは必要です。手続きやプロセスの透明性や適正といった観点からは、調査や判断の責任主体を明確にしておくべきでしょう。

また、調査は「遅滞なく」行うことが求められていますので、可能な限り迅速に行うことが必要です。

この点、誤った内容を含む放送の直後に被害者である企業から指摘・抗議を受け、それが短時日のうちに確認しようと思えばできた内容だったにもかかわらず、訂正とお詫びの放送を行うまでに３か月かかったケースについて、BPOの放送倫理検証委員会は、「『視聴者に著しい誤解を与え』た事実の間違いについては迅速に訂正すべきであったし、その方法はいくらでもあったはずである」と指摘し、問題があったとしています[3]。

【2】 金澤薫・前掲77頁、総務省ウェブサイト（http://www.soumu.go.jp/main_sosiki/joho_tsusin/hoso_seido/）

【3】 検証委平成19年8月6日決定「TBS『みのもんたの朝ズバッ！』不二家関連の２番組に関する見解」（決定１号）

誤りが発見された場合の訂正・取消し義務

調査の結果、放送内容が真実でないことが判明した場合には、放送局は、その日から2日以内に訂正または取消しの放送をしなくてはなりません。9条1項に基づいて調査した結果判明した場合だけでなく、自主的な調査等によって真実でないことが判明した場合も同様です[4]。

なお、放送局の故意や過失は要件ではありませんので、真実でない放送をしたことについて放送局に落ち度がない場合でも、訂正放送の義務は生じることになります。

訂正放送をする場合、当初の放送をした放送設備と「同等の放送設備」により、「相当の方法」で行わなくてはなりません。これは基本的に、同一の放送波で、およそ同一の時間帯に、当初の放送と同程度の扱いで行うことを意味しています。これらの基準を満たしていないと、放送法が求める訂正放送を行ったことにはなりません[5]。

なお、訂正放送を行った場合、総務大臣からの求めに基づき、訂正放送に関する資料を提出しなくてはなりません[6]。

訂正放送の内容は放送局が自主的に編集判断する

このように、放送局は訂正放送義務という厳しい義務を負っていますが、最終的にどのような内容の放送をするかという編集判断は放送局に委ねられています。

これは、訂正放送を義務付けつつも、放送局の編集権に対する制約を最小限度にとどめたものです。したがって、真実でない放送による被害者といえども、放送法を根拠に、特定の内容の訂正放送を放送局に強制することはできないとされています（参考判例②）。

とはいえ、当然ながら、その内容は適正なものでなければなりません。訂正とお詫びの放送の実施に関して、BPOの放送倫理検証委員会は、「いかに迅速に、正確に、明確に、フェアな態度で訂正し、謝罪するか」が重

【4】 放送法9条2項
【5】 金澤薫・前掲78頁
【6】 放送法175条、同法施行令7条1号ハ、4号ロ

要であり、放送番組中のどの点が誤りで、どの点は誤りでないとするのか、訂正・お詫びの範囲を具体的に明確にすべきであると指摘しています[7]。

訂正放送や、それを含んだ謝罪放送を行う場合には、このような指摘を十分考慮した上で妥当な放送を行うべきでしょう。

参考判例❶

大分地裁平成19年12月14日判決・LEX/DB28140500（「わくわく授業」事件）

子どもや若者の関心をひきつけるユニークな授業を行う先生の取組みを紹介する教育番組について、一般視聴者が、番組に登場する教師の説明が数学的な誤りを含んでおりそれにより誤った知識を植え付けられたなどとして、放送を行ったNHKに対して放送法9条1項（当時は4条1項。以下同じ。）に基づく訂正放送などを求めた事案。

裁判所は、放送法9条1項にいう「権利の侵害」について、「法律により明文化されている権利のほか法律上保護される利益の侵害も含み、法律上保護される利益とは被侵害利益の種類、内容と侵害行為の態様の比較考量、すなわち相関関係から違法性があると判断される場合における被侵害利益に相当すると解すべき」との判断を示した上で、「誤った知識を植え付けられた」というだけでは被侵害利益に相当せず、放送法9条1項の訂正放送請求の要件自体を満たしていないとして、放送法9条1項の訂正放送請求権の法的性質や番組内容の真偽等に言及することなく請求を棄却した。

また、控訴審（福岡高裁平成20年5月15日判決・LEX/DB28141066）も「放送法の規定に沿った優良番組の提供を受ける権利、期待権ないし法的利益は認められない」と述べ、これを維持した。

【7】 前掲検証委平成19年8月6日決定（決定1号）

参考判例❷

最高裁平成16年11月25日第一小法廷判決・民集58巻8号2326頁、判時1880号40頁、判タ1169号125頁、裁判所ウェブサイト（NHK「生活ほっとモーニング」事件・上告審）

NHKがテレビ番組「生活ほっとモーニング」の中で、「妻からの離縁状」と題して、増える熟年離婚を取り上げた特集の中で、熟年離婚した元夫を出演させ、元夫への取材に基づいて放送を行ったところ、元妻が、離婚の経緯などの事実が実際と異なるとして、NHKに対し、プライバシー侵害および名誉毀損を理由に損害賠償と訂正放送などを求めて提訴した事案。

最高裁は、放送法9条（当時は4条1項。以下同じ。）は、虚偽の放送により権利を侵害された者が放送事業者に対して訂正放送を請求する権利を与えたものであるとした高裁の判断を否定し、放送法9条は、放送事業者の義務（公法上の義務）を定めたものではあるが、権利を侵害された者に対して一定の内容の訂正放送を放送事業者に請求できる法的な権利（私法上の権利）を与えたものではないとした。

なお、NHKは最高裁の判決を受けて、放送内容に誤りがあったこと自体は確定したとして、放送法9条に従い、公法上の義務としての訂正放送を自主的な編集判断に基づいて行った。

13-4

番組の保存と確認視聴請求への対応

Q

「私の名誉を毀損する報道があったと友人から聞いた。確認のために番組を見せてほしい」との要望がありました。応じなくてはならないでしょうか？

A

一定の要件を満たしている場合は、放送法により、要望に応じる義務があります。

KEY POINT

- 「真実でない放送のせいで自分の権利が侵害された」と主張している人から番組を視聴させるように求められた場合には、原則としてこれに応じなくてはならない。
- ただし、①合理的理由に基づかない場合、②放送事業者側に拒否する正当な理由がある場合、③放送から3か月（ただし一定の場合は6か月）以上経過している場合、には拒否することができる。
- 複製したビデオテープやDVDを送ることまでは義務付けられていない。
- 「無断で自分の映像を使用された」「無断で自分のプライバシーが紹介された」といった主張をしている人については、「真実でない放送のせいで自分の権利が侵害された」と主張している人ではないので、番組を視聴させる法的義務はない。
- 法的義務がない場合であっても、各テレビ局の判断で、任意で放送した番組を視聴させることは問題ない。

テレビ局に対して、見逃した番組を見せてほしいという要望がなされることはよくあります。もちろんテレビ局は視聴者に対して、見逃してしまった番組を全て視聴させるような義務を負っているわけではありません。しかし、放送法は、テレビ局に対して放送した番組を保存するとともに、一定の場合には保存した番組を視聴させる義務を定めています。さて、どういった場合にテレビ局はこのような義務を負うのでしょうか。

■放送番組保存義務

放送事業者は、放送から原則3か月間、放送番組を保存しなくてはなりません（放送法10条）。また、3か月が経過するまでの間に訂正放送の要求があった場合には、その訂正放送を行うかどうかという問題が解決するまでの間（ただし最長でも6か月）は放送番組を保存しなくてはなりません。

ここでいう「保存」とは、放送原稿や放送台本を保存するのではなく、原則として音声と映像を録音録画する方法で保存しなくてはなりません（ただし、経済市況、自然事象、スポーツにおける時事に関する部分など、一部の事項については、例外的に音声と映像以外の方法で保存することも認められています。）。この保存義務は、放送した番組が生放送か録画放送か、また、自ら制作したものか購入したものかなどにかかわらず、一律に生じるものですので、放送した番組は全て同時録画しておかなくてはならず、かつ、放送法で定められた所定の期間が満了するまで廃棄してはいけません。

■確認視聴請求権と視聴させる義務

こうして保存してある番組は、一定の場合、視聴者から要望があれば内容を確認するために視聴させる義務があります。

もともと放送番組の保存が義務付けられているのは、放送は新聞や雑誌などと異なり一過性のものであるため、放送局に保存を義務付け、それによって視聴者が後からでも番組の内容を確認できるようにしたのです。ただ、誰にでも視聴の権利を認めることは、放送事業者に対する過大な負担となりますので、一定の場合にのみ視聴を請求できるとされています。

裁判所は、①一応の合理的理由に基づき、②虚偽の放送により自らの権利が侵害されたと考えている者が、③放送局が放送番組保存義務を負う期間内に確認視聴をさせるように要望した場合は、④放送事業者側に拒否する正当な事由（確認視聴請求権の行使が権利の濫用に当たる場合など）がない限り、このような請求を認めると判断しています（参考判例①）。

正当な理由がないのに確認視聴請求を拒否すると、放送法違反となるだけでなく、それ自体が不法行為として相手に対する損害賠償責任を負わされることになります。実際、求められた際に視聴させなかったことを理由に損害賠償を命じた裁判例があります（参考判例①）。

■一応の合理的理由（確認視聴請求の要件①）

確認視聴請求権を行使するには、「一応の合理的理由」に基づいて、虚偽の放送により自らの権利が侵害されたと考えていれば足り、実際に権利侵害が生じている必要はありません。

放送局側としては、安易に拒否すると、違法な拒否として損害賠償を命じられる可能性もありますので、確認視聴を求めている者に合理的な理由がないのかどうかについては慎重に検討する必要があります。判断に迷う場合は、合理的理由があると仮定して対応した方が安全でしょう。

■虚偽の放送による権利侵害（確認視聴請求の要件②）

放送法によって確認視聴する権利を与えられているのは、「真実でない放送のせいで自分の権利が侵害された」可能性のある者だけです。

つまり、例えば「無断で顔を撮影された」「無断で自分のプライベートな話題を紹介された」といった理由の場合、これらはいずれも、「放送内容が真実でない」という訴えではありませんので、放送法に基づく権利として確認視聴を求めることはできません。

■確認視聴の方法

放送法10条は、確認視聴の方法について「視聴その他の方法により」なされなくてはならないと定めています。どのような方法を用いて確認視聴させるかは、放送事業者が決めることができますが、少なくとも、争点となっている放送内容の虚偽の有無や、権利侵害の有無が確認できるような方法で内容を確認してもらうことが必要です。

確認視聴請求を受けた際の具体的な手順や方法、権利を有していない者からの求めがあった場合の対応などについては、各テレビ局で内規を設けていることも多いようです。いずれにしても、対応について、事案ごとにばらつきが出ることは、できるだけ避けるのが望ましいでしょう。

参考判例❶

東京高裁平成8年6月27日判決・高民49巻2号26頁、判時1571号30頁、判タ914号77頁、裁判所ウェブサイト（TBS放送内容確認請求事件・控訴審）

TBSが番組の中で、男性弁護士とその妻（女優）との離婚問題を取り上げた中に、「あの聞くところによりますとねぇ、ご主人の方が○○さんとお母様に暴力を振るわれたというのも聞いたんですけど」という芸能リポーターの質問と、「はぁ～、そういうことも本当に、今ねぇ、私の口から申し上げるわけにはいかないんです」という妻の発言が含まれていたことから、放送は見ていなかったものの、概要を聞いた男性弁護士が、TBSに対して放送法5条（現10条）に基づいて放送内容の確認のために放送を視聴させるように求めて提訴した事件。

裁判所は、「放送事業者が行った放送について、一応の合理的な理由に基づいて、真実でない事項が放送されて、それにより自己の権利が侵害されたのではないかと危惧し、権利侵害の有無を確認する必要を有している者」は、放送法5条（現10条）に基づき、放送事業者に対して放送内容の確認（閲覧）を請求することができ、放送事業者は「正当な事由（例えば、当該関係者が必要以上に放送内容の確認（閲覧）を要求したために放送事業者の業務に支障をきたすなど確認（閲覧）請求権の行使が権利の濫用にあたる場合）」がない限り、これを拒否することができないとした。そのうえで、確認請求を不当に拒否したことへの慰謝料として20万円の支払いを命じた。

13-5

取材 VTR の提出命令・差押え

Q 取材の際に撮影した未編集の VTR について、裁判所から、裁判の証拠のために提出を命じられることがありますか？

A 極めて限定的な場合ですが、提出が命じられることがあります。また、捜査機関による差押えの対象になることもあります。

KEY POINT

- ■ 刑事訴訟や捜査との関係で未編集の取材 VTR の提出が命じられるか否かは、①捜査の対象である犯罪の性質、内容、軽重等、②差し押えるべき取材結果の証拠としての価値、③適正迅速な捜査を遂げるための必要性、④取材結果を証拠として押収されることによって報道機関の報道の自由が妨げられる程度、⑤将来の取材の自由が受ける影響、⑥その他諸般の事情、を比較衡量して決定される。
- ■ 民事訴訟との関係では、裁判所は原則として未編集の取材 TVR の提出を命じることはできず、公正な裁判の実現の要請が勝る特段の事情が存するときに限り提出命令を出すことができると考えられる。

事件報道に用いられる取材VTRの中には、犯罪の決定的瞬間を撮影していることも少なくなく、番組の素材として重要であるだけでなく、刑事訴訟や民事訴訟の証拠としても重要な意味を持つことが少なくありません。しかし、取材VTRが法廷に提出されることになれば、報道目的という本来の目的から外れた利用となり、テレビ局はその後の取材に支障を来すおそれがあります。では、どのような場合にテレビ局は取材VTRを提出する義務を負うのでしょうか。

■取材VTRが裁判の証拠とされることの問題点

取材の自由は、報道機関が取材結果を報道目的以外には使用せず、公権力を含む第三者がこれをみだりに利用することもないという国民の信頼に支えられて成り立つものといえます。これに反して、取材VTRが刑事訴訟や民事訴訟の証拠に用いられることになれば、訴訟で不利に働くことをおそれて取材に応じるのを嫌う者が増えたり、取材現場での撮影に妨害が加えられたりするなど、将来の取材に対する悪影響が生じることは明らかです。

しかし、裁判所は、こういった報道機関の立場に一定の配慮は示しているものの、裁判所が取材VTRの提出を命じたり、捜査機関に対して令状を発布することを一定の場合に認めてきています。

■刑事訴訟のための取材VTRの提出命令・差押え

裁判所（最高裁判所）は、刑事事件のための裁判所による取材VTRの提出命令について、①国民の関心が高い重大事件である、②証拠としてほとんど必須である、③報道そのものは済んでいるなど当該取材や当該取材に基づく番組の放送自体に支障がない、などの事情がある場合には適法と認められると判断しました（参考判例①）。また、この判断を受けて、検察官や司法警察職員（警察官）による取材VTRの捜索差押えも、同じ基準によって適法と認められると判断されています（参考判例②、参考判例③）。

ただ、「重大事件」「ほとんど必須」「放送自体の支障」について、具体的な判断基準は明らかではありません。例えば、「重大事件」については、国会議員に対する贈賄事件、暴力団による傷害事件について重大事件と認められていますが、収賄事件や暴力団絡みの傷害事件であれば常に重大事件とみなされるのかについては明らかではありません。同様に「ほとんど必須」については、これまで認められた映像はいずれも正に犯罪の実行行為の様子を撮影した映像でしたが、例えば、ほとんど手掛かりがなく捜査が行き詰っているような刑事事件では、それだけで「ほとんど必須」と認められてしまわないかといった疑問もあります。また、「放送自体の支障」については、裁判所は将来の委縮効果をあまり勘案せず、当該事件についての報道に直接影響があるかどうかのみを判断対象とする傾向にあります。

このように、刑事訴訟や刑事手続きにおいては、裁判所は、報道の自由に一定の配慮をしつつも、実体的真実の発見を重視していると言えます。

■実務上の対応（刑事手続の場合）

刑事訴訟や捜査のための捜索差押えについては、一旦裁判所の命令が出されると、速やかに不服申立て（準抗告）をしても、執行停止することはできません。つまり、捜査官が令状を持ってテレビ局に来た場合、捜索や差押えに応じるしかなく、取材 VTR を押収されてから、準抗告を申し立てることしかできません。捜査機関もテレビ局に対して強制捜査をすることは最後の手段と考えていますので、通常は任意での提出を求めてきます。テレビ局としては、任意提出に応じることはできないこと、強制捜査となれば準抗告することなどを説明して極力思いとどまってもらう努力をすることになります。

捜査機関がどうしても取材 VTR が欲しいとなれば、令状を取得した上で強制捜査に踏み切ります。この場合、テレビ局としては通常任意に提出することはできない一方で、局内を捜索されることだけは絶対に避けたいところですので、捜査機関が令状取得に踏み切ると把握したところで、対象の取材 VTR を正面受付等の分かりやすい場所に保管し、その旨を捜査機関に伝えることで、捜索差押令状ではなく単なる差押令状のみの発布を促したり、捜索差押令状まで発布されてしまった場合には同様の方法で内部までの捜索を避けるといった対応が考えられます。その上で、テレビ局は準抗告してより上級審の判断を仰ぐということになります。

捜査機関の行った差押処分に対する準抗告（刑訴法430条1項）は、特に期間制限はなく、押収物が還付されない限りいつでも申し立てることが可能です。ただ、差し押えられた物が取材VTRである場合、それが捜査機関によって詳細に解析されるだけでも報道機関にとって重大な不利益となります。また、長時間放置していては、準抗告を提起しても裁判官から必要性について疑われかねません。準抗告するのであれば早期に行うことが妥当でしょう。

また、仮に準抗告が認められなかった場合、最高裁に対して報道の自由等の憲法上の権利の侵害を理由として特別抗告することが可能ですが、この場合は準抗告を却下する決定から5日以内に理由を添えて申し立てる必要があります（刑訟法433条2項）。いずれにしても短期間で主張を準備しなければなりませんので、実際に捜索差押えがなされてから弁護士に相談したのでは遅すぎます。捜査機関の動きが明らかになった場合には、その時点で弁護士に相談しておくことが望ましいと考えます。

■民事訴訟のための取材VTRの提出命令

民事訴訟においても、刑事訴訟と同様、両当事者のいずれかから申し出があった場合、裁判所が必要と判断すれば、取材VTRの提出を命じることもできるとされています。

裁判所は、原則として取材VTRの提出を命じることはできないとしつつ、「公正な裁判の実現の要請が勝る特段の事情が存するとき」に限り提出命令を出すことができるとしています（参考判例④）。

もっとも、刑事訴訟において「重大事件」の判断が難しいのと同様、民事訴訟においても「特段の事情」が認められるかどうかの判断は微妙な部分があります。参考判例④の判決文の中で裁判所は、「特段の事情」を判断する際の要素として、①審理の対象である事件の性質、態様及び軽重（事件の重要性）、②要証事実と取材の成果との関連性、③取材の成果を明らかにする必要性、④当該証拠調べの必要性、⑤取材の成果を明らかにすることが将来の取材の自由に及ぼす影響の度合い、⑥これに関連する報道の自由との相関関係、などを挙げていますが、具体的にどのようなケースでどのような判断がなされるかは、今後の判例の集積を待つほかありません。

ただ、少なくとも判断基準自体、刑事訴訟や刑事手続きに比べて、民事訴訟における判断基準は、報道の自由を一層尊重するものと言えます。

■実務上の対応（民事訴訟の場合）

民事訴訟における提出命令については、提出命令が出てから不服申立て（即時抗告）をすれば、執行停止の効果がありますので（民訴法334条1項）、上級審の決定が出るまでは提出を強制されません。このように、判断基準だけでなく、上級審の判断が出るまでの間の提出義務についても民事訴訟の方が報道機関の報道の自由が手厚く保障されているということができます。ただし、命令の告知を受けた日から1週間以内に申立てをする必要がありますので、迅速な対応が必要です。

参考判例❶

最高裁昭和44年11月26日大法廷決定・刑集23巻11号1490頁、判時574号11頁、判タ241号272頁、裁判所ウェブサイト（博多駅テレビフィルム提出命令事件・特別抗告審）

米国原子力空母の佐世保寄港を阻止する学生運動と機動隊が衝突する様子をNHK及び民放各局が撮影した。学生側が、機動隊から暴行を受けたとして、機動隊員を特別公務員暴行陵虐罪などで刑事告発したが不起訴となったため、学生が処分を求めて刑事訴訟法に基づき付審判請求を行い、福岡地裁が審理を担当した。福岡地裁が各テレビ局に対して事実関係の確認の目的で撮影した未放送分を含む全テレビフィルムの提出を命じたが、各テレビ局が取材の自由を理由にこれを拒否したため、拒否する権利の有無が争われた事件。

裁判所（最高裁判所大法廷）は、取材の自由は憲法上尊重されるとする初めての判断を示しつつも、「取材の自由といつても、もとより何らの制約を受けないものではなく、たとえば公正な裁判の実現というような憲法上の要請があるときは、ある程度の制約を受けることのあることも否定することができない」とした上で、「審判の対象とされている犯罪の性質、態様、軽重および取材したものの証拠としての価値、ひいては、公正な刑事裁判を実現するにあたつての必要性の有無を考慮するとともに、他面において取材したものを証拠として提出させられることによつて報道機関の取材の自由が妨げられる程度およびこれが報道の自由に及ぼす影響の度合その他諸般の事情を比較衡量して決せられるべきであり、これを刑事裁判の証拠として使用することがやむを得ないと認められる場合においても、それによつて受ける報道機関の不利益が必要な限度をこえないように配慮されなければならない」との判断基準を示し、結論としては、本件では、当該フィルムが証拠上極めて重要な価値を有しており、被疑者の罪責を判断する上でほとんど必須であること、また、当該フィルムはすでに放映されたものを含む放映のために準備されたものであり、報道の自由そのものが妨げられるわけではないこと、報道機関が受ける不利益は将来の取材の自由が妨げられるおそれがあるという程度にとどまること、などを理由に提出命令を拒否することはできないと判断した。

参考判例 ❷

最高裁平成元年 1 月 30 日決定・刑集 43 巻 1 号 19 頁、判時 1300 号 3 頁、判タ 690 号 252 頁、裁判所ウェブサイト（リクルート疑惑取材ビデオ差押え事件（日本テレビ事件）・特別抗告審）

いわゆるリクルート事件に関し、リクルートコスモス取締役社長室長が衆議院議員に対して現金を供与しようとしたところ、同議員が日本テレビに情報提供して実際に現金を供与する模様を 2 回隠し撮りさせた上で、同議員は社長室長を東京地検に贈賄罪で刑事告発し、日本テレビは隠し撮りしたビデオを編集して 2 回に分けて放送した。同議員は刑事告発に際し、日本テレビが隠し撮りした映像があることを告発の根拠としたため、東京地検の検察官は日本テレビにある隠し撮り映像全てについて、裁判所の令状発布を受けて差し押さえた。日本テレビはこの検察官による未放送ビデオの差押えが取材の自由を侵害する違法なものであるとして裁判で争った。

裁判所（最高裁第二小法廷）は、捜査機関による差押えについても博多駅事件の枠組みを用いた上で、「捜査の対象である犯罪の性質、内容、軽重等及び差し押えるべき取材結果の証拠としての価値、ひいては適正迅速な捜査を遂げるための必要性と、取材結果を証拠として押収されることによって報道機関の報道の自由が妨げられる程度及び将来の取材の自由が受ける影響その他諸般の事情を比較衡量すべきである」との判断基準を示した。その上で、国民の関心の高い重大事件であり、このビデオが証拠上極めて重要な価値を有していて、ほとんど必須であり、すでに報道そのものは済んでおり、報道機関の不利益は将来の取材の自由が妨げられるおそれにすぎないことなどから、差押えは適正迅速な捜査遂行のためにやむを得ないから適法であると判断した。

参考判例❸

最高裁平成2年7月9日決定・刑集44巻5号421頁、判時1357号34頁、判タ736号83頁、裁判所ウェブサイト（暴力団組長取材映像差押え事件（TBS事件）・特別抗告審）

TBSがテレビ番組「ギミア・ぶれいく」内の「潜入ヤクザ24時―巨大組織の舞台裏」と称する特集コーナーのために、暴力団組長の許可を得た上で、同組長らが被害者を脅迫して債権取立てを行う場面等を撮影し、実際にこのコーナーにて放送した。この放送を端緒として警視庁が捜査を開始し、同組長らが順次逮捕・勾留され、さらに、警視庁の司法警察職員（警察官）が裁判所の令状の発布を受けた上で、この撮影ビデオを差し押さえた。TBSはこの司法警察職員による未放送ビデオの差押えが取材の自由を侵害する違法なものであるとして準抗告を申し立てた。

裁判所（最高裁第二小法廷）は、司法警察職員による差押えについても博多駅事件の枠組みを用いて、国民の関心の高い重大事件であり、このビデオが証拠上極めて重要な価値を有してほとんど必須であり、すでに報道そのものは済んでおり、報道機関の不利益は将来の取材の自由が妨げられるおそれにすぎないことなどから、差押えは適正迅速な捜査遂行のためにやむを得ないから適法であると判断した。

参考判例❹

東京高裁平成11年12月3日決定・判タ1026号290頁（卸売市場取材映像提出命令事件（NHK浦和放送局事件）・抗告審）

花卉園芸を扱う卸売市場を税務署が調査した際に、NHKのカメラマンが取材のため公道上から15分程度建物の外観などを撮影したところ、卸売市場を経営する会社が、プライバシーを侵害されたなどとしてNHKを相手に損害賠償請求訴訟を提起した。その訴訟の中で、会社側が撮影したビデオテープを検証物として提出する命令を発するよう裁判所に求め、これが認められるかが争われた事件。

第1審の浦和地裁は提出を命じた。これに対し、第2審の東京高裁は、「報道機関には証言拒絶権に準じて検証物提出拒否権が原則として認められる」とした上で、「その権利の行使が『訴訟における公正な裁判の実現の要請』との比較衡量において、右の公正な裁判の実現の要請が勝る特段の事情が存するときには報道機関の右権利行使は制約を受ける」という判断基準を示した。その上で、この事案では提出を命じることはできないとした。なお、本来の損害賠償請求訴訟については、東京高裁の上記決定が確定後、会社側が訴えを取り下げたため終結した。

13-6

取材源を秘匿するための証言拒否

Q

番組の取材を担当した記者やディレクターが証人として法廷に呼ばれました。証言を拒否することができるのでしょうか？

A

刑事訴訟では拒否できません。民事訴訟では、取材源に関する事実や、取材源を推認できるような事実については証言を拒否することができます。ただし、テレビ局が裁判の当事者の場合、拒否により立証ができず裁判に負ける可能性もあります。

KEY POINT

■ 刑事訴訟においては、取材源の秘匿を理由に証言を拒否することは認められていない。

■ 民事訴訟においては、次の場合、取材源の特定につながる情報について証言を拒否することができる。

①報道が公共の利害に関するものであり

②取材の手段、方法が一般の刑罰法規に触れるものではなく

③取材源が開示を承諾しておらず

④当該民事事件の重要性ゆえに当該証言を得ることが必要不可欠とはいえない場合

■ 報道機関自身に対する名誉毀損が争点となっている民事訴訟であっても、取材源の秘匿を理由とする証言拒否は認められるが、真実性や真実相当性の立証との関係では不利に扱われ、敗訴する危険性がある。

記者やディレクターなど番組に関わった者が、放送後に裁判所に証人として呼び出されることがあります。また、放送後に番組による名誉毀損などを理由に訴えられたような場合、放送局側が自ら取材記者を証人として出廷させることもあります。こうしたケースで、相手の弁護士から取材源に関する質問を受けた場合、これを拒否することができるのでしょうか。

■刑事訴訟

犯罪行為を取材したような場合、後にその犯罪行為を行った者が刑事裁判にかけられた際に、記者が証人として呼び出されることがあり得ます。

こうした場合に、記者が取材源の秘匿を理由に証言を拒否することができるかどうかについて、最高裁はこれを否定しています（参考判例①）。刑事裁判においては、被告人を有罪にするかどうかという真実の発見の利益が極めて強いため、取材の自由よりも勝ると考えるためです。

もっとも、昭和27年に最高裁がこのような判断をしてから約60年が経過していますが、その後、実際に刑事訴訟で記者が証人として法廷に呼び出されたケースは皆無と思われます。表現の自由との関係で運用上の配慮がなされているものと考えられます。

■民事訴訟

民事訴訟では、第三者同士の裁判の証人として報道機関の取材者が呼び出される場合と、報道機関や記者個人が名誉毀損などを理由に訴えられて防御のために証人として出廷する場合があります。いずれの場合も民事訴訟であることに変わりはないので、証言拒否が認められるかどうかは同様に考えることができます。

この点について裁判所は、民事訴訟においては刑事訴訟と異なり、一定の要件を満たしている場合には証言を拒否することができると判断しています。具体的には、①報道が公共の利害に関するものであり、②取材の手段、方法が一般の刑罰法規に触れるものではなく、③取材源が開示を承諾しておらず、④当該民事事件の重要性ゆえに当該証言を得ることが必要不可欠とはいえない場合であるとされています（参考判例②）。

なお、一般的に取材源は、取材の際に取材源を明かさないでほしいと明確に依頼するわけではありません。しかし、だからといって「取材源が開示を承諾している」とはいえません。「承諾している」とは、本人が「取材源が自分であることを明らかにしてもかまわない」と明確に述べている場合をいうと解されます。

また、証言を拒否できる範囲については、取材源の氏名はもちろん、取材源が誰であるかを推知できる可能性を生じさせるような情報については広く拒否することが認められます。

■証言拒否と立証責任

報道機関自身が名誉毀損訴訟を起こされている場合、報道機関側は、報じた内容が真実であること（真実性）か、それが真実であると信じてもやむを得ない事情があったこと（真実相当性）のどちらかを立証しなくてはなりません。裁判所に提出することのできる資料などの物証があればよいのですが、そうしたものがない場合、記者の記憶や取材メモなどが真実性や真実相当性を立証できる証拠となります。

記者が法廷で、取材源を守るために、「誰から聞いたかはいえないが、十分に信用できる人物から、Aが賄賂を受け取ったことは間違いないと聞いた。その人物は非常にAに近しい人物だ」という程度の証言をした場合、裁判所は、それだけでは真実性や真実相当性を認めてくれないことの方が多いようです。

これまでの判例としては、証言拒否は認めるものの結果として立証ができていない、として報道機関が敗訴した事例が少なくありません（参考判例③など）。ただし、中には、報道内容の具体性や、他の記者の取材結果との関連性などを理由にそうした取材源が実在したことと推認し、それを前提に真実相当性を認めた事例もあります（参考判例④）。

このような実情を踏まえると、取材の際には、口頭の情報だけでなく、資料などの物証を可能な限り集めるように努力しておくことがとても大切と言えそうです。そして、最終的に放送原稿や台本を確定させる際には、裁判所に提出できる取材結果の範囲と、報道の必要性や重要性のバランスを念頭に置きながら判断することも大切になってきます。

参考判例❶

最高裁昭和 27 年 8 月 6 日大法廷判決・刑集 6 巻 8 号 974 頁、判タ 23 号 44 頁、裁判所ウェブサイト（朝日新聞記者事件・上告審）

裁判所か検察庁の関係者でなければ知り得ないはずの、収賄被疑事件の逮捕状の記載内容が、逮捕状が執行された翌日の朝日新聞の朝刊に掲載されたことから、関係者の誰かが国家公務員法が禁止する機密漏えい行為を行った可能性が高いとして捜査が開始されたものの、犯人は判明しなかった。そこで、刑事訴訟法に基づく検察官の請求により朝日新聞の記者が証人として召喚されたが、同記者は宣誓及び全ての証言を拒否したため、今度はこの記者自身が証言拒否罪で起訴されたという事案。刑事事件に関して、記者に取材源の秘匿を理由とする証言拒否権が認められるか否かが争点となった。

裁判所は、憲法 21 条の保障する表現の自由は、記者に特権の保障をしたものではないなどとして、取材源の秘匿を理由に証言拒否を認めることはできないとした。

参考判例❷

最高裁平成 18 年 10 月 3 日決定・民集 60 巻 8 号 2647 頁、判時 1954 号 34 頁・判タ 1228 号 114 頁、裁判所ウェブサイト（NHK 記者事件・特別抗告審）

NHK がニュースの中で、米国の健康食品会社が所得隠しにより米国の国税当局（IRS）と日本の国税当局の双方から追徴課税を受けた旨を報じた。これについて健康食品会社は、IRS が日米同時税務調査の過程において、日本の国税庁に対して無権限で虚偽の申告情報を開示し、さらに国税庁が日本のマスコミに情報を漏えいしたことが理由でこのような虚偽の報道がなされたとして、IRS に対して損害賠償請求訴訟を提起した。この中で米国連邦裁判所は、日本の国税庁がマスコミに情報を漏えいしたか否かを調べる必要があるとして、国際条約に基づいて、日本の裁判所に対し、NHK をはじめとするマスコミ各社の担当者に対する尋問を嘱託した（日本の裁判所で行われた尋問が米国の裁判所での証拠となる)。しかし、裁判所に呼び出しを受けたNHKの記者が、情報源が国税庁であるか否かについて証言を拒否したことから、民事訴訟において、記者に取材源の秘匿を理由に証言を拒否する権利が認められるかどうかが争われた。

裁判所は、①報道が公共の利益に関するものであり、②取材の手段、方法が一般の刑罰法令に触れるものではなく、③取材源が開示を承諾しておらず、④当該民事事件の重要性ゆえに当該証言を得ることが必要不可欠とは言えない場合、には取材源及び取材源の特定につながる質問について証言を拒否することができるとした。その上で、本事案においても、記者は証言を拒否することができるとした。

参考判例❸

和歌山地裁新宮支部平成元年11月28日判決・判時1351号79頁、判タ730号164頁（新宮川砂利汚職報道事件）

紀南砂利生産組合の理事長及び専務理事らが、砂利採取事業に関する和歌山県の許認可について便宜を図ってもらう目的で、県土木部河川課主幹に対して酒食のもてなしを繰り返したとして、贈賄容疑で立件されていたところ、毎日新聞が、理事長らが金銭の授受についても自供したとの記事を掲載した。これに対して理事長らがそのような事実はないとして名誉毀損を理由に毎日新聞を訴えた事件。毎日新聞の記者が、記事の根拠について県警幹部に聞いたとするのみで、その県警幹部の氏名等について証言を拒否したため、真実相当性の有無が争点となった。

裁判所は、「取材源秘匿の必要性があるとしても、そのためにA証人（編注：記事を執筆した毎日新聞の記者）の証言内容の証明力が弱められ、立証上不利益をこうむることがあっても、やむを得ないことである」として、他に証拠がないため名誉毀損の責任を認めた。

参考判例❹

大阪地裁平成7年10月25日判決・判時1574号91頁、判タ908号195頁（元川西市長金銭授受報道事件（大阪読売新聞社事件））

元川西市長が収賄容疑での取調べの際に、金銭の授受があったことを認めつつ、授受のあった200万円は叙勲のご祝儀であって、賄賂ではないと供述している旨の記事を、大阪読売新聞が掲載したところ、元川西市長がそのような事実はないとして名誉毀損を理由に大阪読売新聞を訴えた事件。読売新聞の記者が、記事の根拠について県警幹部等から聞いたとするのみで、その県警幹部の氏名等について証言を拒否したため、真実性、真実相当性の有無が争点となった。

裁判所は、記者が取材源を明らかにしていないことなどを理由に真実性を肯定することはできないとしつつも、収賄を否定する理由について叙勲の祝儀であるという具体的な内容を含んでいることや、検察担当の他の記者の情報がそのような取材内容を裏付けるものになっていることなどを理由に、真実相当性を肯定し、名誉毀損の責任を負わないとした。

Column

放送倫理違反は何を基準に判断される？

BPOは、権利侵害に加えて放送倫理の問題も扱いますが、両者の判断基準は異なります。権利侵害は法律や判例が判断基準ですが、放送倫理は明確な判断基準がありません。放送倫理基本綱領や民放連の放送基準など、基準となる規程もありますが、抽象的に理念を定めたものも多く、明確な基準とまでは言えません。

判断基準が明確でないと、現場への萎縮効果が懸念されます。萎縮効果とは、判断基準が不明確なために、本来は許される表現なのに、許されない可能性を恐れて控えてしまうことです。判例のようにBPOの判断が今後も積み重ねられていくことで判断基準が明確になり、萎縮効果の懸念がなくなることが期待されます。

放送倫理に関するBPOの判断は、優等生的と感じることもあります。例えば、取材対象者への配慮が必要であることには異論がなくても、個別のケースでどこまで配慮すれば放送倫理に適うのかの判断は難しいです。そのようなケースで、後からBPOに「もっと配慮すべきだった」と言われれば、正論ですし、受け入れるしかありません。しかし、他方で裁判所は、表現の自由の重要性に配慮して、取材対象者による期待権の主張は限られた場合しか認めていませんし、取材後に企画趣旨が変わった場合の取材対象者への説明義務も否定しています（2-1参照）。このような状況で、放送倫理を根拠に、裁判所の基準を上回る義務をどこまで課すべきかについては議論もありそうです。

たしかにBPOは、裁判所と違って国家権力ではありませんし、放送倫理の高揚が組織の目的ですから、放送倫理にまで踏み込んだ判断を示す場合があるのは当然です。権力が介入する口実を与えないために放送倫理を厳しく求める姿勢を示す必要も理解できます。しかし、現場にとってBPOの決定は、今や判決と同じくらいの影響力があります。権利侵害に関する法律や裁判所の判断基準が、表現の自由に配慮して定められたものである場合、その基準を上回る義務を制作側に課す根拠として放送倫理を用いることには、より慎重であるべきではないかとも思われます。もちろん、制作側が自ら放送倫理に意識的であるべきことは当然です。

14章

基礎編

14-1

はやわかり「名誉権」

これだけは知っておきたい「名誉権」の基礎

- 名誉毀損とは、対象となる人や団体などの社会的評価（名誉権）を低下させる（侵害する）ことをいう。
- 次の３つの要件を全て満たしている場合は、社会的評価を低下させる場合であっても、名誉毀損の責任を負わない。
  ①公共の利害に関する事実に係ること（公共性）
  ②もっぱら公益を図る目的に出たこと（公益目的）
  ③摘示された事実が真実であることが証明されたこと（真実性）
  または
  その行為者においてその事実を真実と信ずるについて相当の理由があること（真実相当性）
- 「意見ないし論評」によって相手の社会的評価を低下させている場合には、その意見や論評の前提となっている事実について、真実性または真実相当性が立証できればよい。

名誉権とは

名誉権とは、「自らの社会的評価を低下させられない権利・利益」のことを言います。この名誉権を侵害すること、すなわち、他人の社会的評価を低下させることを名誉毀損と言います。したがって、仮にある人物について虚偽の報道を行ったとしても、それによってその人物の社会的評価が低下しない場合には、少なくとも名誉毀損とはなりません。

名誉権は法律で定められた権利・利益である

名誉権は、プライバシー権や肖像権などと異なり、名誉権の侵害が違法となることについて、以下のとおり法律で明確に定められています。

すなわち、まず刑法は、名誉毀損罪を定めるとともに、一方で、どのような場合であれば名誉を毀損したとしても罪に問われないのかという、「表現の自由と名誉権の調整方法」についても定めています[1]。また、刑法は、営業についての社会的評価を低下させることについては別途、信用毀損罪を定めています[2]。

民法は、名誉を侵害する行為が損害賠償の対象になることを定めるとともに、被害者の救済のため、裁判所が、加害者に対して名誉を回復するのに適切な処分をするよう命じることができると定めています[3]。

表現の自由と名誉権の調整

もっとも、名誉権も無制限に認められる権利ではありません。他の権利との調整のために制限されることがあります。

表現の自由は、名誉権と最も衝突の起きやすい関係にあります。そのため、表現の自由が保護されるための条件は、あらかじめ明確にしておく必要があります。そして、名誉権はプライバシーなどと異なり、仮に一旦、社会的評価が低下しても、謝罪や訂正などで事後的にある程度回復を図ることも可能です。

そこで、報じる側が一定の要件さえ満たせば、報じられる側の事情にかかわらず、必ず表現の自由の側が優先され、名誉毀損にはならないという基準が採られています。具体的には、①公共性、②公益目的、に加えて、③真実性または真実相当性のいずれか一方が立証されれば、報じた側は名誉毀損の責任を問われることはありません。民事裁判でも刑事裁判でも同様の扱いがなされています。

以下、これらの要件を見ていきましょう。

【1】 刑法230条、230条の2
【2】 刑法233条
【3】 民法710条、723条

■公共性

要件の1つ目は公共性です。これは、報じる対象が公共の利害に関する事実であることをいいます。公共の利害に関する事実か否かは、放送の中で摘示された事実自体の内容・性質から客観的に判断されます[4]。

対象者が政治家などの公人の場合や、事件・事故に関する報道などについては、通常は、問題なく公共性が認められます。

また、個人の私生活に関する事実であっても、それが公人の評価に不可欠に結びついている場合のように、一定の場合には公共性が認められると考えられています。

■公益目的

要件の2つ目は公益目的です。具体的には、表現の目的が専(もっぱ)ら公益を図ることにあることを意味します。

なお、「専ら」とあるため、ともすれば、営利企業でもある民放の放送はこれに該当しないのではないかとも思われるかもしれません。しかし、実際には民放や新聞社・出版社などの営利企業による場合でも、もちろん公益目的は認められています。このとおり、「専ら」という言葉は、それほど厳格には捉えられていません。

■真実性と真実相当性

要件の3つ目が、真実性と真実相当性です。真実性と真実相当性のどちらか一方でも認められれば、3つ目の要件も満たすことになります。

まず、真実性とは、報じた内容が真実であることを意味します。

次に、真実相当性とは、報じた内容が真実でないとしても、真実と信じたことについて相当の理由があることを意味します。

真実性も真実相当性も、報じた側、つまり放送局の側で立証しなければなりません。

ところで、真実性だけでなく、真実相当性でも良いとされているのには

【4】 最高裁昭和56年4月16日判決・判時1000号25頁、判タ440号47頁（月刊ペン事件・上告審）（10-8参考判例①参照）

理由があります。仮に真実性だけが要件とされてしまうと、誤報の場合は、常に名誉毀損の責任を問われることになってしまいます。そうすると、名誉毀損となることを恐れて表現が萎縮してしまい、その結果、国民に伝えるべき情報まで伝わらなくなってしまうことが考えられます。したがって、そのような萎縮効果を避けるために、仮に真実性が立証できなくとも、そう信じたことに相当の理由があれば、つまり十分な資料・根拠に基づいて報じてさえいれば、名誉毀損の責任は問われないことにされているのです。

真実性も真実相当性も、報道内容全てについて必要なのではなく、報じた内容のうちの「重要な部分」についてあればよいとされています[5]。

公正な論評

実際の番組では、「重要な部分」がキャスターの見解を述べた部分であることもあります。しかし、事実であれば真偽を判定することが一応可能ですが、見解の場合はそれ自体の真偽を判定することはできません。したがって、キャスターが「事実」を述べたのか、「意見や論評」を述べたのかを判断し、後者である場合には、「人身攻撃に及ぶなど論評としての域を逸脱したもの」でない限りは、その論評の妥当性や適正などについては問題とされず、そうした意見の前提となっている事実関係さえ真実であるか、真実であると信じたことにつき相当の理由があればよいとされます[6]。

テレビ放送の場合の判断基準

新聞や雑誌などと異なり、テレビ番組は、BGMやテロップといった様々な要素が次々と提供され、視聴者は、それを瞬時に理解することを余儀なくされています。

したがって、放送によって人の社会的評価が低下したと言えるかについては、「一般の視聴者の普通の注意と視聴の仕方」を基準に判断されてい

【5】 最高裁昭和58年10月20日判決・判時1112号44頁、判タ538号95頁、裁判所ウェブサイト（医療法人十全会グループ名誉毀損事件・上告審）
【6】 最高裁平成元年12月21日判決・判タ731号95頁、判時1354号88頁（長崎教師批判ビラ事件・上告審）

ます。つまり、放送を一旦録画して、一時停止したり巻き戻したりして視聴するような視聴の仕方ではなく、一般の視聴者が普通に視聴した場合にはどのような内容と受け止められるかを基準に判断するということです。また、その場合には、番組の全体的な構成や、出演者等の発言、画面に表示された文字情報の内容が重視され、映像と音声による情報の内容と、放送内容全体から受ける印象等を総合的に考慮して判断すべきとされています[7]。

【7】 最高裁平成15年10月16日判決・民集57巻9号1075頁、判時1845号26頁、判タ1140号58頁、裁判所ウェブサイト（所沢ダイオキシン報道事件・上告審）

< 名誉毀損判定フローチャート >

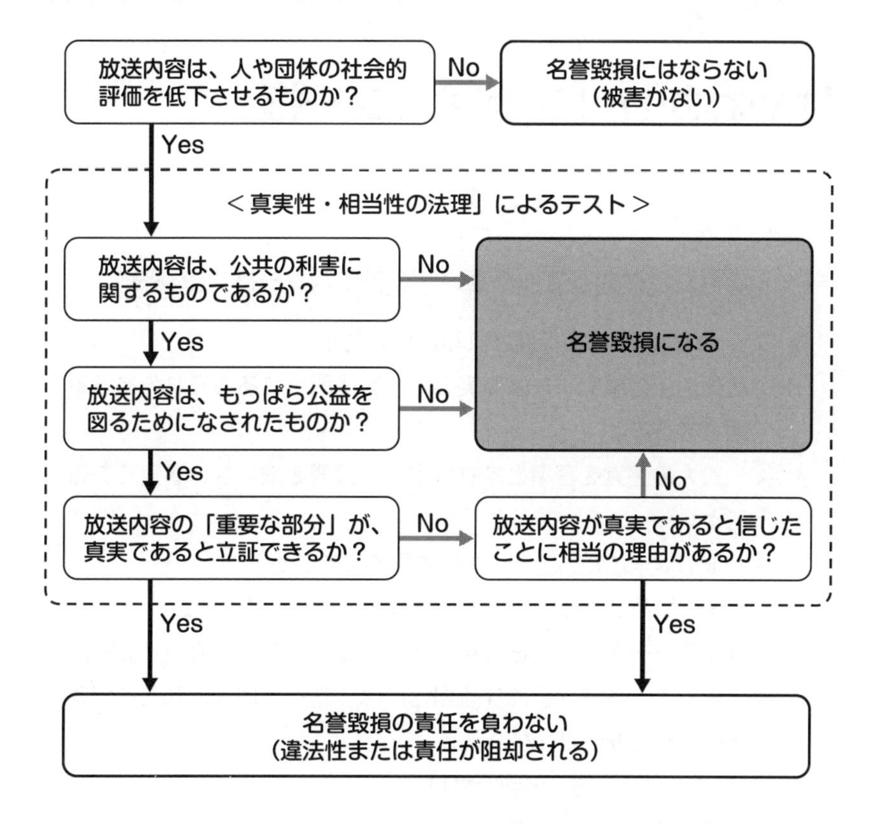

14-2

はやわかり「プライバシー権」

これだけは知っておきたい「プライバシー権」の基礎

■ プライバシーとして保護されるための要件

①私生活上の事実または事実らしく受け取られるおそれのある事柄であること

②一般人の感覚を基準とすれば本人が公開を欲しない事実であること

③一般には未だ知られていない事実であること

④公開されることによって本人が精神的苦痛を受けること

■ プライバシーを「公表されない利益」と「公表する必要性」を比較衡量して、後者が優先する場合には、たとえ個人の利益を侵害したとしても違法ではない。

■「公表されない利益」の判断材料

・精神的苦痛や実害の程度

・対象者の著名性

・事件事故発生からの時の経過

■「公表する必要性」の判断材料

・公共性（対象となる事実が公共の利害に関係あるか）

・公益目的（表現や取り上げ方が興味本位ではないか）

■プライバシー権とは

プライバシー権とは、「他人に知られたくない私生活上の事実や情報をみだりに公表されない権利ないし利益」のことを言います。

私生活上の情報であれば、どんな情報でもプライバシーとして法的に保護されるわけではありません。次の４つの要件を満たしている場合に、その情報はプライバシーとして法的保護を受けるとされています。

①私生活上の事実または事実らしく受け取られるおそれのある事柄であること、②一般人の感覚を基準とすれば本人が公開を欲しない事実であること、③一般には未だ知られていない事実であること、④公開されることによって本人が精神的苦痛（不快、不安の念）を受けること、の４つです[1]。

プライバシー権は法律で明確に定められた権利ではない

名誉権と異なり、民法は、「プライバシー権」や「プライバシー侵害」についての特別な規定を設けていません。

また、刑法も、「プライバシー侵害罪」のような犯罪を定めていません。

プライバシーは、人であれば誰でも憲法上保障される人格についての権利、いわゆる「人格権」の一種として、裁判所において民事上徐々に認められ、判例の集積により具体的になってきた権利なのです。

表現の自由とプライバシー権の調整

プライバシー権の侵害は、報じられた私生活上の事実が真実で正確であればあるほど被害が甚大となる上、一旦公表されてしまうと訂正や回収は不可能で、どうしても被害を回復できないという特徴を持っています。

そのため、表現の自由との調整においても、名誉権のように、一定の要件を満たせば必ず表現の自由が優先されるという調整方法ではなく、ケースに応じたきめ細やかな判断を要するため、「公表されない利益」と「公表する必要性」を個々のケースごとに具体的に比較衡量して、前者が優先する場合には権利侵害、後者が優先する場合には権利侵害ではないという調整がなされます[2]。

【1】 東京地裁昭和 39 年 9 月 28 日判決・判時 385 号 12 頁、判タ 165 号 184 頁（「宴のあと」事件・第 1 審）（1-4 参考判例①参照）

【2】 最高裁平成 6 年 2 月 8 日判決・民集 48 巻 2 号 149 頁、判時 1594 号 56 頁、判タ 933 号 90 頁（ノンフィクション「逆転」事件・上告審）

一般的に見ても秘密性が高い情報、例えば病歴などの情報、前科などの犯罪歴、性生活などの情報については、「公表されない利益」が増加する事情とみられることが通常でしょう。

一方、「公表する理由」の正当性が増加する事情としては、放送内容の公共性や公益目的などがあります。ここでいう公共性や公益目的の意味は、名誉毀損の違法性を判断する場合の判断要素と同じです。注意しなくてはならないのは、名誉毀損ではこうした要素がそろえば毀損された名誉の内容や程度にかかわらず常に免責されるのに対し、プライバシー侵害ではあくまでも考慮要素の１つとして加味されるだけという点です。例えば、公表された情報が極めて秘密性が高い場合には、公共性、公益目的、真実性が全て認められたとしても報道機関が免責されない可能性もあるのです（プライバシー侵害は、報じられた内容が真実である場合にこそ、より被害が大きくなり得るものであり、報じた内容が真実であることは、そもそもプライバシー侵害を否定する要素ともならないと言えます。）。

＜プライバシー侵害判定フローチャート＞

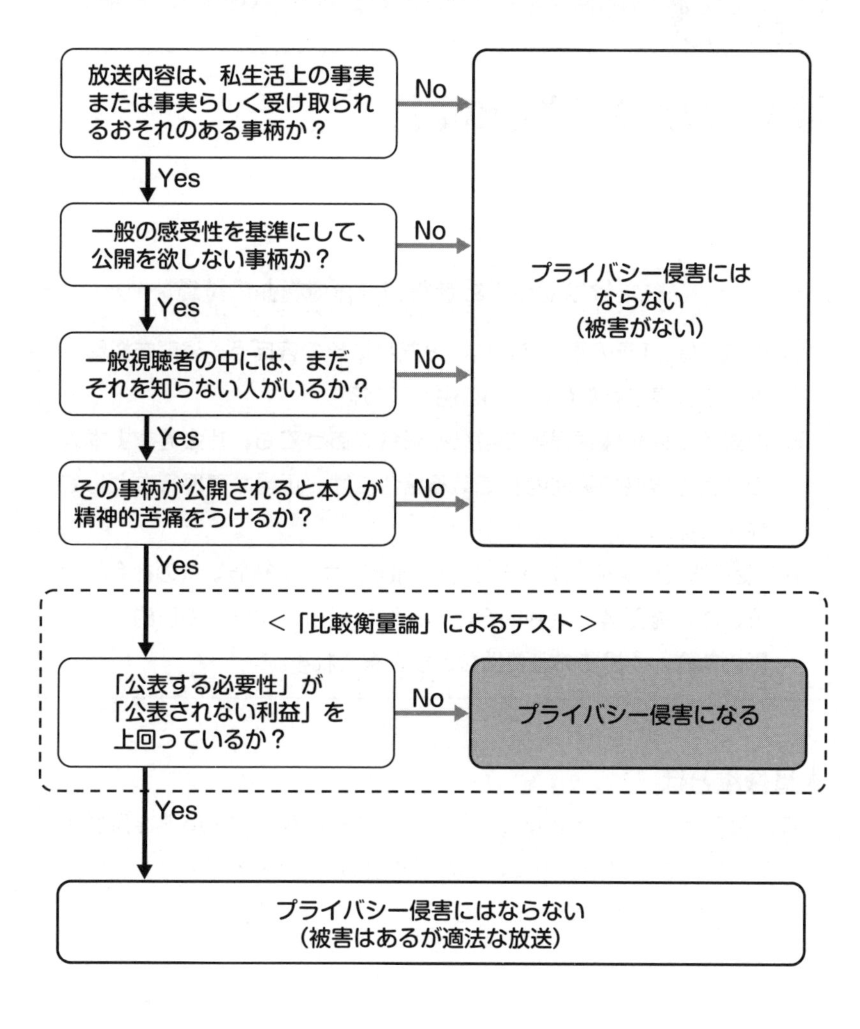

14-3

はやわかり「肖像権」

これだけは知っておきたい「肖像権」の基礎

- 肖像権は、「その承諾なしに、みだりにその容ぼう・姿態を撮影されたり公表されたりしない自由」である。
- 形式的には肖像権侵害に当たる場合であっても、社会通念上本人の「受忍限度の範囲内」である場合には、正当な表現行為として許される。
- 「受忍限度の範囲内」かどうかの判断では、①被撮影者の社会的地位、②被撮影者の活動内容、③撮影の場所、④撮影の目的、⑤撮影の態様、⑥撮影の必要性などが考慮される。

肖像権とは

肖像権とは、「その承諾なしに、みだりにその容ぼう・姿態を撮影されたり公表されない自由」のことを言います。「撮影」と「公表」の両方に対して主張できる権利です。「みだりに」、とは「正当な利用がないのに」という意味です。

プライバシー権と同じく肖像権も、人であれば誰でも憲法上保障される人格についての権利、いわゆる人格権の一種として、裁判所において認められてきた権利です。

肖像権が認められた最初の判例

最高裁が肖像に関する権利を認めたのは昭和44年に遡ります。最高裁は、警察官が証拠保全の目的でデモ隊を撮影した行為の適法性が刑事事件の中で争われた、いわゆる「京都府学連事件」の判決で、「その承諾なしに、みだりにその容ぼう・姿態を撮影されない自由」が憲法上保障されていることを初めて認めました。

この事件は国家による私人の容ぼうの撮影のケースでしたが、これ以降、この権利や定義はマスコミなどの私人による撮影や公表に拡大されていきました。そうした中で様々な判例が積み重ねられ、肖像権と表現の自由の調整が図られるようになってきています。

■受忍限度

形式的には肖像権を侵害する場合であっても、プライバシー侵害と同様に、肖像を「撮影・公表する必要性」と「撮影・公表されない利益」を比較衡量して、後者が優先する場合には、個人の利益を侵害したとしても肖像権侵害とはなりません。裁判所はこれを「受忍限度の範囲内かどうか」という表現を用いて説明しています。

■受忍限度の範囲内と言えるかどうかの判断基準

「受忍限度」の範囲内かどうかは、①被撮影者の社会的地位、②被撮影者の活動内容、③撮影の場所、④撮影の目的、⑤撮影の態様、⑥撮影の必要性、などを総合的に考慮して判断されます[1]。

①被撮影者の社会的地位については、被撮影者が政治家などの公的な存在であったり、タレントなどの有名人であったり、注目を集める刑事事件の被疑者・被告人であったりする場合には、肖像権よりも表現の自由を優先する方向に傾く要素になるでしょう。他方、被撮影者が一般の市民にすぎない場合は、肖像権を優先する方向で考慮されるでしょう。なお、政治家や有名人などであっても肖像権の保護を一切受けないというわけではありません。あくまで考慮要素の１つとなるにすぎません。

②被撮影者の活動内容や、③撮影の場所については、例えば公共の場所

【1】 最高裁平成17年11月10日判決・民集59巻9号2428頁、判時1925号84頁、判タ1203号74頁、裁判所ウェブサイト（和歌山毒カレー肖像権事件・上告審）(3-1参考判例①、11-2参考判例②、11-6参考判例③参照)

で政治的な演説を行っているような場合は、肖像権よりも表現の自由を優先する方向で考慮されるでしょう。他方、自宅でくつろいでいたり、病院に入院中であったりするような場合は、肖像権が優先される方向で考慮されるでしょう。

④撮影の目的は、例えば報道目的の場合には、肖像権より表現の自由を優先する方向で、他方、本人に対する嫌がらせを目的とするような場合は、肖像権を優先する方向で考慮されるでしょう。

⑤撮影の態様は、③とも関連しますが、放送局名の入った腕章をしているなど報道クルーであることが明確な状態で、公道で堂々と撮影しているような場合と異なり、法廷内のように撮影が禁止されている場所で隠し撮りしたような場合には、肖像権を優先する方向に傾く要素になるでしょう。一方、隠し撮りであっても、例えば、捜査の妨害にならないようにしたり、周囲の平穏を害しないようにしたりするため、自動車内などの見えない位置から撮影するといった、正当な理由や態様で行われた隠し撮りについては、必ずしも肖像権を優先する方向に傾くとは限りません（3-3の参考判例③参照）。

⑥撮影の必要性は、文字どおり、その人を撮影して放送する必要性が高いのか低いのかが考慮されることになります。

そして、以上のような事情を総合的に考慮した上で、肖像権と表現の自由のどちらを優先すべきかが、その都度個別に判断されることになります。

<肖像権侵害判定フローチャート（肖像イラストを除く）>

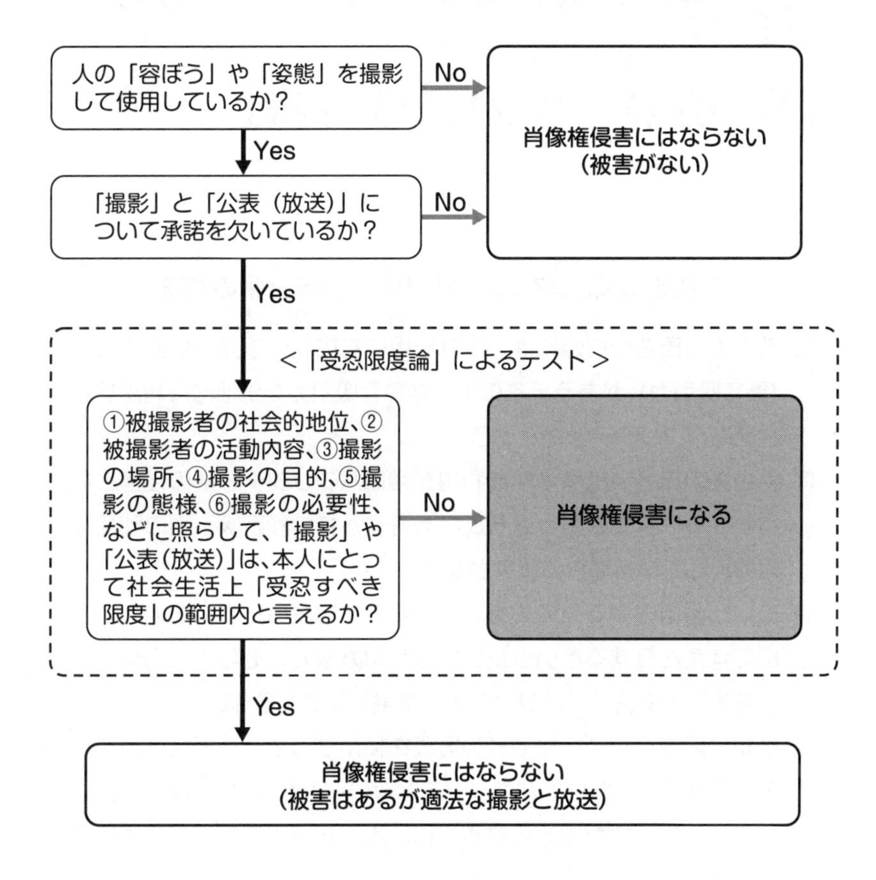

14-4

はやわかり「パブリシティ権」

これだけは知っておきたいパブリシティ権の基礎

- 著名人の氏名や肖像には、それを用いた商品の販売を促進する力(顧客吸引力)がある。このような顧客吸引力を排他的に利用する権利をパブリシティ権という。
- 著名人の氏名や肖像の無断利用が常にパブリシティ権の侵害となるわけではなく、もっぱら氏名や肖像が持つ顧客吸引力の利用を目的としている場合に侵害となる。
- テレビ番組の中でその人を紹介したり、解説したり、その人について考えたりするといった通常の利用方法で、その人の肖像や氏名を用いる場合は、パブリシティ権侵害にはならない。
- 番組の関連グッズに出演者の写真を使用するような場合は、あらためて許諾を得ないとパブリシティ権侵害となる可能性がある。
- パブリシティ権が認められるのは「人」だけである。どれだけ著名であっても、「物」には認められない。

パブリシティ権とは

著名人の氏名や肖像には、それを用いた商品の販売を促進する力(顧客吸引力)があります。例えば、ただのTシャツやマグカップなのに、それに有名アイドルの顔写真をプリントしただけで、飛ぶように売れることがあります。このように、それを用いた商品の販売を促進する力のことを顧客吸引力といいます。そして、このような顧客吸引力を排他的に利用する権利をパブリシティ権と言います。

肖像権と同じく、パブリシティ権も法律で定められた権利ではありませんが、肖像権と同様、判例の積み重ねの中で認められてきた権利です。

■パブリシティ権侵害が成立する場合

氏名や肖像を無断で利用したとしても、それだけで常にパブリシティ権侵害となるわけではありません。裁判所は、「専ら（もっぱ）」氏名や肖像が持つ顧客吸引力の利用を目的としていると言える場合にパブリシティ権の侵害となるとしています[1]。

具体的には、①氏名や肖像それ自体を独立して鑑賞の対象となる商品等として使用する場合、②商品等の差別化を図る目的で氏名や肖像を商品等に付す場合、③氏名や肖像を商品等の広告として使用する場合などが該当します。①は例えば無断で写真集を出版するような場合、②は例えば無断で著名人の名前をブランドネームとして利用するような場合が該当します。

■テレビ番組によるパブリシティ権侵害

では、テレビ番組の中で著名人の肖像や氏名を無断で利用するとパブリシティ権侵害となるのでしょうか。この問題について、テレビ番組についての判例ではありませんが、書籍における自由な表現とパブリシティ権の関係について判断した判例があります。

例えば、中田英寿選手の半生を描いた書籍において、表紙、裏表紙、帯、グラビアページなどに中田選手の写真を無断で掲載するなどしたことが中田選手のパブリシティ権を侵害するかが争われた事件で、裁判所は、これらの写真が一面でパブリシティ価値を利用していることは認めつつも、そのような態様により氏名、肖像が利用されているのは書籍全体としてみれば一部分にすぎず、肖像写真を利用したブロマイドやカレンダーなど、そのほとんどの部分が氏名、肖像等で占められて他にこれといった特徴もない商品と同一視することはできないから、「専ら」顧客吸引力を利用しようとするものではないとして、パブリシティ権の侵害にはならない

【1】 最高裁平成24年2月2日判決・民集66巻2号89頁、判時2143号72頁、裁判所ウェブサイト（ピンク・レディー事件・上告審）

としました[2]。

これに対して、大部分が複数のアイドルの写真とそれについての卑猥なコメントや文章で構成されている雑誌がアイドルたちのプライバシー権とパブリシティ権を侵害するかが争われた事件で裁判所は、「著名な芸能人の名声、社会的評価、知名度等を表現する肖像等の顧客吸引力に係る経済的価値を十分認識した上で、本件雑誌販売による利益を得るといった目的でこれを利用して本件雑誌を出版、販売している」などとして、プライバシー権と共にパブリシティ権の侵害を肯定しています[3]。

これらの考え方がテレビ番組にもそのまま適用されるとは限りませんが、書籍もテレビ番組も表現行為という点では共通しますので、基本的にはテレビ番組にもこれらの考え方が当てはまると考えられます。

■パブリシティ権侵害が問題となることはあまりない

そうすると、通常のテレビ番組で著名人の肖像や氏名を用いても、多くの場合は「専ら」パブリシティ価値を利用する目的とは言えませんので、パブリシティ権の問題とはならないと言えそうです。

もっとも、番組の関連グッズを作成して販売する場合に、著名人の肖像や氏名を使用すれば、それはパブリシティ権侵害となる可能性がありますので、注意が必要です。

■実演家としての著作隣接権とパブリシティ権の関係

なお、芸能人が出演している過去の番組の映像などを本人に無断で使用する場合は、パブリシティ権との関係では何ら問題なくとも、実演家としての著作隣接権が及ぶ可能性がありますので、その場合は別途権利処理が必要です（14-6 参照）。

また、テレビ局自身が様々な理由から、パブリシティ権や著作隣接権が働く範囲を超えて、実演家やその所属プロダクション、実演家の所属する

【2】 東京地裁平成 12 年 2 月 29 日判決・判時 1715 号 76 頁、判タ 1028 号 232 頁、裁判所ウェブサイト（中田英寿文集掲載事件）（9-1 参考判例②参照）

【3】 東京高裁平成 18 年 4 月 26 日判決・判時 1954 号 47 頁、判タ 1214 号 91 頁（ブブカスペシャル 7 事件・控訴審）（3-1 参考判例④参照）

団体等との間で、肖像等の利用について別途使用料を支払う旨の契約をしている場合もあります。そして、そのような契約が存在する場合には、その範囲でその契約に拘束されます。したがって、実務上は、特に芸能人の肖像を画面に表示させる場合には、当該芸能人についてそういった契約が存在しないかをまず確認しておく必要があります。放送するテレビ局の担当部署に必ず確認をしてください。

■死者のパブリシティ権

死者のパブリシティ権については、本人の死亡と共に消滅するとする見解や、著作権の存続期間や実演家の著作隣接権の存続期間を類推して本人の死後も50年は存続するとする見解など様々な見解があります。

しかし、上述のピンク・レディー事件最高裁判決は、パブリシティ権は人格権に由来する権利であると明確に示しています。それを前提に考えれば、現行法上は、本人の死亡と共に消滅すると考えるのが自然でしょう。

もっとも、亡くなったからといって、遺族等に無断で著名人を広告に使用したりすれば社会的な非難・反発を受けることも考えられますし、そうなれば、結局、広告という観点からは逆効果になってしまいます。また、遺族が故人に対して有する「敬愛追慕の情」を害したとして、法的な責任を追求される可能性もあります（10-9参照）。したがって、実際には、死後であっても一定の配慮が必要となるでしょう。

■物のパブリシティ権

以前は、競走馬や盆栽、建物などの「物」の名前や外観にもパブリシティ権が認められるのではないかが議論されていました。しかし平成16年に最高裁判所が、「物」にはパブリシティ権は無いという判断を下したため、この問題は決着がついています[4]。

したがって、著名な建物の映像を無断で使用しても、建物のパブリシティ権を侵害することはありません（3-5参照）。

【4】 最高裁平成16年2月13日判決・民集58巻2号311頁、判時1863号25頁、判タ1156号101頁、裁判所ウェブサイト（ギャロップレーサー事件・上告審）

14-5

はやわかり「著作権」

これだけは知っておきたい「著作権」の基礎

- 「著作物」と認められるためには、①表現されていること、②「思想または感情」の表現であること、③創作的であること、の3つの条件を満たす必要がある。
- 番組で他人の著作物を利用するためには、原則として著作権者の許諾を得る必要がある。
- 音楽や歌詞の著作権については、テレビ局と著作権等管理事業者の間に包括契約があるので、個別の許諾は不要。
- 番組の中で著作物を「引用」する場合や「報道利用」する場合には、例外的に許諾が不要だが、著作権法における「引用」や「報道利用」に該当するためには条件があるので注意が必要。

■著作権とは

著作権とは、自分の著作物を他人に無断で利用されない権利です。逆の立場から言えば、他人の著作物を利用する場合は、原則として、権利を持っている人から許諾を得なくてはなりません。

こうした保護を受ける「著作物」と認められるためには、①表現されていること、②「思想または感情」の表現であること、③創作的であること、の3つの条件を満たす必要があります。

要 件	内 容
①表現されていること	紙に書かれたり、録音されたりする必要はなく、口頭でもよいが、「頭で考えただけ」ではダメ

②「思想または感情」の表現であること	人の内面を表現したものであれば広く認められるが、「単なる事実の伝達」ではダメ
③創作的であること	その人の何らかの個性が現れていればよいが、「ありふれた表現」ではダメ

■表現されていること

著作物であるためには、まず外部から分かる形で表現されている必要があります。必ずしも紙に書かれたり録音されたりしている必要はなく、口頭でも構いません。即興のパントマイムなども一度演じられれば表現されていると言えますので、残りの２つの要件を満たせば著作物となります。

他方、どんなに素晴らしいアイデアであっても、それが頭のなかにとどまっている限り、表現されているとは言えないため、著作権法で保護されることはありません。

また、仮に外部に表現された場合でも、著作権法により保護されるのは表現だけであって、アイデアではありません。例えば、おいしい料理の作り方を説明したレシピ本の文章は、表現として保護されますが、料理の作り方自体はアイデアであって、著作権法によっては保護されません。

■「思想または感情」の表現であること

著作物であるためには、人の「思想または感情」を表現したものである必要があります。したがって、単なる事実やデータなどは除外されます。例えば、平均気温や株価などのデータ、自然界の事実（水は零度で凍る）、歴史的事実（坂本龍馬が薩長同盟を斡旋した）などは、いずれも事実にすぎず、したがって著作物ではありません。

■創作的であること

著作物と言えるためには、「創作的に」表現されたものであることが必要です。例えば、「今日は○○さんお薦めの日本料理のお店に行ってみました。確かにすばらしいお店でした」というような表現では、感情を表現したものではあるものの、ありふれており創作性がないので著作物とは言えません。もっとも、芸術家のような高いレベルまで要求されるわけではなく、その人の個性が一応現れていると言えれば、創作性は認められます。

■登録などの手続きは不要

著作権は、著作物を生み出せば、その瞬間に自動的に認められる権利です。登記をしたり、届出をしたりといった特別な手続きは必要ありません。ここが特許権や意匠権と大きく異なるところです。

例えば、テレビ局や制作会社が放送番組を制作した場合、放送前であっても、完成すればその番組についての著作権が発生します。

■著作物の種類

著作権法は、著作物として認められるものをいくつか列挙しています。ただ、これらはあくまでも例示であって、この分類に当てはまらないものでも、上に示した3つの要件を満たしているものは、全て著作物として認められます。番組制作との関係では、実際に使用しようとしている著作物がどれに分類されるかを気にする必要はあまりありません。ただ、これらの分類は、著作物かどうかを判断する際の手掛かりとなりますので参考にしてください。

著作物の種類	具体例
言語の著作物 (10条1項1号)	小説、脚本、論文、講演、説教、テーブルスピーチ、歌詞
音楽の著作物 (10条1項2号)	楽曲、歌詞、オペラ
舞踏又は無言劇の著作物 (10条1項3号)	日本舞踊、バレエ、パントマイム
美術の著作物 (10条1項4号)	絵画、版画、書、彫刻、舞台美術、漫画、劇画、美術工芸品
建築の著作物 (10条1項5号)	宮殿、城、寺院、橋、塔、庭園
地図又は学術的な性質を有する図形の著作物 (10条1項6号)	地図（道路地図、住宅地図など）、図面（建築物の設計図など）、図表（グラフなど）、模型（地球儀、人体模型など）
映画の著作物 (10条1項7号)	劇場用映画、テレビドラマ、スポーツ中継、各種テレビ番組、テレビCM、テレビゲーム

写真の著作物 (10条1項8号)	写真
プログラムの著作物 (10条1項9号)	OS、アプリケーションプログラム

著作物の「利用」と「支分権」

最初に、著作権とは、自分の著作物を他人に無断で利用されない権利であると説明しました。しかし、著作物を使う全ての行為が、ここでいう「利用」となるわけではありません。例えば、音楽を聴いたり、本を読んだりする行為は、著作権法における「利用」ではなく、したがって、著作権者でも、そういった行為まで禁止することはできません。

著作権法は、どういった行為が「利用」にあたるかを細かく分類しており、それらの分類に当てはまる行為だけが著作権の対象となります。例えば、著作物を複製する行為（印刷、撮影、複写、録音など）は複製権の対象であるとされています。

著作権は、こうした多くの権利によって構成されており、これら1つ1つの権利のことを支分権と呼んでいます。そのため、著作権は「権利の束」であると説明されます。支分権の種類と、対象となる行為の具体例は次の表のとおりです。

支分権	対象となる行為の具体例
複製権	印刷、撮影、複写、録音など
上演権・演奏権	演劇、落語、講談など　楽器演奏、歌唱など
上映権	ディスプレイ、スクリーンなどへの映写
公衆送信権	放送、有線放送、インターネット送信など
口述権	朗読、説教、講演、講義など
展示権	展示、展覧など（絵画・写真の原作品のみ）
頒布権	配給、販売、レンタルなど（映画のみ）
譲渡権	販売、無償配付（映画以外）
貸与権	レンタル（映画以外）
二次的著作物の利用に関する原著作者の権利	自分の作品を基に創作（翻案、翻訳、映画化など）された作品についても上記の権利が全て働く

■類似性

著作権者は、自分の著作物と同一の著作物だけでなく、類似する著作物に対しても権利を主張することができます。もっとも、どの程度似ていれば類似すると言えるかは非常に難しい問題です。類似するか否かを巡って争われた裁判例も、過去に数多くあります。

裁判所は、この問題を「表現上の本質的特徴を直接感得できるか」という基準で判断しています。「表現上の本質的特徴」については1-2も参照してください。

■依拠性

たとえ自分の著作物と類似する著作物であっても、それが、自分の著作物に依拠して作られたものでない場合は、権利を主張することができません。依拠とは、（たとえ無意識であれ）既存の著作物をもとにして著作物を作成・利用したことを言います[1]。

したがって、逆の立場からいえば、自分の作った作品が、他人の著作物と偶然似てしまったにすぎない場合には、著作権侵害とはなりませんので、許諾を得る必要もないことになります。

■許諾を得る相手

実際に著作物を創作した「著作者」が、著作権を有している「著作権者」となります。他人の著作物を利用するために許諾を得る場合は、この著作権者から許諾を得るのが原則です。なお、会社などの法人の従業員が職務上作成した場合は、原則として法人が著作者となり、著作権を持ちますので、その場合は、その法人から許諾を得ることになります。

もっとも、著作権は他人に譲渡することが可能ですので、譲渡された場合は譲り受けた人が著作権者になります。また、著作者がすでに死亡している場合は、遺族が相続しています。

なお、実際の権利交渉では、交渉の相手方が権利者ではない場合もあり

【1】 島並良＝上野達弘＝横山久芳『著作権法入門』249頁（有斐閣、2009）

ます。これは、権利者が、「著作権等管理事業者」に権利の管理を委託していたりして、こうした団体が真の権利者に代わって許諾を行っている場合があるからです。

テレビ局の場合は、むしろこうした権利者団体等との間で権利処理をすることの方が多いとも言えます。こうした団体との間では互いに守るべきルールが定められていますので、個別の著作物の利用に当たっては、このルールに従って処理をすることになります。逆に言えば、このルールに従えば特段の事情がない限り許諾が受けられますので、権利処理をスムーズに行うことができます。

■包括契約

楽曲や歌詞といった音楽の著作物については、各テレビ局は、一般社団法人日本音楽著作権協会（JASRAC）等の著作権等管理事業者との間で包括契約を締結しています。これにより、JASRAC等が管理する音楽（ほとんどの商業音楽作品の著作物が含まれます。）については個別に権利処理をする必要がなく、年間に一定額を使用料として支払うという包括処理がなされています。つまり、番組担当者は、CDなどについて、JASRAC等が管理する楽曲であることさえ確認すれば、自由に番組のBGMとして使用することができるのです。

■「引用」と「報道利用」

他人の著作物は許諾を得て利用するのが原則ですが、著作権法は、許諾を得なくてもよい例外をいくつか認めています。これらの例外のことを権利制限規定といいます。放送番組を制作する際によく用いられる権利制限規定が「引用」と「報道利用」です。

もっとも、どういったときに「引用」や「報道利用」に該当するかの判断が難しい場合もあります。本書の各項目で個別のケースについて確認するとともに、判断に迷う場合は、各テレビ局の担当部署に問い合わせるようにしてください（第9章参照）。

14-6

はやわかり「著作隣接権」

これだけは知っておきたい著作隣接権の基礎

- 著作隣接権は、著作物の公衆への伝達に重要な役割を果たしている者に与えられる権利である。
- 実演家、レコード製作者、放送事業者、有線放送事業者に認められている。
- 著作権と同様、複数の支分権から構成されている。

著作隣接権とは

著作物は、人に伝達されて初めて意味を持つと言うことができます。そこで著作権法は、著作物の創作者ではないものの、著作物の公衆への伝達に重要な役割を果たしている者に対して特に権利を与えています。これを著作隣接権といい、役者や演奏家などの「実演家」、レコード（音源）に固定された音を最初に固定した者である「レコード製作者」、テレビ局やラジオ局などの「放送事業者」、そして、CATVやU-SENなどの「有線放送事業者」の4者に著作隣接権が認められています。

これらの4者に与えられている権利はそれぞれ異なっており、概ね次表のとおりです。基本的に、同じ名称の支分権については、著作権、著作隣接権ともに、内容にほとんど違いはありませんので、「著作権」の項目を参照してください。以下では著作隣接権に特有のものについて補足します。

	実演家	レコード製作者	放送事業者
複製権		○	○
録音権・録画権	○		
放送権・有線放送権	○		○
送信可能化権	○	○	○
商業用レコードの二次使用料を受ける権利	○	○	
譲渡権	○	○	
貸与権	○	○	
テレビジョン放送の伝達権			○

※有線放送事業者は、放送権を有していない以外は放送事業者と同じ。
※「著作隣接権」とは正確には著作権と同じく差止請求権が認められるものだけを指し、「商業用レコードの二次使用料を受ける権利」は著作隣接権には含まれないが、便宜上ここでまとめた。

■録音権・録画権

実演家の録音権・録画権は、実演を録音したり録画したりすることを禁止できる権利です。複製権と同じような権利ですが、複製の手段が録音と録画に限定されている点で異なっています。

■放送権・有線放送権・送信可能化権

実演家の放送権・有線放送権は、実演の放送や有線放送を禁止できる権利です。放送事業者の場合は、その放送を受信して再放送したり有線放送することを禁止できる権利であり、「再放送権・再有線放送権」と呼んでいます。次に、「送信可能化権」は、実演、レコード、放送を、インターネットを通じて不特定または多数の者に送信できる状態に置く権利です。

■商業用レコードの二次使用料を受ける権利

商業用レコードの二次使用料を受ける権利とは、市販されている音楽CDなどが放送番組で使用された場合に、一定の使用料を受け取ることができる権利です。

放送局が音楽CDを放送番組で使用する場合、作詞家・作曲家などの著作権者からは、許諾を得なければ使用することができません（実際には、ほとんどの場合JASRAC等の著作権等管理事業者との契約で処理しています。）。これに対して、レコード製作者や、CDに収録されている演奏を行った実演家については、許諾を得ることなく放送で使用することができるのですが、使用した場合にはその使用料を支払わなくてはなりません。

なお、放送局は個々の実演家やレコード製作者に直接支払うのではなく、公益社団法人日本芸能実演家団体協議会や一般社団法人日本レコード協会に支払えばよく、実演家やレコード製作者は、それらの団体から分配を受けることになります。

■伝達権

放送事業者の「伝達権」とは、大型スクリーンなどにテレビの映像を映し出して公衆に伝達する権利のことです。駅前の巨大スクリーンなどに放送番組を映し出そうとする場合には、この権利が働きますので、テレビ局の許諾が必要となります。

■ワン・チャンス主義

実演家の著作隣接権については「ワン・チャンス主義」という原則があり、権利の及ぶ範囲が限定されています。その全てを説明するのは複雑なので、以下では主要なものだけ説明することにします。

まず、一旦、権利者の許諾を得て映画の著作物に録音・録画された実演については、その後、その映画の著作物が増製されることについて録音・録画権が及びません。つまり、映画の撮影を承諾して出演した実演家（俳優など）は、その後、その映画がビデオ化・DVD化される際に録音権・録画権を行使することができないのです。実演家としては、必要であれば、当初の出演契約の時点で、その後の映画の利用に伴う追加報酬についても協議しておくべきということになります。このように、実演家の権利主張の機会を最初の出演時の１回だけとすることをワン・チャンス主義と言います。このようなワン・チャンス主義によって権利が制限されるのは、録音権・録画権だけに限られません。放送権・有線放送権、送信可能化権についても同じです。すなわち、映画の撮影を承諾して出演した実演家は、その後、その映画がテレビ放送されたり、インターネット配信されたりする際にも、権利を行使できません。

また、権利者の許諾を得て録音・録画された実演を放送・有線放送する場合にも実演家の権利は及びません。したがって、正規の音楽CDを使って放送する場合は実演家の放送権は及ばないことになります。これもワン・チャンス主義の現れです。もっともこの場合は、上述のとおり、商業用レコードの二次使用料の支払いを受けることが可能です。

■放送番組とワン・チャンス主義

放送番組も、映画の著作物の1つです。そうすると、放送番組に出演した実演家は、その後の放送番組の二次使用には権利主張できないということになりそうですが、実はそうではありません。

まず、放送事業者が制作する放送番組（いわゆる局制作番組）の場合、その多くは、慣例上、実演を放送することの許諾を得ているだけで、実演の録音・録画の許諾までは得ていないものとして扱われています（著作権法93条により、放送のためであれば許諾がなくとも録音・録画できる特別な権利が与えられているため）。したがって、その番組を二次使用する際には、あらためて実演家の許諾を得なければならない扱いとなっています。

これに対し、番組制作会社等による外部制作の場合は、当初の出演時に実演を録音・録画することの許諾まで得ておかないと、そもそも撮影・編集すらできないので（制作会社には著作権法93条が適用されないため）、必ず実演の録音・録画の許諾まで得ています。したがって、こうして制作した番組にはワン・チャンス主義が適用されるのです。よって、外部制作番組については、二次使用以降に実演家の権利は及びません。もっとも、出演時に制作会社と実演家との間で個別に契約が締結されている場合はそれに従うことになります。実際の運用上は、外部制作の場合でも、局制作番組の場合に準じた取扱いをしていることも多いようです。

14-7

はやわかり「著作者人格権・実演家人格権」

これだけは知っておきたい著作者人格権・実演家人格権の基礎

- ■ 著作者人格権とは、著作物の創作者である著作者の人格的な利益を保護するために認められた権利である。
- ■ 著作者人格権には、公表権、氏名表示権、同一性保持権の３種類の権利がある。
- ■ 実演家にも実演家人格権があり、氏名表示権と同一性保持権が認められているが、公表権はない。
- ■ これらの人格権は他人に譲渡できないが、契約により「行使しない」と合意することは広く行われている。
- ■ 著作者や実演家が死亡した後も、人格権の侵害となるべき行為を行うことは、原則として禁止されている。

■著作者人格権とは

著作物を創作する行為は高度に精神的な行為であり、完成した著作物は、著作者の人格の発露であるということができます。したがって、そうして完成した著作物が意に反して公表・改変されたり、他人の名前で発表されたりすることは、経済的な問題だけでなく、著作者の人格的な利益をも害することになります。

そのため著作権法は、著作者に対し、公表権、氏名表示権、同一性保持権という３つの権利を与えて著作者の人格的利益の保護を図っています。これらの権利を合わせて「著作者人格権」と言います。

■公表権

公表権とは、無断で自己の著作物を公表されない権利です。すでに公表されている著作物を利用する場合には問題となりませんが、著名人の手紙や日記のように、公表されていないものを番組で公表する際には注意が必要です。手紙や日記の公表がトラブルとなるケースでは、プライバシー侵害とセットで問題とされることも考えられます。

■氏名表示権

氏名表示権とは、著作者がその著作物の利用に当たって、著作者名を表示するかしないかを決定できる権利です。例えば小説を出版する場合、著者は自分の本名を掲載するか、ペンネームを掲載するか、あるいは著者名を表示しないかを自由に決定することができます。著者に断りなく、著者名を表示しないで書籍を出版した場合には、氏名表示権の侵害となります。

ただし、この氏名表示権はある程度制限されており、①著作者の利益を害するおそれがなく、かつ②公正な慣行に反しない場合には、著作者名の表示を省略してもよいとされています。

■同一性保持権

同一性保持権とは、著作物やそのタイトルにつき、著作者の意に反して変更、切除その他の改変をされない権利です。著作者の意に反して著作物の内容を改変してしまうと、この同一性保持権の侵害となってしまいます。

「意に反して」という言葉のとおり、同一性保持権の侵害になるかどうかについては著作者の主観が基準となります。つまり、第三者が客観的に見れば「著作者の名誉や声望を害する」と言えるような改変ではない場合でも、著作者が「この改変は私の意に反する」と思えば、原則として同一性保持権侵害になってしまうということです。したがって、同一性保持権は要注意の権利であり、慎重な対応が求められると言えるでしょう。

もっとも、たとえ著作者の意に反して改変がなされた場合でも、それが「やむを得ない改変」であると認められる場合には、同一性保持権の侵害にはなりません。過去の裁判例では、ビスタサイズの映画をテレビ放送するために行われたトリミングを、「やむを得ない改変」に当たり適法であるとしたものがあります[1]。

■実演家人格権

以上は著作者の人格権ですが、実演家にも同じような人格権の規定があります。従前は実演家の人格権の規定はなかったのですが、平成14年の法改正によって、実演家にも人格権の規定が設けられました。

もっとも、実演家の人格権は、著作者人格権よりも権利の範囲が狭くなっています。まず、実演家については氏名表示権と同一性保持権の規定が設けられたにとどまり、公表権の規定はありません。つまり、実演家には著作者のような公表権は認められていません。

また、実演家の氏名表示権については、「公正な慣行」に反しない限り、たとえ実演家の利益を害する場合でも表示を省略できるとされており、著作者人格権より緩やかに例外が認められています。

さらに、同一性保持権についても、実演家は「名誉・声望を害する改変」だけを禁止できるにとどまり、「意に反する改変」を禁止できる著作者人格権よりも範囲が狭くなっています。加えて、実演家の場合は、改変が許容される例外として、やむを得ない改変のほか、公正な慣行に反しない改変も認められており、著作者人格権よりも、例外が緩やかに認められています。

このように、同じ「人格権」でも著作者と実演家では、その権利の内容がかなり異なっています。

■人格権の一身専属性

著作者人格権や実演家人格権は、著作権法に定められている権利ではあるものの、名誉権やプライバシー権と同じく人格権の一種ですので、著作者や実演家の一身に専属し、譲渡することはできません。

しかし、たとえ著作権を買い取ったとしても、上記のように強力な権利

【1】 東京地裁平成7年7月31日判決・判時1543号161頁、判タ897号191頁（スウィートホーム事件）

である著作者人格権・実演家人格権を行使されるリスクが常にあるということになると、本来は高い経済的価値を持つはずの著作物の円滑な流通を阻害してしまいかねません。

そこで、実務上では、著作者と契約を交わすことによって、「あなたに対して人格権は行使しません」というような合意をすることが広く行われています。このような合意を「人格権の不行使特約」と呼んでいます。このような不行使特約が法的に有効なのかについては議論もありますが、このような特約の全てが無効とされてしまう可能性は小さいと思われますし、実務上は、このような不行使特約は広く交わされています。

外部から素材映像の提供を受ける際などは、こうした人格権の不行使特約を契約に盛り込むことも検討されるべきでしょう。ただし、たとえそのような特約があったとしても、好き放題に改変してよいと考えるのは危険です。特に著作者や実演家の名誉・声望を著しく貶めるような改変等には慎重になるべきと思われます。

なお、財産権である著作権や実演家の著作隣接権は、第三者に譲渡したり、管理を任せたりすることができます。そのため、著作者と著作権者が異なることが少なくありません。交渉の際には、交渉相手が本当にその権利を許諾したり、不行使特約を結んだりする権利を有しているかどうかを確認することが大切でしょう。

■著作者や実演家の死後も要注意

上記のとおり、著作者人格権や実演家人格権は、著作者の一身に専属しますので、著作者や実演家の死亡と同時に消滅します。

しかし、それでは死後であれば自由に改変などができるのかとなると、実は、そうではありません。ややこしいのですが、著作権法は、たとえ著作者や実演家が死亡した後であっても、仮にそれらの者が生きていれば著作者人格権や実演家人格権の侵害となったであろうと言える行為については、死後であっても引き続き禁止しているためです。そして、そういった禁止行為が行われた場合には、著作者や実演家の遺族が権利主張できるとされています。

著作権法は、死亡から時間の経過している場合には、その点も考慮して「侵害ではない」と判断する余地も認めており、バランスを取ってはいます。しかし、明確な基準があるわけでもないため、実際には、慎重な判断が求められてしまいます。上記のとおり、禁止される行為に対しては「遺族」が権利主張できるとされていますが、その「遺族」とは、具体的には死亡した著作者又は実演家の配偶者、子、父母、孫、祖父母または兄弟姉妹を言うとされています。したがって、実務上は、孫が生存している間は、より慎重な配慮が必要ということも言えそうです。

事項索引

あ行

アーカイブ……222
アイデア……3, 10, 453
ありふれた表現……11
依拠性……456
遺族……200, 230, 313, 451, 456, 465
一身専属性……464
イメージ映像……330
イラスト画……327
インタビュー……131, 140, 152, 162, 300, 337
引用……16, 89, 228, 245, 249, 254, 260, 322
写り込み……70, 86
映画製作者……219
営業秘密……367
営業秘密管理指針……367
映像実演権利者合同機構（PRE）……216
SNS……245, 249, 253
オマージュ……14
音声の加工……42

か行

外国人……166, 170, 178
開示証拠……387
顔写真……149, 244, 448
顔なしインタビュー……337
隠しカメラ……43, 48, 53
隠し撮り……82, 103, 350, 446
隠しマイク……43, 48, 53
拡大処理……339, 349
確認視聴請求……414
加工処理……344
観覧者……188
企画書……32
規制線……110
期待権……29
教唆……60, 100, 381
禁無断転載……233
クレジット……12, 203, 225, 230, 241
群衆……68
敬愛追慕の情……313, 451
刑事訴訟法……386
芸能タレント通達……159
契約締結上の過失……29
劇場用映画……218
原稿……294, 415, 428
建築物……92, 206, 451
権利処理……211, 214, 218, 222, 228, 236
権利の濫用……90, 323, 333, 416
公益通報者保護法……372
公益目的……435
公開の美術……89
興行……172, 179
公共性……435
公式発表……282, 291
公人……74, 306
公正な論評……437
公的活動領域……76, 81
公表権……462
候補者……308
顧客吸引力……448
個人情報……356
個人情報保護法……357, 363

さ行

災害写真……248
在留カード……171
在留資格……171
在留資格認定証明書……179
差押え……418

シートベルト……119
資格外活動……173
事件写真……248
事件の過程で見られ聞かれる著作物……239, 246, 251
事件を構成する著作物……238, 246, 250
時事の事件……237
死者……312
死者のパブリシティ権……451
施設管理権……103, 189
実演家……458
実演家人格権……462
実名報道……125, 146, 149, 264, 270
私的活動領域……76, 81
私的複製……189
児童買春・児童ポルノ等禁止法……271
支分権……455
氏名権……167
氏名表示権……462
謝礼……63
住居侵入……104, 114
銃刀法……96
取材 VTR……418
取材協力者……358, 372
取材源……278, 340, 346, 426
取材メモ……34
主従関係……18, 229, 245, 249
出所明示……232, 241, 246, 251
出入国管理法……171, 179
出版権……209
出版社……208
受忍限度……69, 75, 81, 154, 328, 349, 445
証言拒否……426
肖像権……69, 75, 81, 123, 148, 153, 189, 327, 337, 350, 409, 444
証人尋問……36
少年法……147
商標……19, 260, 321
招へい……178
資料映像……222, 330
人格権……313, 441, 444
真実性……35, 281, 292, 296, 428, 435
真実相当性……35, 281, 292, 428, 435
推知報道……147
製作委員会……219
政治家……308, 328, 346, 445
青少年保護育成条例……162
正当業務行為……65, 105, 135, 382, 390
設定……15
捜索……100, 385, 419
創作性……10, 93, 205, 253, 259, 321, 452
相続……199
相当真実性……281
卒業アルバム……244

た行

逮捕状……283
タイムライン……259
立入り……94, 102
建物……92, 206, 451
ダフ屋……193
調査義務……409
著作者人格権……462
著作隣接権……450, 458
著名人……74, 306, 328, 339, 346, 448
ツイート……252
ツイッター……253
通行人……68
通報対象事実……373
提出命令……418
訂正放送……408, 415
摘示事実……281, 291, 296
手錠・腰縄……83, 327, 339, 348
テロップ……23, 233, 301, 332

伝聞……298
同一性保持権……462
道路運送車両法……117, 345
道路交通法……111, 118, 131
道路使用許可……132
時の経過……314, 466
特定秘密保護法……380
匿名加工情報……363
匿名報道……276
都市公園法……139

な行

ナンバープレート……337, 344
似顔絵……326
二次利用（二次展開）……88, 211, 217, 226, 461
日本映画監督協会（監督協会）……219
日本音楽事業者協会（音事協）……216
日本シナリオ協会（シナ協）……216
日本文藝家協会（文芸家協会）……215
入国管理局……173, 179
ネットオークション……193
ノンフィクション……21

は行

配給会社……221
ハッシュタグ……255
パブリシティ権……93, 203, 328, 448
パロディ……5, 14
番組観覧券……192
犯罪捜査規範……111
犯罪被害者等基本計画……272
反対取材……293
犯人視報道……284
BPO……395, 400
被害者……64, 245, 270
比較衡量……441
被疑者……80, 146, 245, 264, 331, 339, 349, 445
被告人……80, 149, 264, 327, 349, 387, 445
ビザ……179
美術館……202
美術品……202
ビッグデータ……362
秘密管理性……367
秘密漏示罪……389
表現上の本質的特徴……9, 15
フィクション……21
フィルム・コミッション……141
フェアユース……16
フェイスブック……258
フォーマットセールス……4
吹き替え……302
不行使特約……465
付随対象著作物……87
不正競争防止法……19, 366
物価統制令……194
部分使用……215, 219
不法就労助長罪……176
プライバシー……21, 36, 41, 47, 94, 123, 148, 153, 261, 265, 271, 277, 306, 312, 337, 345, 387, 440
ヘッドレスト……118
弁護士懲戒処分……388
包括契約……457
幇助……60
放送事業者……458
放送人権委員会……31, 43, 53, 332, 337, 394, 401
放送番組保存義務……415
放送法……409, 415
放送倫理……31, 43, 53, 64, 284, 301, 337, 401
放送倫理検証委員会……38, 48, 53, 400, 410
報道の自由……100, 237, 314, 367, 381, 420

報道利用…… 89, 236, 246, 250, 254, 260, 322
防犯カメラ…… 122
ボカシ…… 125, 336, 345, 350
本人の特定…… 21, 69, 147, 277, 340

ま行

未成年…… 146, 152, 158
身分を隠した取材…… 46, 52
無断撮影…… 81, 188
無断録音…… 40, 52
無断録画…… 52
名誉毀損… 21, 35, 41, 94, 148, 265, 277, 280, 290, 294, 301, 312, 331, 337, 387, 426, 434, 442
明瞭区別性…… 18, 229, 245, 249
迷惑防止条例…… 193
黙示の許諾…… 18, 90
目的外使用…… 387
モデル…… 20
物のパブリシティ権…… 451

や行

有線放送事業者…… 458

ら行

リサーチャー…… 224
類似性…… 456
歴史的事実…… 9, 453
レコード製作者…… 458
労働基準法…… 159
録音…… 35, 40
ロケーション…… 131, 139
ロゴ…… 260, 320

わ行

ワン・チャンス主義…… 460

判例索引

最高裁判所

最高裁昭和 27 年 8 月 6 日大法廷判決（朝日新聞記者事件）……429
最高裁昭和 44 年 11 月 26 日大法廷決定（博多駅テレビフィルム提出命令事件）……422
最高裁昭和 49 年 3 月 29 日判決（被疑事実断定報道事件）……283
最高裁昭和 52 年 11 月 29 日決定（拳銃依頼購入事件）……101
最高裁昭和 53 年 5 月 31 日決定（外務省秘密漏えい事件）……65, 135, 383
最高裁昭和 55 年 3 月 28 日判決（パロディ・モンタージュ事件）……234
最高裁昭和 56 年 4 月 16 日判決（月刊ペン事件）……310, 436
最高裁昭和 56 年 11 月 20 日決定（ニセ電話事件）……44
最高裁昭和 58 年 10 月 20 日判決（医療法人十全会グループ名誉毀損事件）……437
最高裁昭和 59 年 1 月 20 日判決（「顔真卿自書建中告身帖」事件）……207
最高裁昭和 63 年 2 月 16 日判決（NHK 日本語読み事件）……169
最高裁平成元年 1 月 30 日決定（リクルート疑惑取材ビデオ差押え事件（日本テレビ事件））……423
最高裁平成元年 12 月 21 日判決（長崎教師批判ビラ事件）……437
最高裁平成 2 年 7 月 9 日決定（暴力団組長取材映像差押え事件（TBS 事件））……424
最高裁平成 6 年 2 月 8 日判決（ノンフィクション「逆転」事件）……441
最高裁平成 11 年 10 月 26 日判決（「賄賂の話」事件）……288
最高裁平成 12 年 7 月 12 日決定（詐欺被害者無断録音事件）……45
最高裁平成 14 年 9 月 24 日判決（「石に泳ぐ魚」事件）……25
最高裁平成 15 年 3 月 14 日判決（長良川リンチ殺人報道事件）……150, 278
最高裁平成 15 年 10 月 16 日判決（所沢ダイオキシン報道事件）……296, 438
最高裁平成 16 年 2 月 13 日判決（ギャロップレーサー事件）……94, 451
最高裁平成 16 年 11 月 25 日判決（NHK「生活ほっとモーニング」事件）……413
最高裁平成 17 年 11 月 10 日判決（和歌山毒カレー肖像権事件）……72, 75, 83, 329, 352, 445
最高裁平成 18 年 10 月 3 日決定（NHK 記者事件）……429
最高裁平成 20 年 4 月 11 日判決（立川反戦ビラ配布事件）……107
最高裁平成 20 年 6 月 12 日判決（「ETV2001」事件）……32
最高裁平成 21 年 11 月 30 日判決（葛飾政党ビラ配布事件）……108
最高裁平成 23 年 12 月 8 日判決（北朝鮮映画事件）……7
最高裁平成 24 年 2 月 2 日判決（ピンク・レディー事件）……449

高等裁判所

東京高裁昭和 42 年 6 月 12 日判決（拳銃取引仲介事件）……101
東京高裁昭和 50 年 10 月 23 日判決（ダービーレース入場券事件）……195

東京高裁昭和54年3月14日判決（「落日燃ゆ」事件）……316
東京高裁平成2年7月24日判決（女性宅無断撮影事件）……84
名古屋高裁平成2年12月13日判決（塵芥収集業者実名報道事件）……269
東京高裁平成5年11月24日判決（「フォーカス」『M被告の正月』事件）……351
東京高裁平成8年1月25日判決（アサヒビールロゴ事件）……323
東京高裁平成8年6月27日判決（TBS放送内容確認請求事件）……417
東京高裁平成9年8月28日判決（フジサンケイグループ事件）……325
東京高裁平成11年12月3日決定（卸売市場取材映像提出命令事件（NHK浦和放送局事件））……425
大阪高裁平成12年2月29日判決（堺通り魔殺人報道事件）……151
東京高裁平成12年5月23日判決（三島由紀夫事件）……201
東京高裁平成13年7月18日判決（「あしながおじさん」公益法人理事事件）……279
大阪高裁平成14年6月19日判決（「コルチャック先生」事件）……12
東京高裁平成14年10月29日判決（ホテル・ジャンキーズ事件）……257
東京高裁平成17年5月18日判決（サッカー選手キス写真掲載事件）……78
知財高裁平成17年6月14日判決（大河ドラマ『武蔵 MUSASHI』事件）……13
東京高裁平成18年4月26日判決（ブブカスペシャル7事件）……73, 450
東京高裁平成18年5月24日判決（「百人斬り」事件）……317
東京高裁平成18年8月31日判決（セクハラ提訴記者会見事件）……293
東京高裁平成19年8月22日判決（元東京女子医大医師NHK事件）……85, 285
名古屋高裁平成19年9月26日判決（矯正教育施設事件）……157
福岡高裁那覇支部平成20年10月28日判決（公立中学校教師実名報道事件）……268
知財高裁平成22年10月13日判決（美術鑑定書事件）……18, 235
知財高裁平成23年6月30日判決（LPガス事件）……371
知財高裁平成24年7月4日判決（投資用マンション顧客名簿事件）……369

地方裁判所

東京地裁昭和39年9月25日決定（五輪マーク事件）……324
東京地裁昭和39年9月28日判決（「宴のあと」事件）……24, 441
神戸地裁姫路支部昭和58年3月14日判決（柔道整復師事件）……109
東京地裁八王子支部昭和59年2月10日判決（ゲートボール事件）……6
和歌山地裁新宮支部平成元年11月28日判決（新宮川砂利汚職報道事件）……430
大阪地裁平成元年12月27日判決（エイズ・プライバシー事件）……316
東京地裁平成2年2月19日判決（ポパイ事件）……324
東京地裁平成2年5月22日判決（武富士会長事件）……78
東京地裁平成3年7月29日判決（接見取材事件）……50
東京地裁平成3年9月27日判決（田中角栄胸像事件）……329

大阪地裁平成 5 年 3 月 23 日判決（山口組継承式ビデオ事件）……242
東京地裁平成 5 年 10 月 4 日判決（ロス疑惑元被告人違法連行事件）……353
青森地裁平成 7 年 3 月 28 日判決（「ふかだっこ」事件）……73
東京地裁平成 7 年 5 月 19 日判決（「名もなき道を」事件）……24
東京地裁平成 7 年 7 月 31 日判決（スウィートホーム事件）……464
大阪地裁平成 7 年 10 月 25 日判決（元川西市長金銭授受報道事件（大阪読売新聞社事件））……431
大阪地裁平成 7 年 11 月 30 日判決（関西テレビドキュメンタリー事件）……109
東京地裁平成 9 年 6 月 23 日判決（「ジャニーズ・ゴールド・マップ」事件）……310
東京地裁平成 10 年 2 月 20 日判決（「バーンズ・コレクション」事件）……243
東京地裁平成 11 年 7 月 23 日判決（美術工芸品顧客名簿事件）……369
東京地裁平成 12 年 2 月 29 日判決（中田英寿文集掲載事件）……234, 450
東京地裁平成 13 年 5 月 25 日中間判決（翼システム事件）……6
東京地裁平成 13 年 9 月 26 日判決（ラグビー部員集団レイプ報道事件）……287
東京地裁平成 13 年 12 月 6 日判決（NHK 社会部長事件）……84
東京地裁平成 13 年 12 月 18 日判決（スーパードリームボール事件）……5
東京地裁平成 13 年 12 月 19 日決定（「バターはどこへ溶けた？」事件）……19
福岡地裁小倉支部平成 14 年 2 月 21 日判決（画廊事件）……333
東京地裁平成 16 年 5 月 14 日判決（作務衣顧客名簿事件）……369
大阪地裁平成 17 年 4 月 27 日判決（アドベンチャーワールド事件）……378
東京地裁平成 17 年 9 月 27 日判決（「Tokyo Street Style」事件）……72
大阪地裁平成 17 年 10 月 14 日判決（「浅井コレクション」事件）……207
東京地裁平成 17 年 10 月 27 日判決（読売新聞社会長自宅内撮影事件）……77
東京地裁平成 17 年 12 月 27 日判決（「生みの親より育ての親」発言事件）……303
東京地裁平成 18 年 3 月 31 日判決（レンタルビデオ店防犯カメラ事件）……126
東京地裁平成 19 年 2 月 8 日判決（エステサロン個人情報流出事件）……365
神戸地裁平成 19 年 10 月 31 日判決（喫茶店廃業報道事件）……57
大分地裁平成 19 年 12 月 14 日判決（「わくわく授業」事件）……412
那覇地裁平成 20 年 3 月 4 日判決（公立中学校教師実名報道事件）……286
奈良地裁平成 21 年 4 月 15 日判決（鑑定医秘密漏示事件）……389
東京地裁平成 22 年 9 月 27 日判決（ロス疑惑元被告人万引き報道事件）……127
東京地裁平成 23 年 1 月 28 日判決（学校法人田中千代学園事件）……377
東京地裁平成 23 年 6 月 15 日判決（ロス疑惑元被告人連行写真死後掲載事件）……353
東京地裁平成 27 年 9 月 30 日判決（偽造証拠提出報道事件）……267, 288
大阪地裁平成 27 年 10 月 5 日判決（大阪府知事出自等掲載事件）……311
東京地裁平成 28 年 4 月 28 日判決（ブログ引用報道事件）……304

BPO 決定索引

放送人権委員会

人権委平成 10 年 10 月 26 日決定「其枝幼稚園事件」(決定 5 号)……33
人権委平成 11 年 3 月 17 日決定「大学ラグビー部員暴行容疑事件報道」(決定 8 号)……284
人権委平成 11 年 12 月 22 日決定「隣人トラブル報道事件」(決定 11 号)……58
人権委平成 12 年 10 月 6 日決定「自動車ローン詐欺事件報道事件」(決定 12 号)……334, 341
人権委平成 15 年 3 月 31 日決定「女性国際戦犯法廷・番組出演者の申立て」(決定 20 号)……305
人権委平成 17 年 10 月 18 日決定「喫茶店廃業報道事件」(決定 26 号)……59
人権委平成 19 年 6 月 26 日決定「エステ店医師法違反事件報道」(決定 31 号)……58
人権委平成 25 年 8 月 9 日決定「大津いじめ事件報道事件」(決定 50 号)……342
人権委平成 27 年 12 月 11 日決定「出家詐欺報道事件」(決定 57 号)……343

放送倫理検証委員会

検証委平成 19 年 8 月 6 日決定「TBS『みのもんたの朝ズバッ！』不二家関連の 2 番組に関する見解」(決定 1 号)……39, 299, 401, 406, 410
検証委平成 21 年 7 月 30 日決定「『真相報道　バンキシャ！』裏金虚偽証言放送に関する勧告」(決定 6 号)……407
検証委平成 27 年 11 月 6 日決定「出家詐欺報道事件」(決定 23 号)……342

著者紹介

梅田康宏（うめだやすひろ）

日本放送協会総務局法務部　法務主査／弁護士
日本組織内弁護士協会　理事／事務総長
一橋大学法科大学院　ビジネスローコース　非常勤講師

1996年慶応義塾大学法学部卒。2000年10月弁護士登録（東京弁護士会）。同年12月日本放送協会入局。2001年8月インハウスローヤーズネットワーク（現日本組織内弁護士協会）代表。2006年1月日本組織内弁護士協会理事長、2012年4月同協会事務総長。2008年4月一橋大学法科大学院非常勤講師（企業法務）。2010年8月ニューヨーク大学ロースクール客員研究員。
著書・論文として、『エンターテインメントと法律』（共著、商事法務、2005年）、「時事の事件の報道〔バーンズコレクション事件〕」『著作権判例百選［第4版］』（有斐閣、2009年）、『第2版インターネット新時代の法律実務Q＆A』（共編著、日本加除出版、2013年）、「テレビ業界における法務部門と企業内弁護士の役割」法学教室418号129頁（有斐閣、2015年）

中川達也（なかがわたつや）

弁護士（染井・前田・中川法律事務所パートナー）
早稲田大学大学院　法務研究科　非常勤講師（著作権等紛争処理法）
明治大学商学部　兼任講師（ビジネス法務）
パウダーテック株式会社（JASDAQ上場）社外取締役

1998年東京大学法学部卒。2000年弁護士登録（第二東京弁護士会）。
専門は、著作権法を中心とする知的財産関連業務、メディア・エンターテイメント関連業務など。民放キー局・BS局、番組制作会社、広告制作会社、出版社、ソフトウェア会社などの法律業務に携わるほか、関連するセミナー等を多数行う。
著書・論文として、『企業法務判例ケーススタディ300　企業取引・知的財産権編』（分担執筆、金融財政事情研究会、2007年）、「競走馬の名称」『著作権判例百選［第4版］』（有斐閣、2009年）、『判例でみる音楽著作権の論点60講』（分担執筆、日本評論社、2010年）。

第2版
よくわかるテレビ番組制作の法律相談

定価：本体 4,300 円（税別）

平成 28 年 7 月 28 日　初版発行

著　者　梅　田　康　宏
　　　　中　川　達　也
発行者　尾　中　哲　夫

発行所　日本加除出版株式会社

本　社　郵便番号 171-8516
東京都豊島区南長崎 3 丁目 16 番 6 号
TEL　(03) 3953-5757（代表）
(03) 3952-5759（編集）
FAX　(03) 3953-5772
URL　http://www.kajo.co.jp/

営業部　郵便番号 171-8516
東京都豊島区南長崎 3 丁目 16 番 6 号
TEL　(03) 3953-5642
FAX　(03) 3953-2061

組版・印刷・製本　㈱アイワード

落丁本・乱丁本は本社でお取替えいたします。

Printed in Japan
ISBN978-4-8178-4324-1 C2032 ¥4300E